機械工学実験実習

[テキスト]

東海大学機械工学実験実習編集委員会 編

東海大学出版部

執筆者一覧

1章	実験実習の心得	東海大学機械工学実験実習テキスト編集委員会
2章	材料工学	香川勝一, 粕谷平和, 北澤敏行, 林 守仁, 康井義明, 森山裕幸
3章	流体工学	青木克巳, 飯島敏雄, 円能寺久行, 高木通俊, 太田紘昭, 岡永博夫, 鈴木六郎
4章	熱工学	畔津昭彦, 伊藤高根, 神本武征, 高本慶二, 林 義正, 向井恒三郎, 前田 稔, 南部修哉
5章	機械力学	尾崎晃一, 鈴木曠二, 橋本 巨, 川上修巳, 服部泰久
6章	メカトロニクス	小金澤鋼一, 押野谷康雄, 荻野弘彦, 甲斐義弘
7章	機械工作・実習	林 守仁, 神崎昌郎, 笹沼節夫, 千葉 顕, 牧嶋良美, 吉澤好良, 関根啓由, 及川孝夫
8章	数値実験	飯島敏雄, 押野谷康雄, 森山裕幸

まえがき

　機械工学系の学生にとって，実験・実習科目は，教室で学んだ学問知識を具体的に体験・実証し，さらに深く理解するうえでたいへん重要である．そこで本書では現在の産業界の技術動向を考慮して，機械工学を学ぶ学生および一般技術者に必要な実験・実習をテーマに取りあげている．各章は機械工学の分野別に，材料工学，流体工学，熱工学，機械工学，メカトロニクス，機械工作，および数値実験などの分野から構成されており，各章のはじめにテーマがどの観点から選択されたのか，さらにはテーマ間の関連はどのように考えたらよいのかが丁寧に解説されている．

　本書に掲載したテーマ数は年間履修しうるテーマ数より多いので，諸教育機関で使用する際，各カリキュラムに沿って取捨選択されたい．実験装置などの寸法については最低必要な代表的なものに留め，詳細な寸法は省略してある．

　本書は東海大学工学部機械系学科の実験・実習教育の経験から執筆されている．第1章には実験・実習を履修する際の心得や報告書の書き方が説明され，第2章以降の各テーマには履修前に必要な基礎知識が理論あるいは解説として記載されている．学生諸君はこの部分を読んで実験・実習に臨み報告書をまとめれば，学習効果は一段と増すものと思われる．本書が多くの学生および一般技術者の方々に愛読され，役に立てば幸である．

　本書を執筆するに当たり内外多くの著書を参考にした．なお本書の出版に当たっては東海大学出版会稲英史氏のご協力を戴いた．ここに深甚なる感謝の意を表する．

2004年3月

東海大学機械工学実験実習テキスト編集委員会

目次

まえがき ─────────────────────────────── iii

1章　実験実習の心得 ─────────────────────── 1

2章　材料工学 ──────────────────────────── 7
2.1　引張試験 …………………………………………………… 8
2.2　圧縮試験 …………………………………………………… 12
2.3　ねじり試験 ………………………………………………… 14
2.4　衝撃試験 …………………………………………………… 17
2.5　硬さ試験と金属組織の検鏡 ……………………………… 19
2.6　はりの応力と変形の測定 ………………………………… 22
2.7　応力集中の測定 …………………………………………… 24
2.8　柱の座屈実験 ……………………………………………… 27

3章　流体工学 ──────────────────────────── 29
3.1　管内流れの可視化実験（レイノルズの実験）………… 30
3.2　物体まわりの流れ ………………………………………… 34
3.3　流速の測定 ………………………………………………… 36
3.4　絞り型流量計の検定 ……………………………………… 40
3.5　管摩擦の測定 ……………………………………………… 43
3.6　円柱の抗力測定 …………………………………………… 47
3.7　遠心ポンプ ………………………………………………… 51
3.8　風車の性能試験 …………………………………………… 54

4章　熱工学 ─────────────────────────────── 57
4.1　ガソリンエンジンの性能試験 …………………………… 58
4.2　ディーゼルエンジンの指圧線図解析 …………………… 61
4.3　ガスタービン性能試験 …………………………………… 66
4.4　熱機関騒音の実験 ………………………………………… 71
4.5　自動車のパワーユニットの構造と測定 ………………… 75
4.6　熱伝達に関する実験 ……………………………………… 79
4.7　温水ボイラの性能試験 …………………………………… 82
4.8　燃焼排出ガスの分析 ……………………………………… 85

5章　機械力学 ──────────────────────────── 89
5.1　ピストン・クランク機構の運動とその測定 …………… 90
5.2　カム機構の運動とその測定 ……………………………… 93
5.3　物体の重心および慣性モーメントの測定 ……………… 97
5.4　1自由度系の振動実験 …………………………………… 102
5.5　ロータの動不つりあいの測定とつりあわせ …………… 107
5.6　回転軸系の振動と危険速度の測定 ……………………… 111

6章　メカトロニクス ——————————— 115
- 6．1　アナログ回路 ································· 116
- 6．2　ディジタル回路 ······························ 119
- 6．3　サーボ機構の応答特性 ················· 122
- 6．4　パソコンによるロボット制御 ········· 127
- 6．5　パソコンによる振動制御 ··············· 131

7章　機械工作・実習 ——————————— 137
- 7．1　研削 ··· 138
- 7．2　施削 ··· 142
- 7．3　フライス削り ·································· 145
- 7．4　溶接 ··· 150
- 7．5　鋳造 ··· 155
- 7．6　ＮＣ工作機械 ································· 159
- 7．7　CAD/CAM システム ····················· 164
- 7．8　表面粗さの測定 ···························· 167
- 7．9　切削抵抗の測定 ···························· 170
- 7．10　FMC ··· 172

8章　数値実験 ——————————————— 175
- 8．1　円板の振動 ···································· 176
- 8．2　振動制御 ······································· 182
- 8．3　円柱まわりの流れ ························· 187

参考文献 ———————————————————— 193

事項索引 ———————————————————— 197

1章　実験実習の心得

1. 機械工学実験実習の目的

　機械工学実験実習は，机上で学ぶ機械工学の学科目（材料工学，熱工学，流体工学，機械力学，機械工作など）の実地演習であり，この実験実習を通して機械工学の基礎に対する理解をより深めるとともに，かつそれらの応用を知ることができる．

　ところで，学生諸君の行う実験は多くの場合，ある種の現象の法則性を確認することを目的としている．そこで，もし法則からはずれる実験例があった場合には，それが実験精度に基づくものであるのか，あるいは実験精度は十分であったにもかかわらず法則からはずれた結果が得られたのかを区別できるような精度を持った実験を行うよう心掛け，そのうえで法則性の吟味，さらにはそこから外れた事実に対して工学的知識を駆使した考察をするという態度が必要である．

　一方，実習は作業そのものを自分の身体と頭脳とカン（勘）で体験し，その技能とそれに関連する技術を修得するものである．とくに実際の作業の場合，たとえば旋削実習を例にとれば，旋削そのものの作業はもちろん非常に重要であるが，被旋削材の取り出しや心出し，バイトの高さの調整，加工手順の決定など旋削に入る前の段取りも非常に重要で，この良否によって作業時間が非常に長くなったり，あるいは加工精度などにも影響を与えることになる．そこで実習においてはこの段取りについてもよく考慮しながら作業を進めることが肝要である．

　また，実験および実習ともただそれを行うだけでなく，その結果をレポートにまとめて第三者に報告して完成する．そこで，レポートは第三者が理解しやすいように，簡潔で要領よくまとめられたものでなければならない．

　以上のことを念頭に置き機械工学実験実習では下記の項目を確実に修得することが大切である．
　(1) 機械工学実験実習の方法．
　(2) 実験実習に使用する機器の機能，構造，取り扱い．
　(3) 実験実習の結果のまとめ方や結果に対する考察の仕方．
　(4) レポートのまとめ方．

2. 実験実習の履修方法

　(1) 実験実習に臨む前にあらかじめ実験テキストを読んでおき，実験の目的，理論，実験装置，実験方法および結果のまとめ方などの概要を把握しておくことが望ましい．

　(2) 実験実習を受ける際には，電卓，レポート用紙，グラフ用紙（1 mm方眼，両対数，片対数トレース紙）などを携帯し，得られたデータはできるだけその場で整理し，正確なデータが得られているか，あるいは実験に誤りがないかをチェックする．

　(3) 実験や実習では油やその他で汚れることが多く，また機械にぶつかったり，はさまれたりする事故，または稀に爆発や火災もあるので，きちんとした動きやすい服装をすること（作業着，上着は袖口の締まるものが望ましい）．また靴を必ず履くこと．

　(4) 実験は数人で協力して行うことが多いので，ときおり自分は何もせずに他人に任せきりにしている人が見受けられるが，各人とも実験には積極的に参加し，正確な実験データをとるよう心がけるべきである．また実際においてデータをとる場合，その役割は部分的であったとしても実験全体

機械工学実験実習 I

機械工学科３年　64MM1234　山田二郎

住　所＿＿＿＿＿＿＿＿＿＿＿Tel：

帰省先＿＿＿＿＿＿＿＿＿＿＿Tel：

No.	1	2	3	4	5	6	7
出席							
レポート							
備考							
No.	8	9	10	11	12	13	14
出席							
レポート							
備考							

No: 実験番号，用紙：ケント紙，大きさ180mm×250mm

図1．1　実験実習カード（一例）

機械工学実験実習 I

実験題目　はりの応力測定

実験年月日　2004年４月13日

報告期限　2004年４月20日

指導教員　平成 太郎　先生

班名・報告書　B班　64MM1234　山田二郎

共同実験者　＿＿＿＿＿＿　＿＿＿＿＿＿

実験概要

図1．2　実験レポート表紙の書き方（一例）

の進行にも気を配ることが大切である．とくに実験中にその実験方法や気づいたことなどをメモしておくと実験中に考察の種を集めることができる．

(5)　大学によっては実験における出欠席やレポートの提出を確認するために図1.1のような実験カードを作成し，最終実験の終了後全員このカードを提出することが義務づけられているところもある．指導員の指示に従い，所定の期間に所定の場所に必ず提出する．

3．レポートの作成

レポートは実験した結果を第三者に報告するものであって，実験を行った当人だけがわかるだけでは十分でなく，広く第三者が了解できるように作成することが必要である．そのためには要を得て，簡明に書くことが望まれ，書き上げた内容についてはいかなる質問がされても答えられるようにしておかなければならない．そのためには次のように項目を整理し，レポートを作成する．

表紙

レポートの表紙には実験題目，実験年月日，指導教員，班名・報告者，共同実験者および実験概要を記述する（図1.2参照）．なお実験概要には実験目的だけでなく，実験で得られた主要な結果や結論を必ず含め，かつ簡単（300から400字程度）に要約することが必要である．

レポートの内容

(a)　**目的**

実験目的は簡単明瞭な記述が望ましい．（本実験テキストを参考にして要領よくまとめる）

(b)　**理論または開設**

実験や実習の基礎となる理論または内容の簡単な解説を述べる．実験によってはこれを省く場合もある．

(c)　**実験装置**（実験装置および実験方法としてもよい）

実験に用いられる装置や関連機器の名称とその機能や容量，精度などを簡単に記述する．

(d)　**実験方法**

実験の手順を具体的に順序よく簡潔に書く．また実験条件なども記述する．なお実験装置および実験方法として上の(c)と(d)をまとめて書いてもよい．

(e)　**実験結果**（実験結果および考察としてもよい）

実験結果のまとめには，測定結果（数値表），結果の整理（変数の選択，計算，図表），結果の解釈（実験からどのようなことが判明したか）があり，これらについて簡潔に記述する．それには次に述べるような事柄について考慮をする必要がある．

(i) 測定値の整理や表現はよく工夫してできるだけ一般化（たとえば，無次元表示など）して，表や図（グラフ）によって表すと一目瞭然でよい．また図 1.3 に示すように，図の縦座標と横座標が何を表すかを明示し，変数名とその単位をつける（変数名と単位だけでもよい）．なお表や図に表題を記入するとき，表の場合は表の上側に，図の場合には図の下側にとそれぞれ記入する位置が異なることに注意する．

(ii) 縦座標の数値は正立して書き，変数名，記号，単位は縦書きとする．また同一の図中に数本の曲線を引く場合には，○，●，△，◇，×，などのシンボルを用い，場合によっては線の種類を変えて区別し，図中の余白にシンボルの説明を記述するとよい．

(iii) 実験点から得られる傾向線は太い実線で表す．それが一定の法則に従うものであればその法則を考慮して曲線を引き，まったく不規則で一定の法則に従わないものは各点を直線で結ぶ．また，理論値は実線か破線で引き，これと実験点を比較する場合には実験点を必ずしも線で結ぶ必要はない．なお線形の傾向線を引く場合，実験点から最小自乗法によってそれを求めるのは非常に有効な方法であるが，その場合実験点が少ない場合には同法の適用条件がくずれているので用いても意味がない．

(iv) 学生実験ではデータの整理の仕方やグラフの書き方はほとんど示されている場合が多いが，一般に法則性の不明確な物理量を整理する場合には，図 1.4 に示すように真数グラフまたは対数グラフに実験点をプロットし，真数グラフの上で直線的傾向がある場合（同図(a)），対数グラフの上で直線的傾向がある場合（同図(b)），真数グラフの上で曲線になる場合（同図(c)）とがある．(a)は線形則，(b)はべき乗則で整理することができる．(c)の場合は複雑で，多次曲線で示される．なお図 1.5 のように，真数または対数グラフ上で曲線になった場合もよく見ると適用範囲を限定すれば 2 つの別々の線形性が重畳していると考えられる場合もある．

(v) 測定値を計算によって整理する場合，計算過程は書き並べないで用いた式とその結果だけでよい．計算の桁数は実験の精度を考慮して必要以上に書いてはならない（1.4 節の測定値の処理を参照）．

(f) **考察**

実験は測定しただけでは十分とはいえない．得られた数値，傾向線あるいは観察結果などに対して，これまでに得た学問的知識を下にして各人が十分な考察を加えなければならない．当然考察する人の知識の高低や考え方の違いによって解釈が変わってくるものであり，学生実験では各教員ともこの考察に非常に重きをおいて指導に当たるので学生諸君も大いに自分の考察を示してほしい．

また，この考察に当たっては定性的な見方のみならず定量的に考える習慣を身につける必要がある．

(i) データのばらつきの原因

実際の実験データは必ずといってよいほどばらつくものである．そこで実験の経過に

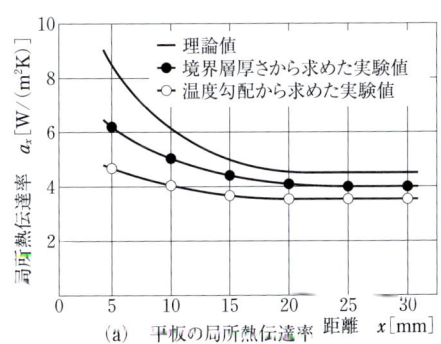

(a) 平板の局所熱伝達率

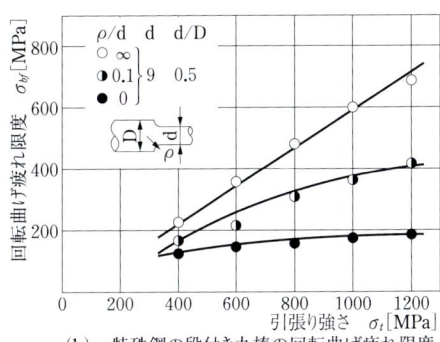

(b) 特殊鋼の段付き丸棒の回転曲げ疲れ限度と引張り強さの関係

図 1.3 グラフの描き方

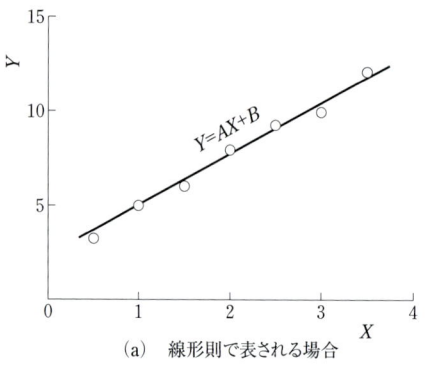

(a) 線形則で表される場合

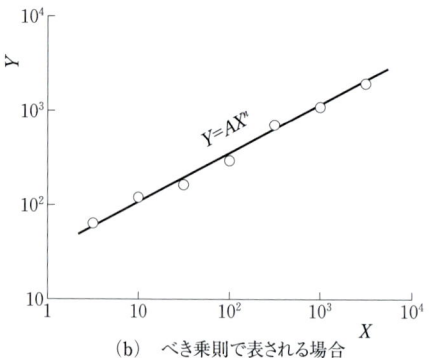

(b) べき乗則で表される場合

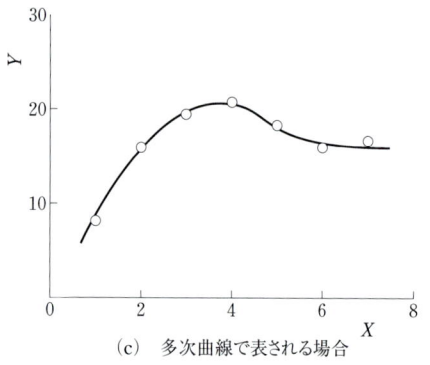

(c) 多次曲線で表される場合

図1.4 傾向線の引き方

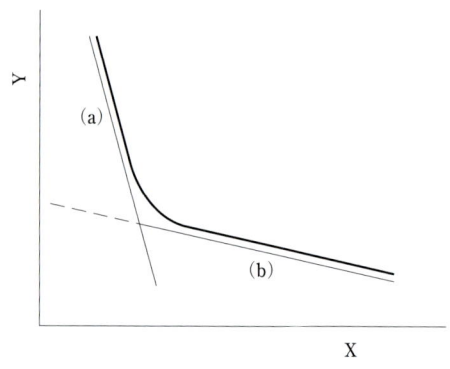

図1.5 2つの線形則が重畳した場合

対する検討や得られた測定値の精度や正確さについて検討しておく必要がある．データのばらつく原因としては，定性的にはいろいろな要因が考えられ，それらが重畳したものと考えられるが，定量的にみるとそれらの各要因には強弱があり，無視できるものと無視できないものがある．そこでただ定性的に要因をあげるだけでなく，できるだけ定量的な判断をすることが大切である．

(ii) 得られた結果に対する考察

既知の同様な実験結果や理論解析の結果があればそれと比較し，実験の妥当性を検討することも大切である．学生諸君は〝教科書に書いてある理論解析は絶対であって，その理論解析から外れることは実験に誤りがある〟と考えがちである．しかし，一般に自然に摂理はそれほど簡単なものではなく，ほとんどの現象はこれを数学的に完全に方程式化し，かつそれを解くことは不可能といってもよい．そこですべての理論解析は数学的に解が求められるように，現象そのものを簡単化するための何らかの仮定（適用範囲も含めて）を導入するのが普通である．このことを念頭に入れて，理論解析と実験結果との比較検討をすることが必要である．なお，考察はその内容が感想的であってはならない．また参考書を調べる場合もそこに記されている内容をそのまま書いても無意味で，必ず自分の行った実験との関連性を吟味しながら書かなければ〝考察〟にならない．

(g) 文献

文献を引用する場合にはその出所を明らかにしておく必要がある．その記載例を下記に示す．

(i) 雑誌の場合

著者名，雑誌名，巻数と号数（発行年），頁

柏木孝男，日本機械学会誌（機誌と略してもよい），91，830（2001），104．

Sprague, R.A. and Friesen, S.J., J. Metals, 38-7(2003),24.

(ii) 単行本の場合

著者名，書名，巻数（発行年），頁，出版社．

大竹一友，藤原俊隆，燃焼工学，(1999)，

19, コロナ社.

Jack, B.E. and Cheng. L., Fundamentals of Fluid Mechanics, (2001),130, McGraw-Hill.

4．測定値の処理
（有効数字と数字の丸め方）

有効数字と数字のまるめ方

　測定値には当然のことながら誤差が含まれるので，その数値は数学上のそれとは異なり特別の意味を持っている．すなわちこの測定値は"測定されたn桁の数値の最後の数字は，その下の$(n+1)$桁目の数値を四捨五入などをしているので多少あやしいが，それから上の桁の数字は正しい値である"という有効数字の概念に基づいた値である．たとえば，

　小数点以下3桁目を四捨五入して得られた測定値1.25は有効数字3桁の数値で，しかもこれは1.245以上であるが1.255よりは小さい値である．

　そこでこれらの測定値を用いていろいろな量を計算する場合，最近は電卓を用いれば8桁や10桁まで数値が出てくるが，これらの値の多くは有効数字の範囲を超えているので，実際レポートなどにその数値をそのまま羅列してもこれは工学実験ではまったく意味のないことで，適正な数値に丸めることが必要である．この有効数字の桁数の取り方については，実験の内容や測定器の精度などによって異なるが通常の工学実験では3桁程度とれば十分な場合が多い．

(a) 有効数字とその演算

　有効数字とは測定結果（または計算結果）などを表す数値のうちで，位取りを示すだけの0を除いた，意味のある数字のことである．たとえば，

　　測定値 $L_1 = 15.5$m の有効数字は4桁，
　　測定値 $L_2 = 0.00155$m の有効数字は3桁，
　　測定値 $L_3 = 15500$m の有効数字は5桁，
　　測定値 $L_4 = 1.55 \times 10^4$m の有効数字は3桁，

有効数字に丸められた数値を加減乗除演算する場合には，取り扱う数値をすべて同じ桁数の有効数字に丸めなければならない．たとえば，有効数字3桁の直径5.05mに円周率$\pi = 3.1415$……を乗じて円周の長さを求める場合には，桁数の多いπの桁数を桁数の少ない直径と同じく3桁に丸めて3.14とし，$5.05 \times 3.14 = 15.9$とする．なお計算結果についても15.857とはせずに3桁に丸めてやることが必要である．

　有効数字の桁数は単に位取りを示すだけの0ではない最高位の数字の位から数えたもので，たとえば，長さ5.05mの有効数字は3桁であり，これは四捨五入で丸めた測定結果であるので，5.045m～5.054mの範囲の値であることを意味している．なお，この値の単位を変えると5050mmとなるが，有効な桁数が3桁であることは変わりないので，この場合は5.05×10^3と表すのがよい．

(b) 数値の丸め方

　数値を丸める場合，一般に四捨五入を行っているが，JIS 8401（数値の丸め方）には次のように規定されている．

　ある数字を有効数字n桁に，または小数点以下n桁に丸めるには，$n+1$桁目以下の数値を次のようにする．

　(i) $n+1$桁目以下の数値が5未満のときは切り捨て，5をこえるときは切り上げる．

　(ii) $n+$桁目の以下の数値が正確に5のとき，または切り捨てや切り上げによって5になったものか不明の場合は次のようにする．

　① n桁目の数値が0，2，4，6，8のときは切り捨てる．

　　例；12.465を有効数字4桁に丸めると，4桁目が6だから切り捨て，12.46とする．

　② n桁目の数値が1，3，5，7のときは切り上げる．

　　例；12.475を有効数字4桁に丸めると，4桁目が7だから切り上げて，12.48とする．ただし，測定値$L_3 = 15500$mの有効数字は5桁，$n+1$桁目以下の数値が判明しており，これを切り捨て，切り上げることによって5になっているときは，もと数値に基づき(i)の方法による．

　(iii) 以上の丸め方はもとの数値を1段階で行われなければならない．

　　例；1.3547を有効数字3桁に丸める場合は，1.3547→1.35（1段階）であって，1.3547→1.355→1.36としてはいけない．

誤差

　実験でも真の値を求めることは目標であるが，実際には多かれ少なかれ測定の過程や計算過程などでいろいろな誤差が入ってくる．誤差には絶対誤差と相対誤差がある．

絶対誤差＝測定値（または計算値）
相対誤差＝（測定値－真の値）／真の値

(i) 誤差の要因

実験結果に誤差が入ってくる要因には次のようなものが考えられる．

a）測定装置などの不完全さに起因するもの．
b）温度や圧力など測定環境の変化に起因するもの．
c）読み取りエラーに起因するもの．
d）データの丸め方や計算に起因するもの．

(ii) 誤差の種類

上述の要因によって生じる誤差は次のように分類することができる．

(a) 系統誤差

何らかの明確な要因によって測定値全体にある一定のかたよりをもたらす誤差のことである．たとえば，この系統誤差には，機器の目盛りの狂い，機械や測定器に使われている歯車やネジの摩耗，あるいはブロックゲージの寸法や分銅の質量の経年変化に見られるように一定の傾向で変化する誤差もあれば，昼と夜との指示の差のように周期的に変化を示す誤差もあり，さらに温度変化を伴う膨張のように一定の入出力関係を持って変化する誤差もある．

(b) 偶然誤差

測定系に影響を与える因子にはいろいろなものがあるが，一般にはそのすべての因果関係がわかるわけではない．従って正体不明の，一般にはいろいろな小さな要因がいくつか積み重なった結果として，測定値に不規則なばらつきを与えることになり，これを偶然誤差という．実際に同一条件下で実験を繰り返したつもりの測定結果でも，最小桁の数値がばらつくのはこの種の誤差に起因するものであり，ばらつきの現われ方が規則性がない点が系統誤差とことなる．

(c) 過失誤差

まちがいや俗にいうぽかミスといわれるもので，測定者の不注意や知識不足に起因するものである．読み誤り，またときには測定手続きのミスなどであるが，この種の誤差は一過性の現象に近く，規則性を持たない．

2章　材料工学

　機械の部品および構造物は各種鉄系・非鉄系金属ならびに高分子・セラミックなどの非金属材料より構成されている．機械が要求している目的を果たすには，まずこれらの構成材料が設計時に求められている性能を発揮しなければならない．その場合，使用される材料固有の物理的・化学的・機械的性質が要求されると同時に，その安全・信頼・耐久性なども要求される．

　また，機械や構造物の各部材は，外力の作用に対して十分な強度を保持していなければならない．もし外力に対する強度が小さいと，機械や構造物は損傷・破壊されたり，変形が大きくなりすぎたり，使用上いろいろと不都合が生じる．これとは逆に抵抗が大きくなるように強固にすると，余分な材料を必要としたり，構造物が大きくなりすぎて取り扱いにくくなったりする．このように構造物をつくるには，破壊しないで，またあまり変形しないで使用できる最適な形状や寸法を決めなければならない．

　そのためには，構成材料の諸性質を明らかにする材料工学に関する実験において，その方法だけでなく，目的や得られたデータの意義までも十分に理解しておくことは，機械や構造物を設計する場合にもっとも重要視される．

　まず，材料試験では，種々の試験法（JISやASTMなど）から，主として材料の機械的性質を調べる代表的な，引張試験，圧縮試験，ねじり試験，衝撃試験，硬さ試験および材料内部の組織を調べる金属組織の検鏡試験を取り上げた．

　次に，構造実験では，材料力学における諸現象や理論を，実験を通じて把握できるように，機械構造物の強度・剛性特性を調べるはりの応力と変形の測定および有孔平板の応力集中の測定を取り上げ，電気抵抗線ひずみ計測法を理解する．また柱の軸圧縮による座屈強度を修得し実際に使われている構造材について考察を行うようにした．

　これらの項目の実験を通して，機械材料や材料力学で学んだ基礎知識および理論を活かし，工業材料の諸性質を調べるのに適切な試験方法を身につけ，試験方法を知ると同時に，実際の機械材料および構造物の基本的特性を学ぶことができ，材料工学に関する研究開発および構造物の設計ならびに製作を行う上で非常に役に立つであろう．

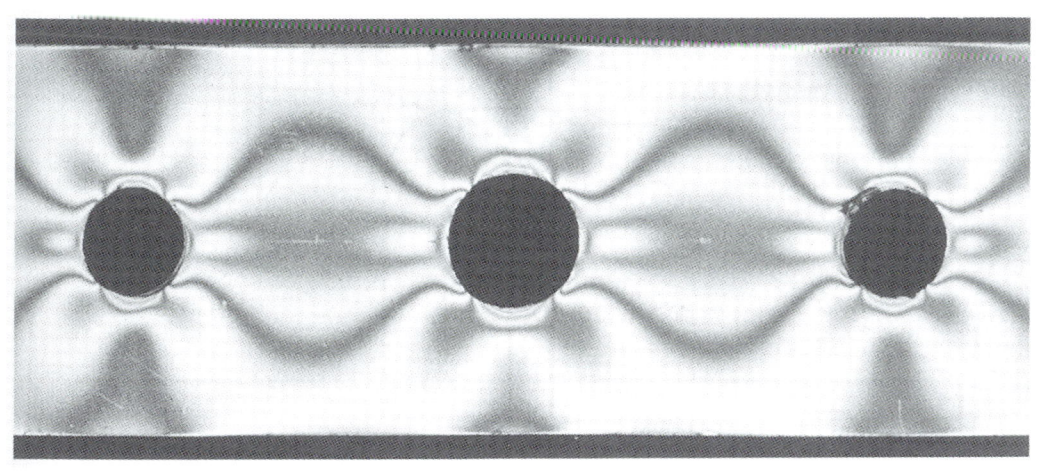

3円孔を有する帯板の引張りにおける光弾性しま写真

2.1 引張試験

Key word　圧力，ひずみ，引張強さ，降伏点，伸び，絞り，弾性，限度，比例限度

2.1.1 目的

工業用材料の機械的性質を知ることは，設計を行う上で必要なことであり，そのための基本的な材料試験が引張試験である．本試験では，2種類以上の工業用材料の引張試験を行い，これらの変形過程および応力の変化などについて調べ，引張強さ，降伏点，伸び，絞りなどを測定し，材料の機械的性質を知るとともに，材料試験法の一端を理解する．

2.1.2 解説

一般に工業用材料を用いて試験片をつくり，引張試験を行うと，試験片は引張荷重の増加に伴って変形する．このときの試験片の引張荷重 P と変形量（伸び）λ の関係を描くと図2.1のようになる．また，これを，引張応力 σ とひずみ ε の関係として描いたものが図2.2に示すような応力-ひずみの線図である．図2.2においての実験は公称の応力-ひずみ線図であり，この場合の引張応力は試験片の最初の断面積で計算しているため，実際と比較して各瞬間に対して低い値を示してい

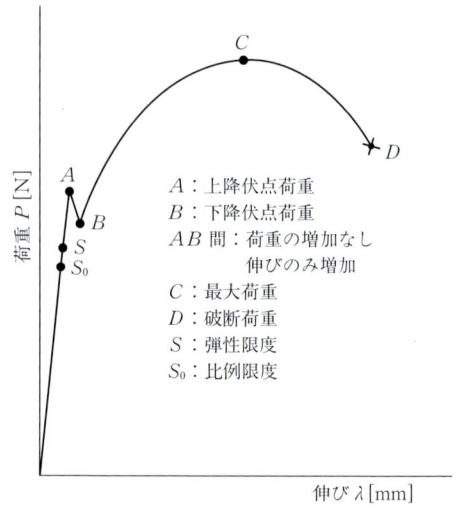

図2.1　荷重-伸び線図

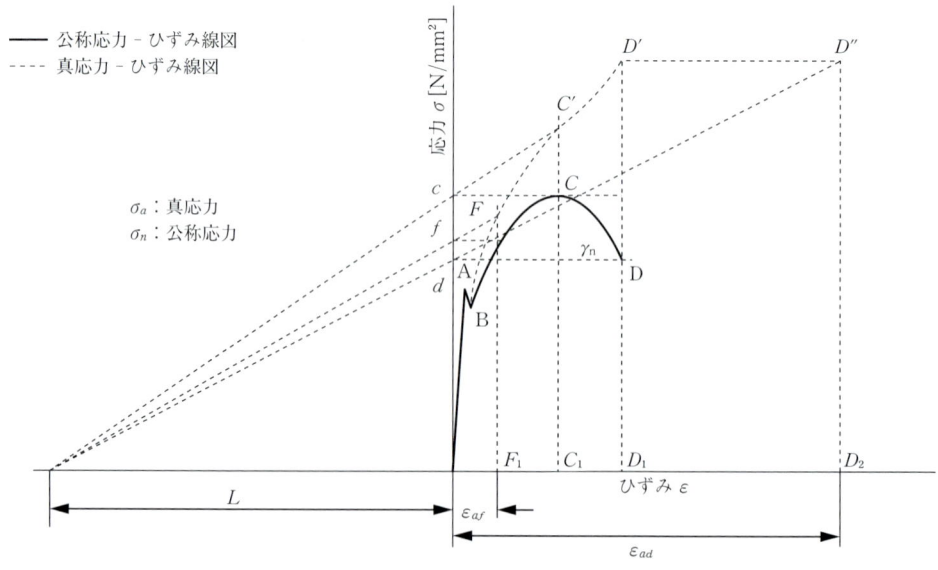

図2.2　応力-ひずみ線図

る．これは，この場合の試験片の断面が減少しているためであり，各瞬間に対して真の断面積で求めた応力，すなわち，真の応力とひずみの関係として示したのが真の応力－ひずみ線図といわれるもので，図2.2において点線で示される．

工業用材料の機械的性質およびその計算式は下記に示す通りである．

(1) **破断伸び**

試験片破断後における標点間の長さと標点距離との差の標点距離に対する百分率．

$$\varepsilon = \frac{L' - L}{L} \times 100 \quad [\%] \quad (2.1)$$

(2) **破断伸びの測定値**

試験後破断面をつき合せ，短い方の切断上の標点 O_1 の破断位置 O_3 に対する対称点にもっとも近い目盛 A を求め，次に A と O_2 との間の等分数を n とし，n が偶数なら A より O_2 の方向に $n/2$ 番目の目盛，また n が奇数なら $(n-1)/2$ 番目の目盛りとの中点を B としたとき破断伸びの推定値は次のようになる（図2.3参照）．

$$\varepsilon' = \frac{O_1 A + 2AB - L}{L} \times 100 \quad [\%] \quad (2.2)$$

(3) **絞り**

試験片破断後における最小面積とその原断面積との差の原断面積に対する百分率．

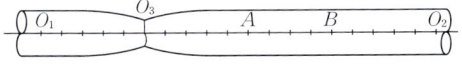

図2.3 切断後の試験片

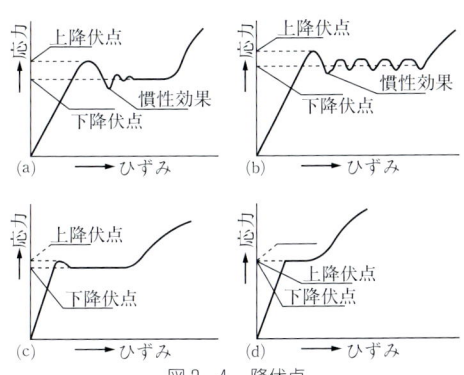

図2.4 降伏点

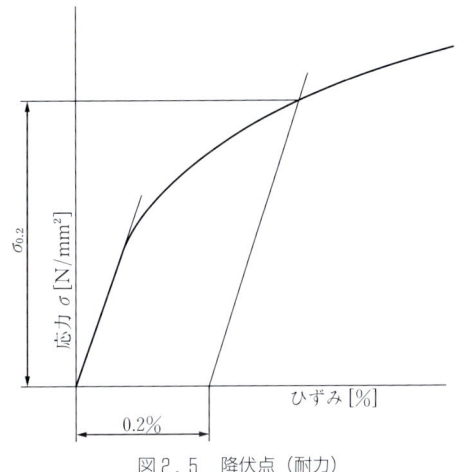

図2.5 降伏点（耐力）

$$\psi = \frac{A - A'}{A} \times 100 = \frac{d^2 - d'^2}{d^2} \times 100 [\%] \quad (2.3)$$

(4) **上降伏点**

降伏点の種々の図形の例を図2.4に示す．引張試験の経過中，図2.4に示すように降伏しはじめる以前の最大荷重を平行部の原断面積で割った値．

$$\sigma_A = P_A / A \quad [N/m^2] \quad (2.4)$$

(5) **下降伏点**

引張試験の経過中，図2.4に示すように降伏しはじめた後，ほぼ一定の荷重を平行部の原断面積で割った値．

$$\sigma_B = P_B / A \quad [N/m^2] \quad (2.5)$$

なお，明瞭な降伏点が現れない材料では便宜上0.2%の永久ひずみを生ずる応力 $\sigma_{0.2}$ を降伏点（耐力）と見なしている（図2.5参照）．

(6) **引張強さ**

引張試験の経過中，試験片の耐えた最大荷重を平行部の原断面積で割った値．

$$\sigma_C = P_C / A \quad [N/m^2] \quad (2.6)$$

(7) **破断強さ**

破断荷重を原断面積で割った値．

$$\sigma_D = P_D / A \quad [N/m^2] \quad (2.7)$$

(8) **真の破断強さ**

破断荷重の切断後の最小断面積で割った値．

$$\sigma_{aD} = P_D / A' \quad [N/m^2] \quad (2.8)$$

ここで，A：平行部の原断面積 [mm²]，A'：切断後の最小断面積 [mm²]，L：標点距離 [mm]，L'：切断後の標点間距離 [mm]，d 平行部の原直径 [mm]，d'：切断部の最小直径 [mm]，P_A：上降伏点荷重 [N]，P_B：下降伏点荷重 [N]，P_C：最大荷重 [N]，P_D：破断荷重 [N] である．

2.1.3 実験装置および方法

(1) 実験装置

引張試験機としては引張のほかに圧縮，曲げなども行える万能試験機を使用する場合が多い．わが国では主として振子動力計を備えたアムスラー式，てこ形のオルゼン式およびリーレ式万能試験機を使用する．図2.6にアムスラー形万能試験機の概略を，また，図2.7にアムスラー形万能試験機の計力装置を示す．

(2) 試験片

引張試験を行うには普通試験される材料の一部から試験片を切り取り，これを規定の形状，寸法に仕上げる．試験片の中央部は均一断面の柱状に仕上げられ，この部分を先に述べた平行部という．平行部の両端に近い所に標点を付け，伸び測定の基準とする．JISでは試験片の形状，寸法を規定している（JIS Z 2201）．本実験では，JIS 2号およびJIS 4号試験片を用いる（図2.8および図2.9参照）．

(3) 実験方法

(a) 試験片の寸法測定

平行部の数箇所について直径を測定し，その平均値を出す．次に規定寸法の標点を描き，さらに標点間を適当な長さに等分する目盛を描く．

(b) 試験片の取り付け方

チャック刃は試験片に適合するもの（たとえば丸棒用）を選びチャックホルダに取り付ける（図2.10参照）．このときヤスリ目が試験片に引っかかる方向になるように注意する．ライナが必要な場合は適当な厚さを選びクロスヘッドに取り付ける．試験片を取り付けた際，試験片のつかみ部はチャック刃の全長にわたって接するのに十分な長さがなければならない．またチャックはクロスヘッドの両斜面に対し，その全長が接していなければならない（図2.11参照）．

(c) 試験順序（図2.7参照）

(i) 油ポンプのスイッチ⑪を入れる．

(ii) 秤量切換つまみ⑨を回して試験荷重に適合した秤量に設定する．

(iii) 試験片を上部クロスヘッドのチャックに取り付け，ハンドルで固く締付ける．

(iv) 負荷速度制御つまみ⑫をOPENの方に回して，テーブルをわずかに上昇させ，ただちにHOLDの位置に戻し，ゼロ調整つまみ⑩を回してゼロ調整を行う（ゼロ調整は

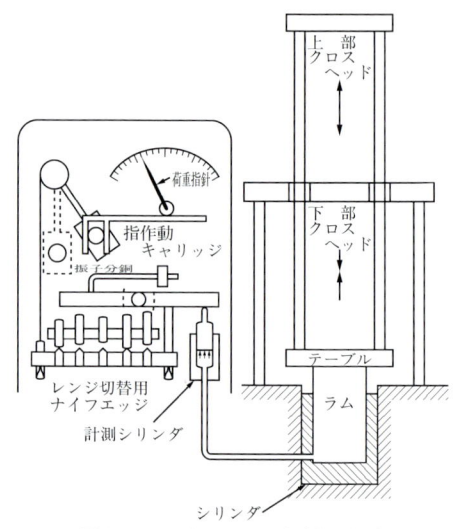

図2.6 アムスラー形試験機の概略

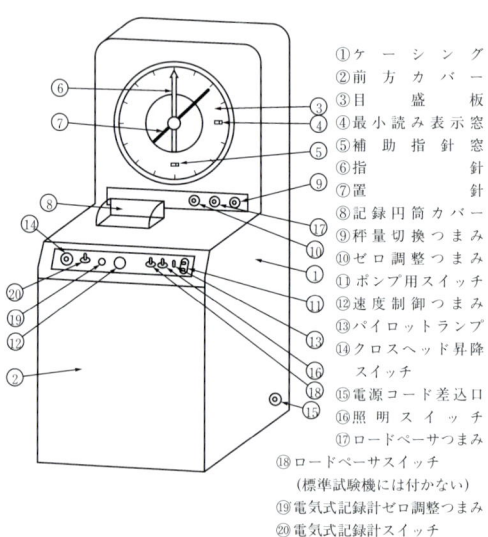

図2.7 アムスラー形試験機の計力装置

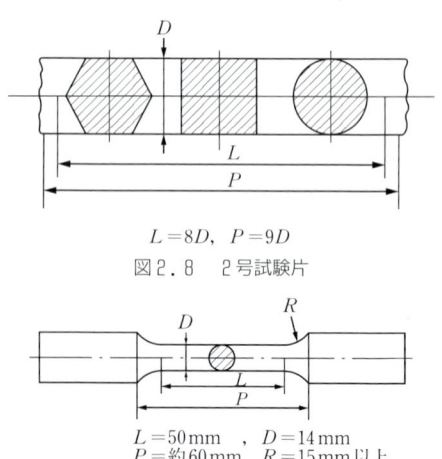

$L = 8D, \ P = 9D$

図2.8 2号試験片

$L = 50\,\text{mm}, \ D = 14\,\text{mm}$
$P = 約60\,\text{mm} \ R = 15\,\text{mm}以上$

図2.9 4号試験片

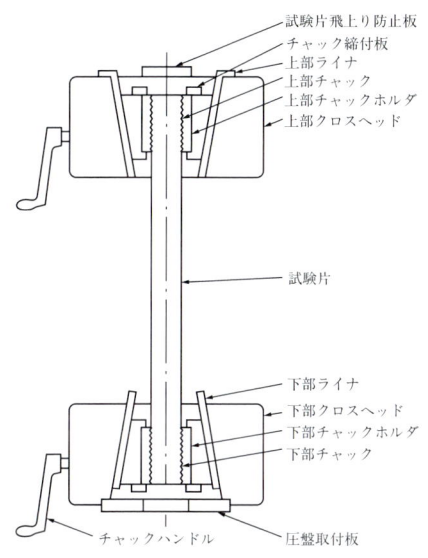

図 2.10 引張試験片の取り付け方法

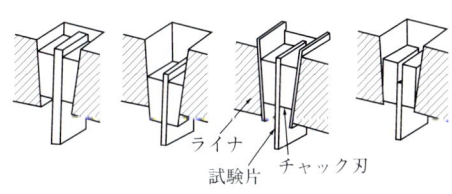

(a) 良　(b) 不良　(c) 良　(d) 不良

図 2.11 チャックの取付法

圧力機のピストンやチャックなどの自重に対するゼロ調整である）．

(v) 下部クロスヘッド昇降スイッチ⑭により，下部クロスヘッド試験片をつかむのに適当な位置に移動させる．

(vi) ハンドルを回して試験片を下部クロスヘッドに固く移動させる．

(vii) 荷重-伸び曲線を記録するために，記録ドラム軸上のプーリに記録紙を巻き付け，記録ドラムに記録紙をはさむ．記録ペンの先端を記録紙に接触させる．

(viii) 置針⑦をゼロ点に戻して指針と重ねる．

(ix) 負荷速度制御つまみ⑫を右に静かに回して試験片に荷重を加える．

(x) 指針は荷重増加とともに回転し，最大荷重点を通り，破断点に達する．試験片切断後，負荷つまみ⑫を RETURN に戻し上部クロスヘッドを元の位置に戻しておく．

(d) 試験片切断後の寸法測定

各標点間の長さおよび直径を測定する．さらに切断面の直径を数箇所測定し平均値を出す．

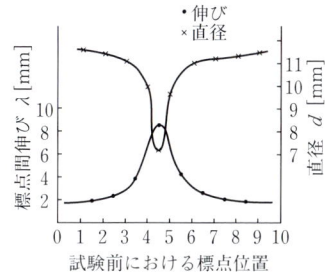

図 2.12 標点間伸びと直径変化

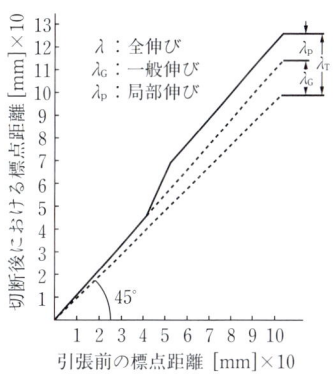

図 2.13 一般伸びと局部伸び

2.1.4 結果および考察

(a) データの整理を行う．
(b) 計算式により諸量を計算する．
(c) 試験片の破断面の観察を行う．
(d) 公称の応力-ひずみ線図および真の応力-ひずみ線図を描く（図2.2参照）．
(e) 試験片の軸にそっての長さの変化と直径の変化との分布状態を描く（図2.12参照）．
(f) 全伸び，一般伸びおよび局部伸びを図示する（図2.13参照）．
(g) 実験結果より試験片の材質（JIS規格）を推察せよ．

2.2 圧縮試験

Key word 圧縮強さ，縦ひずみ，縦弾性係数

2.2.1 目的

　鋳鉄，コンクリート，木材のように構造用部材として圧縮荷重を受ける部分に使用される脆性材料では，延性材料に比べて変形量が少なく引張試験を実施することは困難であるので，圧縮強さを検討しなければならない．本実験では，鋳鉄および軟鋼の圧縮試験を行い，これらの変形過程および応力の変化などについて調べ，圧縮強さ，比例限度，圧縮に対する縦弾性係数などを調べる．ただし，軟鋼のように圧縮により破壊しない材料では圧縮強さは求められない．

2.2.2 解説

　工業用材料において引張試験の場合と同様に圧縮試験を行うと，図2.14および図2.15に示すような圧縮荷重 P と縮み量 λ の関係と，圧縮応力 σ と縦ひずみ ε の関係が得られる．図2.15においての実線は公称の応力-ひずみ線図であり，この場合の圧縮応力は試験片の最初の断面積で計算しているため，引張の場合と逆に実際と比べて各瞬間に対して高い値を示している．これは，試験片の断面が増加しているためであり，各瞬間においての真の応力とひずみの関係を示したのが真の応力-ひずみ線図といわれるもので，図2.15において点線で示される．

　本実験において使用する計算式は下記に示す通りである．

(a) 比例限度
$$\sigma_\mathrm{C} = P_\mathrm{C}/A \quad [\mathrm{N/m^2}] \tag{2.9}$$

(b) 圧縮強さ
$$\sigma_\mathrm{D} = P_\mathrm{D}/A \quad [\mathrm{N/m^2}] \tag{2.10}$$

(c) ヤング率
$$E = Pl/A\lambda \quad [\mathrm{N/m^2}] \tag{2.11}$$

ここで，A：試験片の原断面積[mm²]，P_C：比例限度[N]，l：試験片の長さ[mm]，P_D：破壊荷重[N]である．

　なお，鋳鉄試験片の圧縮破壊が内部摩擦説に従うものと仮定し，その破断面の傾斜角を θ とすれば，内部摩擦係数 μ は次式で与えられる（図2.16）．

$$\mu = \tan\phi = \tan(2\theta - \pi/2) \tag{2.12}$$

ϕ：摩擦休止角 [°]

2.2.3 実験装置および方法

(1) 実験装置

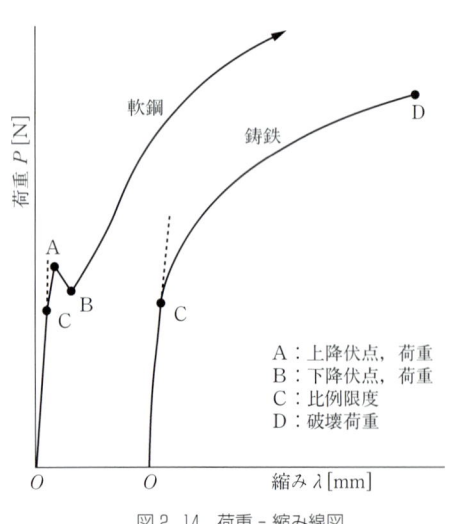

図2.14 荷重-縮み線図

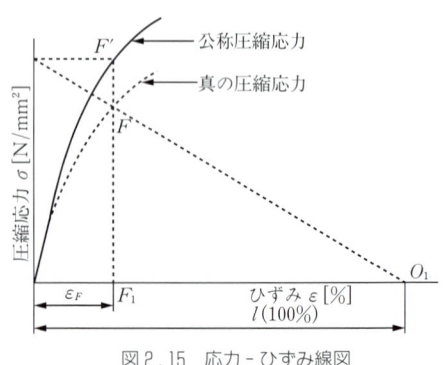

図2.15 応力-ひずみ線図

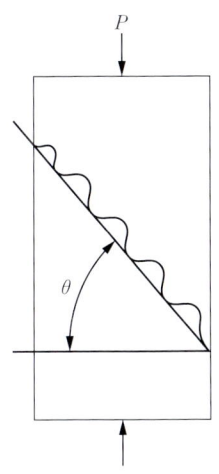

図2.16 鋳鉄の破壊

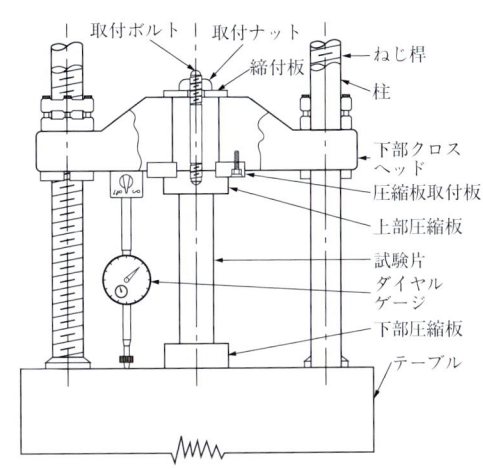

図2.17 圧縮試験機

圧縮試験機としては2.1.3節で述べたアムスラー形万能試験機を使用する．図2.17に実験装置の概略を示す．

(2) 試験片

圧縮試験片では，その全高さを標点距離にとるのが普通である．試験片の断面積に比較して高さが高いと湾曲を起こし，また短すぎると試験機と試験片両端面の摩擦のため，変形が妨げられるので，適当な高さを選ぶ必要がある．

通常，試験片の直径 d，全高さを l とすれば，
$$d/l = 0.4 \sim 1.0$$
にとる．

(3) 実験方法

(a) 試験片の軸線と荷重の作用線との間に偏心を生じないようにする．

(b) 試験片の両端面と試験機圧縮板との間の摩擦をできるだけ減少させる工夫を必要とする．

(c) マイクロメータで試験片の直径および高さを数箇所測定し，それぞれ平均値を出す．

(d) 試験片を圧縮台に取り付け，試験機のゼロ点を調整した後，荷重を掛け，縮み量をダイヤルゲージで測定する．荷重と縮み量の関係は，初め荷重に対して縮み量が小さく，降伏点に達した後，または比例限度を少し超過した後は，荷重に比べて縮み量が大きくなるので，それぞれの縮みに対する荷重を次に示すように読み取る．

・縮み量 1 mm までは 0.05 mm ごと．
・縮み量 1 mm 以上は 0.25 mm ごと．

(e) 破壊荷重およびそれぞれに対応する縮み量を注意して観察し，それを記録する．なお，軟鋼は破壊しないから，縮み量が試験前の全高さの 1/3 に達したところで試験を中止する．

2.2.4 結果および考察

(a) データの整理を行う．

(b) 荷重-縮み線図を描く（図2.14参照）．

(c) 計算式により諸量を計算する．

(d) 公称の圧縮応力-ひずみ線図および真の圧縮応力-ひずみ線図を描く（図2.15参照）．

(e) 試験片の破壊状態をスケッチする．

(f) 実験結果より試験片の材質（JIS規格）を推察せよ．

(g) 圧縮試験を行う場合注意すべき点について考察せよ．

2.3 ねじり試験

Key word　断面2次極モーメント，ねじりモーメント，ねじれ角

2.3.1 目的

ねじり試験は，機械の主構造である回転要素，およびドリルなど回転工具構成材に外部よりトルクが作用した場合の機械的挙動を調べるとき，塑性加工材の加工特性を明らかにするとき，または塑性変形の理論的研究を行うときに必要とされている．

本実験では，鋼材および鋳鉄のねじり試験を行い，トルク-ねじれ角曲線，せん断弾性係数（横弾性係数），諸せん断応力など，試験材料のねじりに対する強さを求めるとともに，変形挙動および破壊の現象を明らかにする．

2.3.2 解説[4],[5]

ねじり試験片の一端を固定し，他端にトルク（ねじりモーメント）を加えていく場合，試験片は最初に弾性変形が生じ，その後に塑性変形が発生する．

(1) **弾性変形域**

(a) 丸軸試験片の外周方向に作用する外縁せん断応力 τ_{max} は

$$\tau_{max} = TD/2I_p \tag{2.13}$$

で表される．ここで，D は試験片外周直径，T はねじりモーメント，I_p は軸心に対する断面2次極モーメントであり，

中実丸軸の場合は，

$$I_p = \pi D^4/32 \tag{2.14}$$

中空軸の場合は，

$$I_p = \pi(D^4 - D_0^4)/32 \tag{2.15}$$

D_0：中空軸の内径

である．

(b) 試験片の横弾性係数 G は

$$G = TL/I_p\theta \tag{2.16}$$

で示される．ここで，L は試験片の標点間距離，θ はねじれ角である．

(2) **塑性変形域**

中実軸がひずみ硬化材で，応力-ひずみ曲線が $\tau = f(\gamma)$ で示されるならば，外縁せん断応力は，トルク-ねじれ角曲線より，

$$\tau_{max} = 4(3T + \theta \cdot dT/d\theta)/\pi D^3 \tag{2.17}$$

で示される．したがって，軸の外周方向に作用する極限ねじりせん断強さ τ_u は次式で表すことができる．

$$\tau_u = 12T_{max}/\pi D^3 \tag{2.18}$$

ここで，T_{max} は軸に作用した最大ねじりモーメントである．

(3) **ねじれ率**

全体のねじれ率 ϕ_t は次式にて算出される．

$$\phi_t = \theta_t/L \tag{2.19}$$

ここで θ_t は破壊点におけるねじれ角である．

2.3.3 実験装置および方法

(1) **実験装置**

本実験に使用するねじり試験機は振子式のもので，図2.18に示す．一般にねじり試験には専用の試験機が用いられ，これには種々の形式のものがあるが，多くの場合，試験片の一端にねじりモー

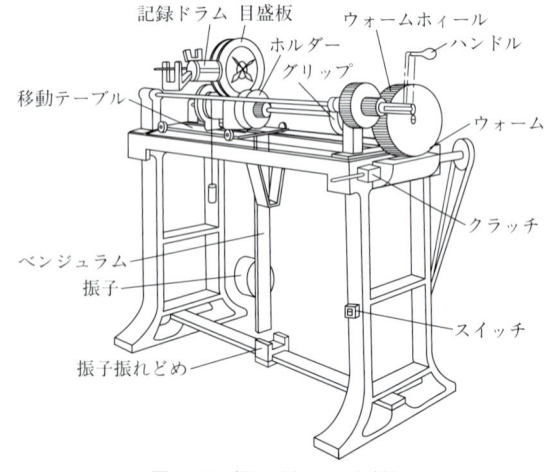

図2.18　振子式ねじり試験機

メントを与え，他端にそのモーメントの測定装置を連結したものである．本機の場合，試験片に加えられたねじりモーメントの大きさは，振子の角度変位により求める．

(2) 試験片

試験片には，両端のつかみ部分を太くした円形断面のものが普通使用されているが，圧延した板や棒状のもの，あるいは，平行部の断面の応力を均一にするために，薄肉の中空試験片を用いることもある．中実試験片の寸法は一般に，ねじり強さを求める場合には短いもの（$L = 5D$）を，また降伏点，弾性係数，弾性限度，比例限度などを求めるには長い試験片（$L ≒ 10D$）を用いる．中空試験片で弾性限度，降伏点を求める場合は経験的に，標点間距離は外径の10倍（$L = 10D$），外径は肉厚 t の8〜10倍がよいとされている．また極限ねじりせん断強さを求める場合，外径は標点間距離の2倍が適している．

本実験において，試験片材料は，延性材料としての炭素鋼棒S45C，脆性材料としてはねずみ鋳鉄棒FC200を使用する．図2.19に丸棒試験片の略図を示す．

(3) 実験方法

(a) 試験片の寸法測定：平均直径および標点間距離を測定する．なお，平均直径は，両端付近と中央部の3個所の平均とする．このとき，試験片の表面に長さ方向にマジックインキで細い1本の直線をひいておく．また中央部に各辺が軸に垂直と平行となる正方形のマークをしるす．

(b) 試験機の検査：試験機の容量および目盛盤の確認，各部の機能検査をする．

(c) 試験片を伝動側グリップホルダーに，他端を被伝動側グリップホルダーに確実に取り付ける．棒状試験片の場合両グリップホルダー間の距離を測定しておく．

(d) ねじり荷重用ハンドルの停止キーを外し，モーメント目盛盤指針のゼロ点を取った後，全体のねじれ角測定用の指針を取り付け，その針を角度目盛円筒に合せて0°に固定する．

(e) 記録ドラムに記録用紙を張り付け，指針をゼロに移す．

(f) クラッチを操作し，モーメントを徐々に加え，ねじれ角（全体のねじれ角と標点間のねじれ角）に対するねじりモーメントを測定する．なお，弾性限度以上になると急激な変動を認めることがあるので，そのときのねじれ角およびモーメント

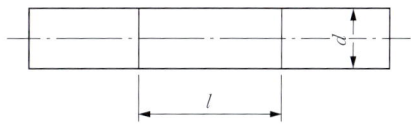

図2.19 丸棒試験片

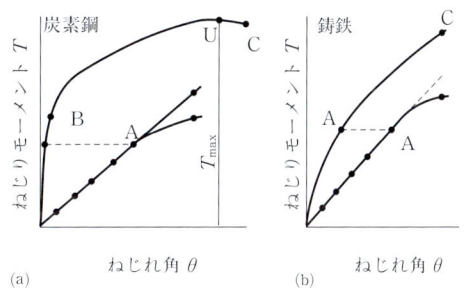

図2.20 丸棒の T_t-θ 線図

についても記録しておく．また試験中できれば試験片表面の温度と伸びの変化を測定しておくとよい．試験機の回転は，試験片が破断するまで続け，破断と同時にクラッチを切り回転を止め，破断時のねじれ角およびねじりモーメントを記録する．

2.3.4 結果および考察

(1) 結果

(a) 実験データの整理．

(b) トルク-ねじれ角線図を作成する（図2.20に炭素鋼および鋳鉄のねじり試験例を示す）．

(c) 計算式により諸量を算出する．比例限度におけるせん断弾性係数および外縁せん断応力，ねじり降伏点における外縁せん断応力，極限ねじりせん断強さ（応力），ならびにねじれ率を求める．

(d) 破断面の模様をスケッチする．

(e) 中央部にしるした正方形のマークがどのように変形したのかスケッチする．

(f) ねじれ角と温度の関係を示す．

(g) ねじれ角と伸びの関係を示す．

(2) 考察

(a) トルク-ねじれ角線図より試験片材料のねじり変形抵抗の変化過程について説明せよ．

(b) 試験片中央部における正方形マークの変形により，試験片のひずみおよび応力を決定し，ねじり式の導出を試みよ．

(c) 延性材料の破壊形式について説明せよ．

(d) 脆性材料と延性材料の破壊形式の相違につ

いて説明せよ．

(e) 試験片のねじり試験による伸びの変化について説明せよ．

(f) ねじり変形中，試験片発熱の理由について考察せよ．

2.4 衝撃試験

Key word シャルピー振子式，衝撃試験，吸収エネルギー，シャルピー衝撃値

2.4.1 目的

各種鋼材を構造物に使用するとき最初から衝撃力が作用するような場合や，その使用期間において落下物などにより思わぬ衝撃力が作用することが多々ある．鋼材は，その含有成分，製造過程あるいは熱処理により内部構造が異なり，衝撃値に大きな影響を与える．また衝撃速度，使用温度によっても衝撃値に影響を与える．そこで，本実験では材質の違う鋼材の衝撃試験を行い，衝撃値を求め，比較検討をする．

2.4.2 解説

日本工業規格（JIS）では衝撃値の測定方法として JIS Z 2242 に金属材料衝撃試験方法を，また JIS Z 2202 に金属材料試験片を定めているが，ここでは工業的に一般に多く用いられているシャルピー振子式衝撃試験を行うものとする．その原理は，試験片を取り付けた後，衝撃試験機のハンマを所定の持ち上げ角度から振り下ろし，試験片破断後の振り上がり角度から試験片を破断するのに要したエネルギーを計算し，その値を切欠き部の断面積により除することでシャルピー衝撃値を求めている．シャルピー衝撃値の算出方法としては次に述べる式を用いる．

試験片を破断するに要したエネルギー（吸収エネルギー）は，

$$E_a = WR(\cos\beta - \cos\alpha) \quad [\text{J}] \quad (2.20)$$

ここで，W：ハンマの質量による負荷[N]，R：ハンマの回転中心から重心までの距離[m]，α：ハンマの持ち上げ角度[°]，β：試験片破断後のハンマの振り上がり角度[°]である．

シャルピー衝撃値は，

$$E_a/A \quad [\text{N/cm}^2] \quad (2.21)$$

ここで，A は切欠き部断面積[cm^2]である．

2.4.3 実験装置および方法

(1) 実験装置

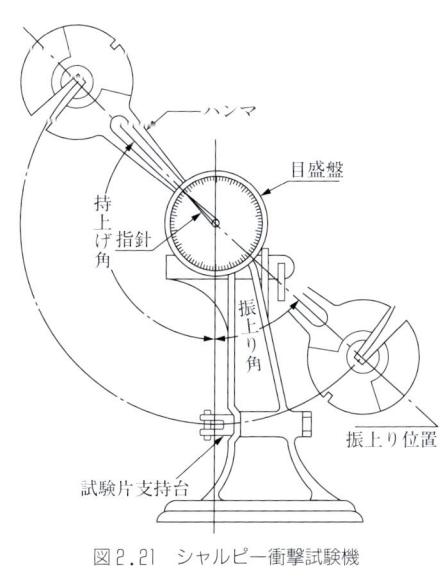

図 2.21 シャルピー衝撃試験機

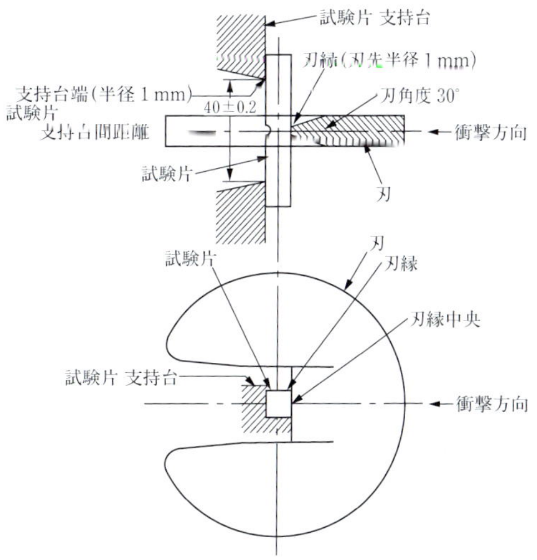

図 2.22 ハンマおよび試験片支持台の構造

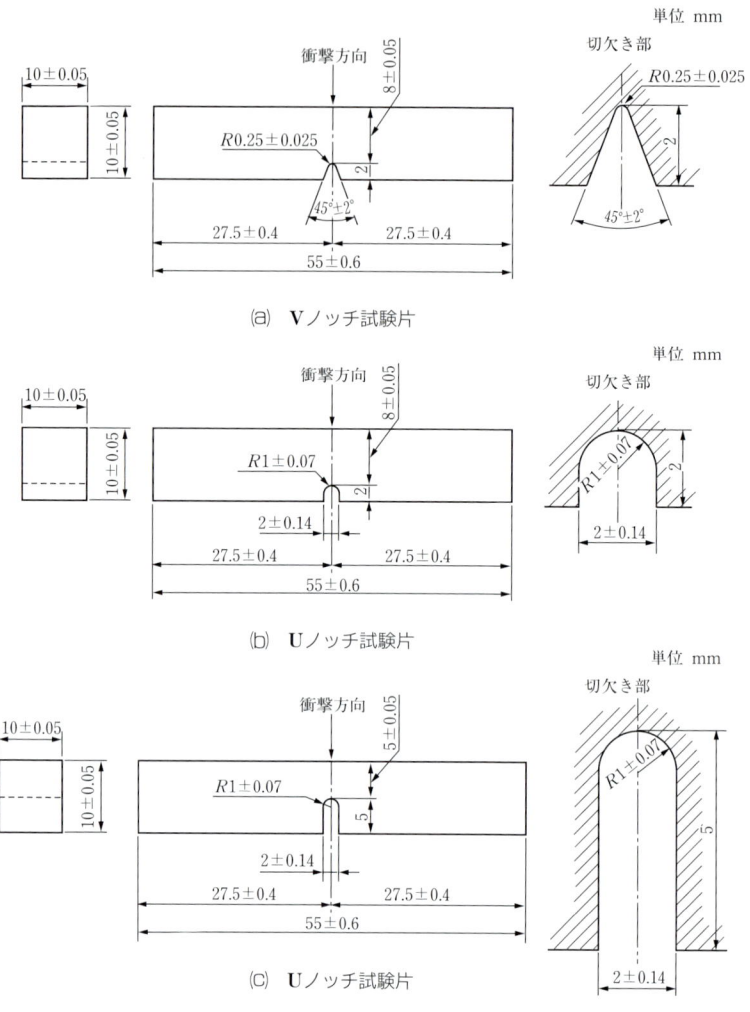

図2.23 試験片各部の寸法 [mm]

各種鋼材試験片は図2.23に示すJIS Z 2202に定められたUノッチ試験片を用い，試験機は，図2.21に示すような，JIS B 7722の規定に合格したシャルピー衝撃試験機を用いるものとする．

(2) **実験方法**

(a) 試験片の寸法測定

試験片の切欠き部断面寸法はマイクロメータで測定し，他の寸法はノギスを用いる．

(b) 試験機の検査

試験機各部の機能検査を行い，主要寸法を記録する．

(c) 試験片の取り付け

図2.22に示す取り付け状態のように，試験片の切欠き部が支持台の中央に一致するように，試験片の位置をゲージを用いて正確に定める．その際のくい違いは±0.5mm以内とする．

(d) 試験片の破断

ハンマーを持ち上げ角 (α) まで上げ，止め金をはずしてこれを落下させ，試験片破断後の振り上がり角 (β) を読み取る．この際1回の衝撃で破断できなかった試験片については，データより除くこととする．

2.4.4 結果および考察

(a) シャルピー衝撃値の算出

(b) 破断面のスケッチ

(c) 各種鋼材の衝撃値を比較し，その結果を検討せよ．

2.5 硬さ試験と金属組織の検鏡

Key word 硬さ値，ビッカース硬さ，ロックウェル硬さ，金属組織

2.5.1 目的

硬さは種々の基本的性質の影響を受けるため，硬さに単一かつ決定的な定義を与えることは困難であり，現在では以下の定義が妥当であるといわれている[7]．

「ある物体の硬さとは，それが他の物体によって変形を与えられるとき，呈する抵抗の大小を示す尺度である」．

硬さ試験を大別すれば，押込み硬さ，引っかき硬さ，反発硬さなどに区別されるが，広く実用になっている硬さ試験はブリネル，ビッカース，ロックウェルなどの押込み硬さ試験である．

一方，金属材料[8]の性質に影響をおよぼす要因の1つにその組織があげられるが，金属の組織という言葉は，広く解釈すれば顕微鏡的組織とX線的格子構造との両方の意味がある．

本実験では，標準状態の鋼について硬さ測定と金属組織の検鏡を行い，鋼の種類による硬さの相違と金属組織の関係について検討を行う．

2.5.2 実験装置および方法

(1) 実験装置

(a) 硬さ試験

(i) ロックウェル硬さ試験（JIS Z 2245）

図2.24に示したロックウェル硬さ試験機を用い，スケールはBスケール{圧子：1/16インチの鋼球，基準荷重：98.07 N (10 kgf)，試験荷重：980.7 N (100 kgf)}を用いる．荷重保持時間は30秒とし，荷重負荷速度は，試験機に試験片材料を取り付けず単にメインレバの落下する時間（ただし，980.7 Nのおもりをつけた状態）が4秒とされているので，ダッシュポット上部の調整ねじで調整する．アンビルは，試験片材料の形状にあった図2.25に示すアンビルを用いる．

注1：ロックウェル硬さは圧子，基準荷重，試験荷重の組合せによってスケールが決まるので，記号HRの後にスケールを明示する．本実験のスケールはBであるのでHRBと書いた後に硬さ値を示す．

注2：ロックウェル硬さは，前後2回の基準荷重におけるくぼみの深さの差（h）から求める数をいい，以下の式により表される．ただし，試験機

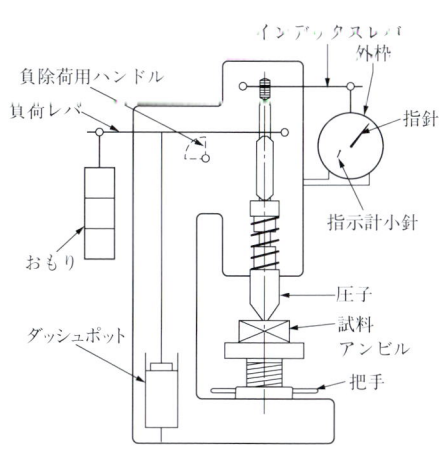

図2.24 ロックウェル硬さ試験機

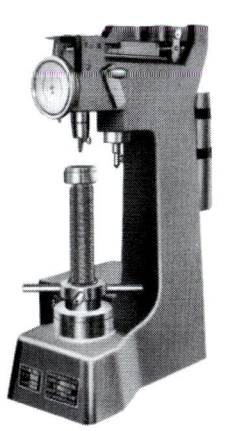

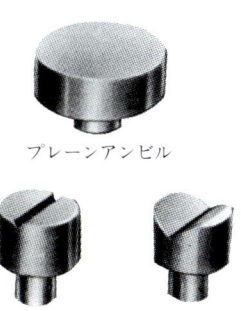

図2.25 アンビル

で示される値はすでにこの計算を行っている．

$$HR = 130 - 500h \quad （鋼球圧子） \quad (2.22)$$
$$HR = 100 - 500h \quad （ダイヤモンド圧子） \quad (2.23)$$

注3：硬さ値はJIS Z 8401（数値の丸め方）によって整数第1位に丸める．

(ii) ビッカース硬さ試験 (JIS Z 2244)

図2.26に示したビッカース硬さ試験機を用い，硬さ試験荷重を9.807 N (1kgf)，49.04 N (5kgf)，98.07 N (10kgf)，196.1 N (20kgf)，294.2 N (30kgf)，490.4 N (50kgf)の中から，一般的にくぼみの対角線長さがなるべく200～500目盛に入るように選ぶ．圧子は対面角136°のダイヤモンド四角すい圧子とする．荷重保持時間は30秒とし，アンビルは試験片材料の形状にあった図2.25に示したアンビルを用いる．

ビッカース硬さ値は，くぼみの直角2方向の対角線長さを測微接眼鏡で測定し，以下に示す計算式または換算表から求める．

$$HV = 0.1891 \cdot F/d^2 \cdots SI 単位の場合 \quad (2.24)$$
$$HV = 1.854 \cdot P/d^2 \cdots 重力単位の場合 \quad (2.25)$$

ここでHV：ビッカース硬さ値，d：くぼみの対角線長さの平均[mm]，F：硬さ試験荷重[N]，P：硬さ試験荷重[kgf]である．

注1：硬さ値の表示は，整数第1位までとするのを標準とし，次の位の数値をJIS Z 8401（数値の丸め方）によって丸める．なお，硬さ値に試験荷重を示す必要のあるときは，次のように表示する．

試験荷重98.07 Nでビッカース硬さ値250のとき，HV (98.07) 250と表示する．

(iii) 硬さ試験片材料の具備すべき条件
・試験片材料の表面はなめらかに仕上げておく．
・試験片材料表面の付着物はアセトンなどにより脱脂綿でふきとる．
・試験片材料の裏面の仕上げも大切で，表面と平行であるのみならず，多少の凹凸もゆるされない．
・測定は同一箇所で繰り返して行ったり，あるいは接近して行わない．また試験片材料の端に近い箇所では行わない．
・試験片材料の大きさ，測定場所，測定数を表2.1に示す．

(b) 金属組織の検鏡[9]

金属顕微鏡，エメリ研磨紙（♯500，♯800，♯2000），研磨機，ブロア，定盤あるいはガラス板，バフ，シャーレ，硝酸，アルコール．

(2) 試験片材料

本実験では，一般構造用圧延鋼材SS400，機械構造用炭素鋼鋼材S45C，炭素工具鋼SK3を使用する．

(3) 実験方法

(a) 硬さ試験

(i) 硬さ測定用試験片の一面をエメリ研磨紙（♯500，♯800，♯2000）を用いて研磨する．

(ii) 3種の鋼にロックウェルとビッカースの硬さ測定をそれぞれ5点行う．

ロックウェル硬さ試験方法としては，試験荷重に相当するおもりと圧子を取り付け，まず基準荷重を加えるために，アンビル上にのせた試験片材料をハンドルを回すことにより，上方に動かして圧子を押し上げ，指示計小針が赤点を指示し，かつ指針が130setを指示するまで押し上げる．さらに試験荷重を負除荷用ハンドルによって加え，30秒間保持した後，再び基準荷重に戻したときの赤字の目盛を読み取る．

ビッカース硬さ試験法としては，まず測微接眼鏡を取り付け，電源スイッチを入れる．次いで，実験で使用する硬さ試験荷重（前述したように，くぼみの対角線長さが200～500目盛となるようにムダ打ちによって硬さ試験荷重をあらかじめ決定する必要がある）に荷重変換ダイヤルを回して調

図2.26 ビッカース硬さ試験機

① 測微接眼鏡
② タレット位置定めばね
③ 荷重軸保護筒
④ ダイヤモンドインデンタ
⑤ 対物鏡
⑥ テーブル
⑦ 粗動ハンドル
⑧ 荷重変換ダイヤル
⑨ 荷重解放ハンドル
⑩ 制御ボタン

表2.1 試料の大きさと測定場所，測定数

試験機の種類	くぼみの位置から端面までの距離	幅	厚さ	測定数
ロックウェル	$2d$以上	$4d$以上	1.5mm以上	5点以上
ビッカース	$2.5d$以上		1.5d以上	

整する．さらに，試験片材料をアンビル上に置き，ハンドルを動かして測微接眼鏡をのぞきながら，試験片材料の表面に焦点を合わせる．最後に，焦点が合ったらタレットを回転して圧子をセットし，制御ボタンを2回押して荷重を加え，30秒経過後に荷重解放ハンドルを戻し除荷する．除荷後，タレットを回転して対物レンズを硬さ測定面に移動させ，試験片材料に形成されたくぼみの直角2方向の対角線長さを測微接眼鏡により読み取る．

(b) 金属組織の検鏡

(i) 研磨

試験片材料を研磨するには，エメリ研磨紙を定盤またはガラス板上に置き，試験片材料の検鏡面をこれに当てて研磨する．エメリ研磨紙は粗密の順に♯500→♯800→♯2000と使用する．その際に注意すべき点は，たとえば♯500で一方向のみ研磨して平行な条こんがついたならば，次の♯800では条こんの方向を90°回転して，上記♯500の条こんがすっかりなくなるまで研磨する．

エメリ研磨紙による研磨が終了後水洗して仕上研磨に移る．仕上研磨は，研磨機の円盤上にバフを張り付けて回転させ，その上に仕上研磨用研磨材を縣濁させた研磨溶液を滴下しつつ試験片材料の検鏡面をこれに静かに押し合てて鏡面になるまで研磨する．

(ii) 腐食

研磨が終った試験片材料は，検鏡面をよく水洗し充分に水を切ってアルコール液に浸した後，引き上げてただちに乾燥させる．これで腐食前の準備が完了する．

検鏡面の腐食にはナイタール（硝酸5％＋アルコール95％）腐食液を用い，検鏡面を腐食液に浸してから腐食液中で小さく試験片材料を動かし，ときどき試験片材料を取り出して腐食程度を見る．腐食面が曇ってきたら腐食を中止してただちに水洗する．水洗して検鏡面の腐食液を洗い落とした

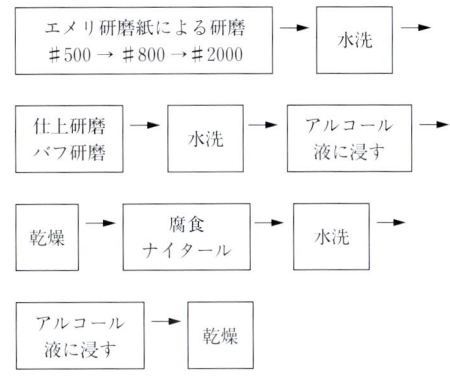

図2.27 検鏡用試験片作成の作業順序

後，アルコール液に浸す．アルコール液より取り出して検鏡面をブロアを使って乾燥させる．

以上を図解すれば図2.27のようになる．

(iii) 検鏡

腐食された検鏡面の観察には，金属顕微鏡を用いるが，金属顕微鏡の操作にあたっては以下の事に注意して行う．

・対物レンズの保護
・焦点の合わせ方（粗動と微動調整ねじの使用）
・はじめに低倍率を使用する．

(iv) 組織のスケッチ

金属顕微鏡により観察した組織は必要な場合に写真に撮るが，本実験ではスケッチを行う．その際の参考のために，前もって組織に関する参考書を調べておく．

2.5.3 実験結果および考察

3種の鋼の硬さ値と金属組織のスケッチに基づき，鋼の種類による硬さの相違と金属組織の関係について考察する

2.6 はりの応力と変形の測定

Key word 曲げ応力，断面二次モーメント，たわみ

2.6.1 目的

機械，土木，航空，船舶などの構造物に使用される部材に生ずる各種の応力を理解することは設計，運転の段階で非常に重要である．細長い構造用部材であるはりについては静定，不静定の場合に，その外部荷重に対して働くせん断力，曲げモーメント，応力，たわみなどを適確に把握する必要がある．

本実験では集中荷重が作用するはりの応力を抵抗線ひずみ計により測定し，実際に使われている両端支持はりおよび両端固定はりについて考察する．

2.6.2 解説

(1) はりのたわみ

はりの全長 l，直径 d，ヤング率 E，断面係数 Z，断面二次モーメント I_z を既知として，未知荷重 P_n をかけた場合の最大曲げ応力 σ_{max} および最大たわみ量 y_{max} を算出する．一例として，図2.28に示すような中央に集中荷重 P_n が作用する場合の両端支持はりについて示す．

一般に Hook's law から

$$\sigma_n = E\varepsilon_n \quad (2.26)$$

また，曲げモーメントと曲げ応力の関係は

$$\sigma_n = M_n/Z \quad (2.27)$$

で与えられる．この場合の最大曲げモーメントは

$$M_{max} = P_n l/4 \quad (2.28)$$

ゆえに未知荷重 P_n は次式で示される．

$$P_n = 4\sigma_n Z/l \quad (2.29)$$

次にこの P_n に対する最大たわみ量 y_{max} を求める．

$$EI_z \frac{d^2 y}{dx^2} = -M_n \quad (2.30)$$

より $l/2$ 点の y_{max} を計算すると

$$y_{max} = \frac{P_n l^3}{48EI_z} \quad (2.31)$$

で求まる．ここで EI_z は曲げ剛性である．同様にして両端固定はりについても計算される．

(2) 電気抵抗線ひずみ計

(a) ひずみゲージの原理

図2.29において，長さ L の電気抵抗線が引張られて ΔL だけ伸び，そのために抵抗 R が ΔR だけ変化したとすると，次の式が成り立つ．

$$\Delta R/R = \alpha(\Delta L/L) = \alpha\varepsilon \quad (2.32)$$

このとき α をひずみ感度係数という．ひずみ感度係数は，電気抵抗線がひずむと，その抵抗値がどの程度変化するかを表し，抵抗の変化率とひずみとの比として定義される．この α の値がわかっている抵抗線を用いたひずみゲージを被測定材の表面に貼り付け，被測定材と一体にしておくと，抵抗の変化の測定によって，被測定材のひずみを知ることができる．

市販されているひずみゲージには R と α（この場合の α をゲージファクターという）の値が示されている．一般に，わが国では，R は 120Ω，α は 2.0 前後のものを標準としている．

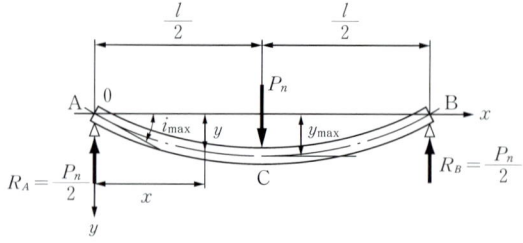

図2.28 集中荷重を受ける両端支持はり

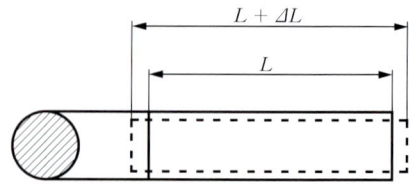

図2.29 引張ひずみ

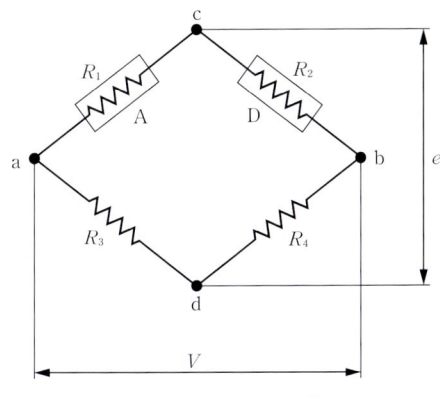

図2.30 ホイートストンブリッジ

(b) 測定回路

指示計（インジケーター）によりひずみを測定するとき，ひずみゲージに生ずる電気抵抗の変化 $\varDelta R$ は非常に小さいので，図2.30のようなホイートストンブリッジとよばれる回路を指示計に組込み利用する．このブリッジの一辺に，抵抗 R のひずみゲージを接続し，各辺の抵抗が等しくなるように調整すると，出力電圧 e は零となる．その後，応力が加わり，ひずみゲージの抵抗値が $\varDelta R$ だけ変化すると，ブリッジの平衡がくずれ，出力電圧 e が発生する．これを増幅して指示計で読み取り，ひずみを求める．

(c) 温度補償法

ひずみゲージは，一般に，温度変化を受けると抵抗値が変化し，また，ひずみゲージ自身の発熱によっても抵抗値が変化する．これらが測定回路に入ると，真のひずみと区別できないので，これらの影響を適当な方法で除去しなければならない．これを温度補償という．

図2.30のように，ひずみ測定用ひずみゲージ（アクティブゲージ，Aゲージ）と，温度補償用ひずみゲージ（ダミーゲージ，Dゲージ）を，ブリッジの相隣る2辺に接続し，極性の逆であることを利用して，温度の影響を打ち消す．この場合，ダミーゲージはアクティブゲージとまったく同じものを使用し，応力によるひずみが生じていない被測定材と同じ材料に接着する．

2.6.3 実験装置および方法

(1) 装置および器材
 (i) はり実験台（荷重負荷装置）
 (ii) はり（中実および中空丸棒）
 (iii) ひずみゲージ，静ひずみ指示計，スイッチボックス
 (iv) おもり（負荷集中荷重）
 (v) 台秤
 (vi) ひずみゲージ接着用具一式（ニッパ，ハンダごて，スケール，ノギスなど）

(2) 実験方法

両端支持はりおよび両端固定はりにそれぞれ集中荷重 P_n を作用させた場合，はりの各点でのひずみを計測する．

 (a) ひずみゲージをはりの各点に接着剤で貼着する．
 (b) はりをはり実験台に設置して，両端支持および両端固定の状態にする．
 (c) はりに貼付したひずみゲージのリード線をスイッチボックスに連結させ，さらに静ひずみ指示計につなぎ，零点調整する．
 (d) 所要の荷重を順次かけていき，それに相当するひずみ量を読み取る．

2.6.4 結果および考察

両端支持はりおよび両端固定はりに対して次項を求める．

 (a) ひずみ量より応力を算出する．
 (b) ひずみ量より試算で求めた荷重と実際の荷重とを比較する．
 (c) はりの各点でのひずみの分布図を描く．
 (d) はりの各点でのせん断力図および曲げモーメント図を描く．
 (e) はりの各点でのたわみ量を算出し，支持条件の違いによる理論値と実験値の偏差を比較する．

2.7 応力集中の測定

Key word　応力集中係数, 応力分布, 有孔平板

2.7.1 目的

構造物に引張りまたは圧縮荷重が作用した場合, 各部材である棒や板の断面が急に変化するとその周辺部分での応力分布は不均一になる. しかも急激な断面変化があるほど, その周縁部で局部的に大きな応力が発生する. このような現象を応力集中 (stress concentration) という. 輸送車両, 橋りょう, 圧力容器, パイプ, 船舶, 航空機などの構造物や機械類には各種のみぞや切欠き, 貫通孔, その他軽量化を意図して開口部を設ける場合が多い. 機械構造物が繰り返し荷重を受ける際や強度低下による破壊はほとんどこの応力集中部に原因があることから, 外荷重に対する開口周辺部の応力分布および応力集中の程度を知ることはきわめて重要である. 本実験では静的引張荷重を受ける有孔平板の開口部周辺の応力状態を抵抗線ひずみ計にて計測し, 理論との比較検討を行い, 同時に各種形状に対する応力集中問題を考察する.

2.7.2 理論解

平面応力問題において関数 $F(x, y)$ を導入して応力の成分を次式で表すものとする.

$$\sigma_x = \frac{\partial^2 F}{\partial y^2}, \quad \sigma_y = \frac{\partial^2 F}{\partial x^2}, \quad \tau_{xy} = -\frac{\partial^2 F}{\partial x \partial y} \quad (2.33)$$

上記応力はつねに平衡方程式を満足している. この関数 $F(x, y)$ を Airy の応力関数とよぶ.

円孔を有する広い平板が一軸引張り応力を受ける場合の応力集中を理論的に考える (図2.31). この問題に適応する Airy の応力関数は y 軸方向の一様な引張応力 σ_0 で表すとすれば応力関数 F_0 は

$$F_0 = \frac{1}{2}\sigma_0 x^2 = \frac{1}{2}\sigma_0 (r \cdot \cos\theta)^2$$
$$= \frac{1}{4}\sigma_0 r^2 (1 + \cos 2\theta) \quad (2.34)$$

およびこれを補う円孔縁を自由ならしめる補正応力関数 F_1 を

$$F_1 = A \ln r + \left(\frac{B}{r^2} + C\right) \cos 2\theta \quad (2.35)$$

とするとこの両関数の合成した応力関数 F は

$$F = F_0 + F_1 = \left(A \ln r + \frac{1}{4}\sigma_0 r^2\right) \\ + \left(\frac{B}{r^2} + C + \frac{1}{4}\sigma_0 r^2\right)\cos 2\theta \quad (2.36)$$

の形で与えられる. 係数 A, B および C は自由縁境界の条件

$$r = a \text{ で } F = \text{一定 (const)}, \quad \frac{\partial F}{\partial r} = 0 \quad (2.37)$$

を満足するように定められる.

第1条件より

$$\frac{B}{a^2} + C + \frac{1}{4}\sigma_0 a^2 = 0 \quad (2.38)$$

第2条件より

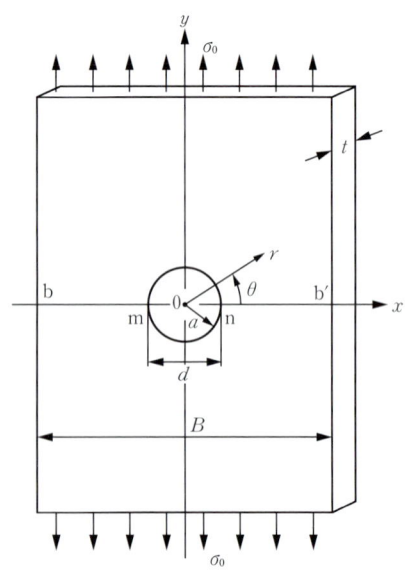

図2.31　引張力を受ける有孔平板

$$\frac{A}{a} + \frac{1}{2}\sigma_0 a = 0, \quad -\frac{2B}{a^2} + \frac{1}{2}\sigma_0 a = 0 \tag{2.39}$$

これらより A, B および C は

$$A = -\frac{1}{2}\sigma_0 a^2, \ B = \frac{1}{4}\sigma_0 a^4, \ C = -\frac{1}{2}\sigma_0 a^2 \tag{2.40}$$

式 (2.40) を (2.36) に代入すると応力関数は次式で与えられる．

$$F(r,\theta) = \frac{\sigma_0}{4}\{(r^2 - 2a^2\ln r) + \frac{(r^2 - a^2)^2}{r^2}\cos 2\theta\} \tag{2.41}$$

この F に対する応力成分 σ_r, σ_θ および $\tau_{r\theta}$ は，式 (2.33) の極座標変換表示による次式を用いて求められる．

$$\left.\begin{array}{l}\sigma_r = \dfrac{1}{r}\cdot\dfrac{\partial F}{\partial r} + \dfrac{1}{r^2}\cdot\dfrac{\partial^2 F}{\partial \theta^2} \\ \sigma_\theta = \dfrac{\partial^2 F}{\partial r^2} \\ \tau_{r\theta} = \dfrac{1}{r^2}\cdot\dfrac{\partial F}{\partial \theta} - \dfrac{1}{r}\cdot\dfrac{\partial^2 F}{\partial r \partial \theta} \\ \quad = -\dfrac{\partial}{\partial r}\left(\dfrac{1}{r}\cdot\dfrac{\partial F}{\partial \theta}\right)\end{array}\right\} \tag{2.42}$$

これにより計算すると円周方向の応力 θ は図2.32に示されるように，孔の中心をすぎる bb' 断面 ($\theta = 0, \pi$) において次の結果を得る．

$$(\sigma_\theta)_{\theta=0,\pi} = \sigma_y = \frac{\sigma_0}{2}\left(2 + \frac{a^2}{r^2} + \frac{3a^4}{r^4}\right) \tag{2.43}$$

円孔端部 ($r = a$) では $\sigma_y = 3\sigma_0$ の大きさになる．また $r = \infty$ においては $\sigma_y = \sigma_0$ の値まで単調減少する．円孔縁の応力分布も計算から図2.33のように表される．なお円孔縁部では $\sigma_r = \tau_{r\theta} = 0$ となる．

一般に孔縁に生ずる局部最大応力 $\sigma_{\max}$ と均一応力 σ_0 との関係は

$$\alpha(\text{応力集中係数}) = \frac{\sigma_{\max}(\text{最大応力})}{\sigma_0(\text{平均応力})} \tag{2.44}$$

で表される．この α を応力集中係数 (stress concentration factor) とよぶ．ここで σ_y はアクティブゲージのひずみ量 ε_y より求められる．ただし $\sigma_0 = P/A = P/(B-d)\cdot t$ は板の両端における均一応力である．なお，$\sigma_0 = P/Bt$ で表示する場合もある．

2.7.3 実験装置および方法

(1) **装置および器材**
  (i) アムスラー万能試験機（引張試験使用）
  (ii) 静ひずみ指示計
  (iii) 多点スイッチボックス（12点用）
  (iv) 試験片（アルミニウム，軟鋼その他の金属材料平板）
  (v) ひずみゲージ，（アクティブおよびコンペンセイト用）
  (vi) ダイヤルゲージ，ノギス，リード線

(2) **実験方法**
使用する試験片の厚さ t mm，幅 B mm として，中央に半径 a mm の円孔を有する平板を採用し，孔周辺 m, n から水平方向（x 軸上）に

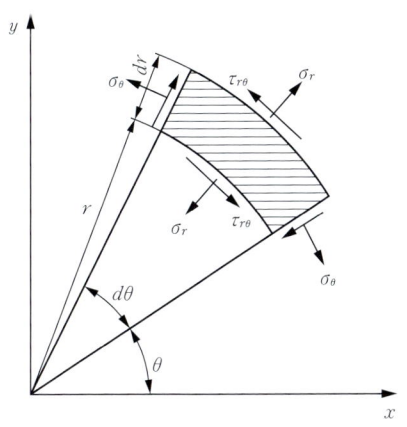

図2.32 極座標表示による応力成分

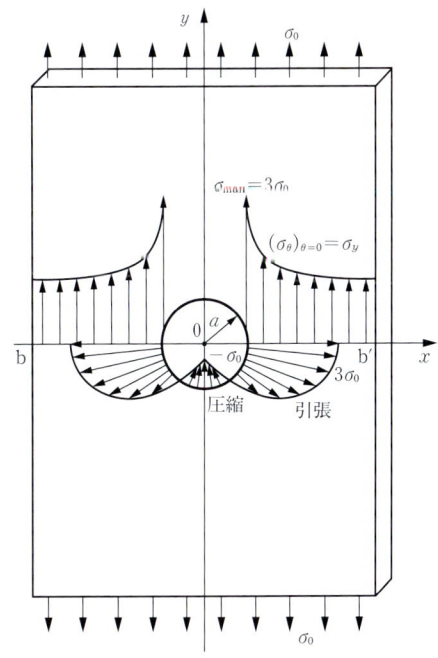

図2.33 円孔を有する無限平板の応力分布

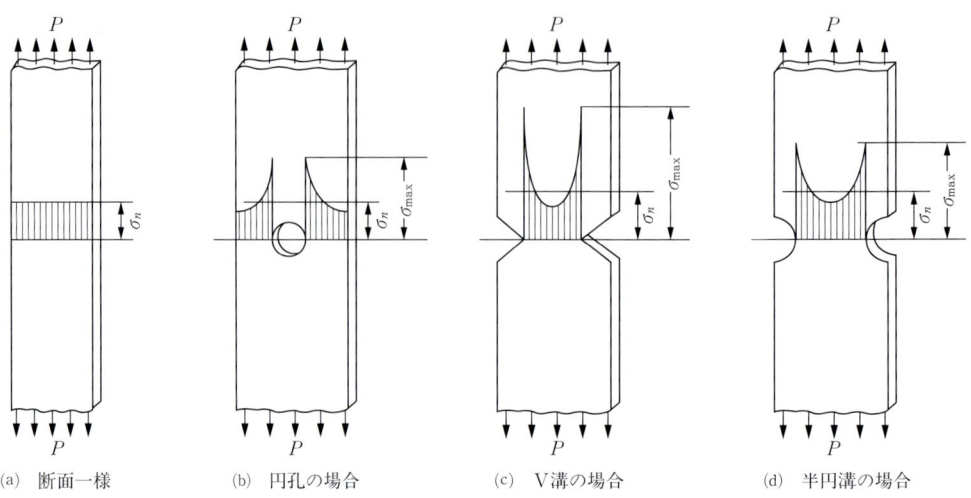

図2.34 各種平板の応力分布状態

数点の任意な位置をとり，その垂直軸上にアクティブゲージを貼付する．試験片を万能試験機にセットして，かつアクティブゲージをリード線にて静ひずみ指示計に接続し，零点調整を行う．なおひずみ計の原理については本書"はりの応力と変形の測定"の項を参照のこと．次に試験片に引張荷重を徐々に負荷し，弾性限度内の各荷重値に対する測定点のひずみ量 ε_y を計測して垂直応力 σ_y を求める．

2.7.4 結果および考察

(a) stress-strain 曲線を求める．

(b) 応力集中係数の理論値と実験値を求め，表に示す．（$P_n \to \varepsilon_n \to \sigma_n \to \alpha_n$）

(c) 応力−円孔端上の距離の関係をグラフで示す．

(d) 本実験の応力集中係数を他の文献の実験結果と比較，検討を行う．

(e) 式(2.42)によって理論応力分布 σ_r，σ_θ，$\tau_{r\theta}$ を円グラフで示す．σ_0 は任意寸法（基準寸法）をとる．

(f) 上記の結果より本実験の結論を述べる．

(g) 円孔以外の形状を持つ場合や複数開口を有する平板についての応力集中およびその分布について考える．（図2.34参照）

(h) 延性材料とぜい性材料を使用する構造物では応力集中はどのような特徴を持つか考察する．

(i) 応力集中緩和対策について具体的に考察する．孔周縁部補強および複数孔など．

(j) 直角座標から極座標に変換する方法を考える．$F(x, y) \to F(r, 0)$

2.7.5 応力集中の確認手法

応力集中係数 α は 1 より大きい値をとるが，α は切欠きの形状や荷重の種類によって決まるので形状係数ともよばれる．応力集中状態は弾性学で理論的に計算したりするが，形状が複雑な切欠きや複数の開口部がある場合は厳密な解析値を得るのがむずかしい．しかし最近は大型電子計算機の発達に伴ない，近似解析法による数値計算，たとえば有限要素法 (Finite Element Method) や差分法 (Finite Different Method) とよばれる手法で，比較的容易に応力集中状態を求められるようになった．また実験的に応力集中を求めるには，ひずみゲージ法 (strain gage method) の他，光弾性法 (Photo Elastic Method)，応力塗膜法などの計測方法が多く利用されている．

2.8 柱の座屈実験

Key word 　座屈応力，細長比，回転半径，長柱，オイラー座屈

2.8.1 目的

多くの構造物に使用される部材には，棒，軸，はりの他に柱がある．柱に軸圧縮荷重が作用した場合の柱の挙動，すなわち，座屈現象を的確に把握することは，構造物の強度を検討する上で重要なことである．

本実験では，軸圧縮荷重が作用する各種の端末条件において，種々の断面形状の中実長柱の変形状況を観察し，座屈現象について考察する．

2.8.2 解説

図2.35に示すような，上下端の端末条件が回転端である断面寸法と比較して長さ l が大きく細長い柱は，軸方向に圧縮荷重 P を受けるとこの圧縮荷重がある特定の値 P_{cr} に達すると横方向に変形し横たわみ δ を生じつりあいを保ち，この荷重のもとでは不安定な状態となる．この現象を座屈と言い，この荷重 P_{cr} を限界荷重，あるいは，座屈荷重という．この座屈荷重は，上下端の端末条件により異なる．

(1) 長柱の座屈式（オイラーの座屈式）

各種の端末条件においての長柱の座屈荷重 P_{cr} および座屈応力 σ_{cr} を求めるためのオイラーの座屈式は次式で与えられる．

$$P_{cr} = \left(\frac{\pi}{l}\right)^2 EI_z \tag{2.45}$$

$$\sigma_{cr} = nE\left(\frac{\pi}{\lambda}\right)^2 \tag{2.46}$$

ここで，P_{cr}：座屈荷重 [N]
　　　　σ_{cr}：座屈応力 [N/m²]
　　　　l：有効長さ [N/m²]
　　　　E：縦弾性係数 [GPa]
　　　　I_z：断面二次モーメント
　　　　λ：細長比 ($\lambda = l/k$)
　　　　k：回転半径 $k = (I_z/A)^{1/2}$ [mm]
　　　　A：断面積 [m²]
　　　　n：端末条件により定まる係数（表2.2）

(2) 座屈荷重の決定法

圧縮荷重 P と横たわみ δ の測定値を用いて，図2.36に示すように δ と δ/P をプロットし直線を求め，この直線の傾き θ から，座屈荷重 P_{cr} を

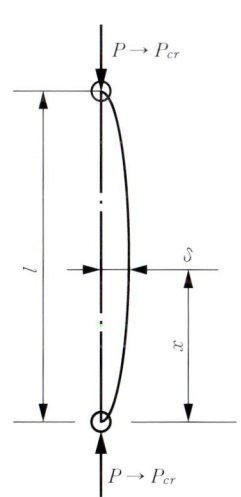

図2.35　柱の座屈

表2.2　端末条件と係数 n

端末条件	n
両端回転	1
両端固定	4
一端固定他端自由	1/4

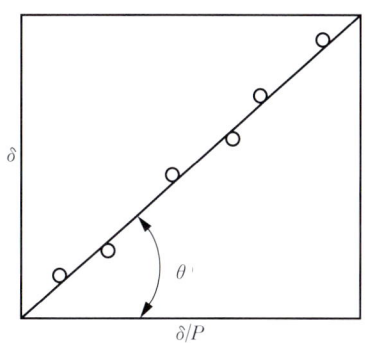

図2.36　サウスウェル法による座屈荷重の決定法

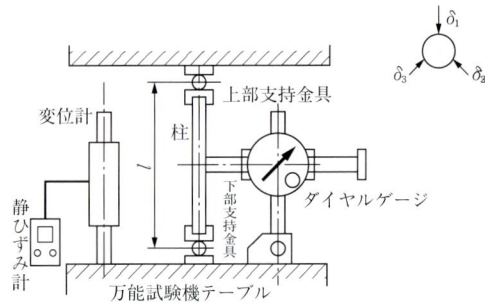

図 2.37 座屈実験装置概要図

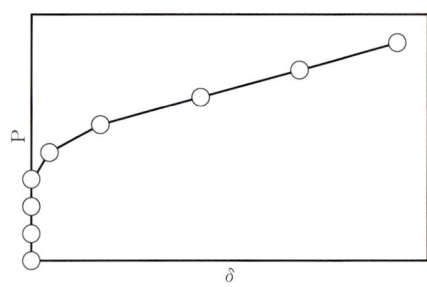

図 2.38 圧縮荷重 P と横たわみ δ の関係

$$\tan \theta = P_{cr} \tag{2.47}$$

として求める方法をサウスウェルの方法という．

2.8.3 実験装置および方法

(1) 実験装置および器材
  (i) 万能試験機
  (ii) ダイヤルゲージ
  (iii) 変位計
  (iv) 静ひずみ計
  (v) 柱（各種形状の中実長柱）
  (vi) 柱の支持金具（各種端末条件用）
  (vii) スケール・ノギス・水平器等

(2) 実験方法
  (a) 柱の上下端に実験端末条件の柱の支持具（図2.47は端末条件両端回転の場合を示す）を取り付け万能試験機のテーブルに水平器等を用いて垂直に設定する．
  (b) ダイヤルゲージを柱の側面に垂直に設定する．柱の形状によってダイヤルゲージを数個用意する（図2.37は円形断面の場合で3個用意）．
  (c) 変位計を万能試験機のテーブルに垂直に設定し，静ひずみ計と接続する．
  (d) ダイヤルゲージと静ひずみ計の0調整を行う．
  (e) 圧縮荷重 P をかけて行き，それに相当する横たわみ δ_n をダイヤルゲージで，また，圧縮ひずみ ε を静ひずみ計で読みとる．
  (f) 圧縮荷重 P が最大値に達した時点で実験を終了する．

2.8.4 実験結果および考察

(1) 圧縮荷重 P と横たわみ δ との関係図を描く（図2.38）．
(2) δ_n と δ_n/P との関係図を描き，サウスウェルの方法により実験座屈荷重を求める．
(3) 圧縮応力 σ と圧縮ひずみ ε との関係図を描き，縦弾性係数 E を求める．
(4) 実験で得られた座屈値と理論座屈値を比較する．
(5) 端末条件の違いによる理論値と実験値の偏差を比較する．

3章　流体工学

　流体の中を動く自動車，飛行機，船，流体を輸送するポンプ，流体からエネルギーを得る風車など，いろいろな物体や機械に働く力や，それらを動かすのに必要な動力およびこれら各種機械の性能などは，そのまわりや内部における流体の流れによって大きく左右される．また，日常の暮しに深くかかわる気候や自然環境も風や海流の流れによって大きく影響される．われわれの体も血液の流れや呼吸気の流れによって維持されている．流れ現象を完全に把握するためには机上の学習だけでなく実際にその現象を実験や解析などを通して理解することが重要である．そこで，講義で得られた知識をもとに，まず，流れを可視化することにより流れや粘性の影響を知る．次に，実験から摩擦抵抗の発生メカニズム，レイノルズの相似則を認識する．また，流速や流量の測定法を学び，さらに応用である遠心ポンプやプロペラ形風車の特性試験を行い，流れ現象の理解と各種流体機械の動力の求め方や性能試験法などを修得する．

　(1)　流れの可視化：最初に管内流れを取り上げ，インク注入法により流れを可視化して臨界レイノルズ数付近における流れの状態の変化を理解する．また，レイノルズ数が流れの相似性を決定する重要な因子であることと粘性の影響を知る．次に外部流れを代表するものとして物体まわりの流れを取り上げ，可視化によって物体まわりの流れではどのような流線を示すかを観察する．またその後流におけるうずの発生やその周期を調べるとともに，あわせて流体の粘性の存在を理解する．

　(2)　摩擦抵抗：まず管路の損失では，管路の摩擦損失の発生するメカニズム，層流と乱流の損失の差異，レイノルズの相似則の実証などがねらいである．次に物体に働く力では，物体に揚力や抗力の生ずるメカニズム，粘性の影響および層流から乱流への変化などを理解する．

　(3)　流体計測：流速の測定では，ピトー管，熱線風速計，レーザドップラ流速計の測定法を習得するとともに，熱線風速計を用いて乱れ，パワースペクトラムや相関を求めて乱流の特性を知る．流量の測定ではベンチュリ管，管オリフィス，管ノズル，ピトー管での測定法を習得するとともに，精度の比較を行ってそれぞれの測定法の特性を理解する．

　(4)　流体機械：流体機械の代表例として，流体にエネルギーを与える遠心ポンプと流体からエネルギーを得るプロペラ形風車を選び，その性能試験を行う．流体機械の流れはきわめて複雑なので，ここではその流れの様相には立ち入らず，流体機械の総括的な特性の把握をする．

自動車まわりの流れの可視化

3.1 管内流れの可視化実験(レイノルズの実験)

Key word　流れの可視化,層流と乱流,レイノルズ数,円管内の流れ

3.1.1 目的

　風の静かな日に立ち昇る煙突の煙は一条の線となって見られる.しかし,風が速く流れると乱れ,渦をまいたり,周囲の空気中に拡散してしまったりする.このような流れの状態を系統的に調べたのはオズボーン・レイノルズ(O. Reynols)である.レイノルズは円管内の流れが層流から乱流へと遷移する現象を観察し,どのような条件で遷移するのかを明確に表現できる指標(レイノルズ数)を提唱した.これは可視化を応用した最初の偉大な発見であった.

　本実験ではレイノルズが行った実験を再現し,流れの可視化について理解するとともに,流れには層流と乱流と2種類あること,レイノルズ数がこの流れの相似性を決定する重要な因子であることを認識し,あわせて粘性の存在と臨界レイノルズ数付近における流れの状態の変化を観察する.

3.1.2 解説

(1) 流れの可視化

　空気の流れは目で見ることはできない.水の流れは目で見ることはできるが,その流線とか速度分布は見ることができない.このように,目で見ることのできない流体の挙動を目で見えるようにすることを流れの可視化といい,流体現象の解明にきわめて有効な手段である.「百聞は一見にしかず」ということわざがもっとも端的に可視化の重要性を表している.

　流れの可視化には壁面トレース法,タフト法,注入トレーサ法,化学反応トレーサ法,電気制御トレーサ法,光学的可視化法,コンピュータ利用可視化法の7つの方法があるが,ここでは,注入トレーサ法と電気制御トレーサ法について行ってみる.注入トレーサ法にはレイノルズの行ったように色素を連続的に注入して流脈を可視化する方法(注入流脈法)や,流体中に液体または個体の粒子を懸濁させたり(懸濁法),液体の表面にトレーサを浮遊させたり(表面浮遊法)して流跡や流線を可視化する方法などがあり,電気制御トレーサ法には水素気泡法,火花追跡法,スモークワイヤ法がある.本実験では注入流脈法と水素気泡法を利用している[1].

　注入流脈法は色素を連続的に注入して流脈を可視化する方法で,水素気泡法は図3.1のように観察しようとする水流中に直線状またはキンク状の

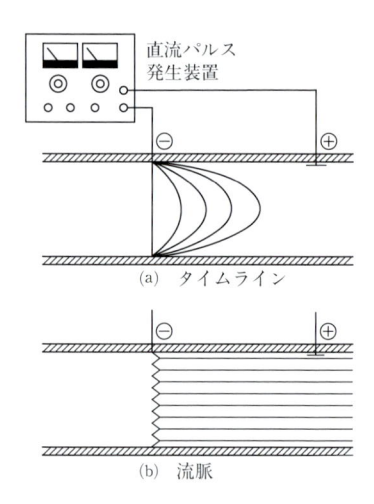

図3.1　水素気泡法の原理

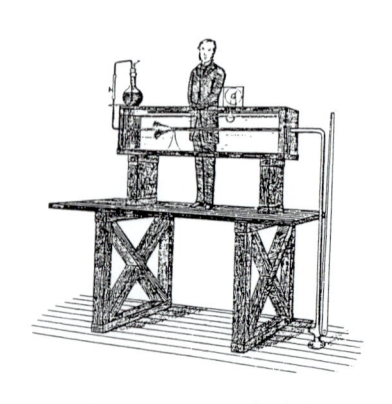

図3.2　レイノルズの実験

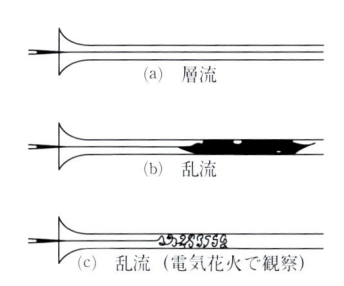

図3.3 レイノルズによる層流から乱流への変遷スケッチ

金属細線を陰極として張り、同じ水流中に陽極を置いて直線状電極にはパルス状電圧をキンク状電極には直流電圧を印加すると、前者からはタイムラインが、後者からは流脈が発生し、可視化を行う方法である。

(2) 層流と乱流（レイノルズの実験）

レイノルズは図3.2のような装置を用い[2]、着色液をガラス管の入口に導き、ハンドルによって弁を徐々に開けていくと、はじめは図3.3(a)に示すように、1本の糸のように周囲と混ざらずに流れて行き、ガラス管の流速が速くなりある値に達すると、着色液の線は急に乱れ、周囲の水と混じり合ってしまうことを観察した。前者を層流、後者を乱流、層流から乱流に移るときの流速を臨界速度と名づけた。

また、レイノルズはガラス管の直径を変え、水温を変化させて多数の実験を行い、平均速度 v、ガラス管内径 d、水の動粘度 ν がどのような値であっても、無次元数 vd/ν がある値になると、層流から乱流に移ることを発見した。後にレイノルズの功績を記念して

$$\mathrm{Re} = \frac{vd}{\nu} \quad (3.1)$$

をレイノルズ数とよぶことになった。とくに流れが臨界速度 v_c のときすなわち流れが層流から乱流に移るときのレイノルズ数 $\mathrm{Re}_c = v_c d/\nu$ を臨界レイノルズ数とよぶ。Re_c の値は管に流入する流体中に存在する乱れに非常に影響するが、いかにタンクの水を乱しても層流を保つ臨界レイノルズ数 Re_c は、2320といわれている。タンクの水を静めて実験すると Re_c は大きな値となり、5×10^4 まで層流が保たれた例もある。

(3) 円管内の流れ

流体が十分大きな容器から円管に流入するとき、図3.4[3]に示すようにベルマウス形の入口ではほぼ等速度分布になっているが、粘性流体は壁面で流速が0となるので壁面に近い流体を減速させ、下流に行くにしたがって減速の範囲は拡大し、ついに管中心まで境界層が発達するようになる。入口からちょうどその位置までの間を助走区間といい、その長さを助走距離という。

(a) 層流

助走区間をすぎたところにおける速度分布は次式で与えられ、回転放物面となる。

$$u = 2v\left[1 - \left(\frac{r}{r_0}\right)^2\right] \quad (3.2)$$

ここに、v は平均速度、r_0 は管内半径、r は中心からの距離、u は r における速度とする（図3.5）。このような流れをハーゲン・ポアズイユの流れという。

助走区間では入口の等速度分布から漸近的にハーゲン・ポアズイユの流れに移るので、助走区間の終わりを決定することは困難であるが、管中心速度が $2v$ の99％に達する点を助走区間の終わりとすれば、助走距離 L はほぼ

$$L = 0.065\,\mathrm{Re}\cdot d \quad (3.3)$$

（ブジネの計算、ニクラゼの実験）

となる。

(b) 乱流

内面がなめらかな円管の入口から十分離れたところにおける速度分布は次式で与えられる。

$$\bar{u} = \bar{u}_{\max}\left(\frac{y}{r_0}\right)^{1/n} \quad (0 \leq y \leq r_0) \quad (3.4)$$

ここに、$\bar{u}_{\max}$ は中心線上の速度、r_0 は円管半径、y は壁からの距離、n はレイノルズ数によって変化し、$\mathrm{Re} = 1\times10^5$ では7となる（図3.6）。なお、$\bar{u}$ の"—"は時間的平均値を示す。一般にこの付近の流れを取り扱うことが多いので、n

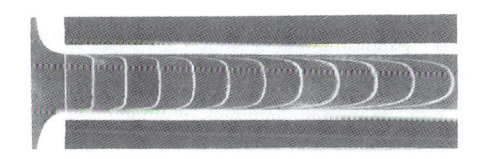

図3.4 円管内の流れ（水素気泡法）

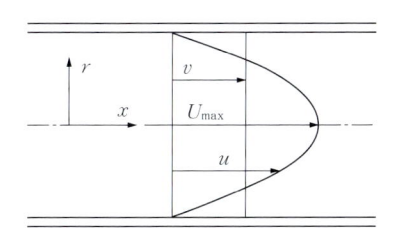

図3.5 円管内の層流速度分布図

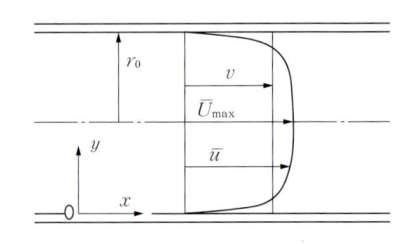

図3.6 円管内の乱流速度分布

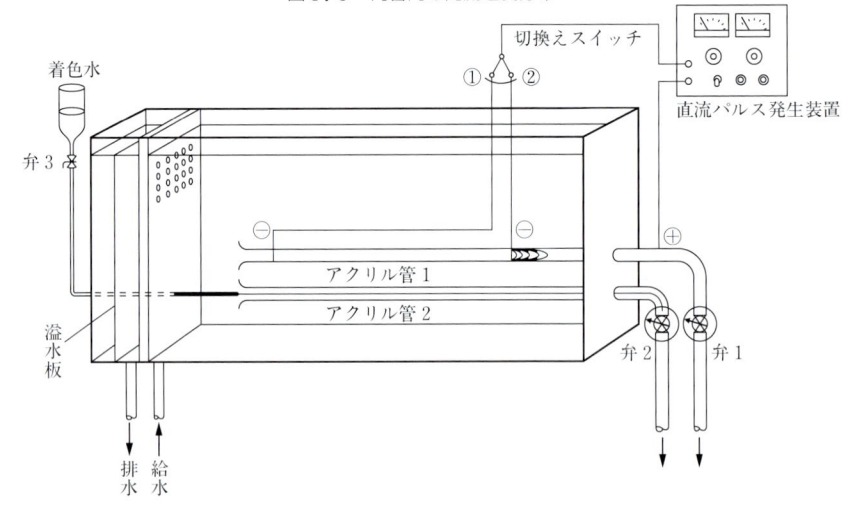

図3.7 実験装置

= 7 とした式が用いられる．これをカルマン・プラントルの1/7乗べきの法則という．なお，$n = 3.45\,\mathrm{Re}^{0.07}$ なる実験式もある．助走距離 L については次式で与えられる．

$$L = (25 \sim 40) \cdot d \quad \text{(ニクラゼの実験式)} \tag{3.5}$$

3.1.3 実験装置および方法

(1) **実験装置**

実験装置は図3.7に示すように，オーバーフロータンクによって水位を一定に保つことのできる水槽の中に，入口にベルマウスをつけた径の等しい2本のアクリル管を上下に設置し，水槽の水を外に流出させるようになっている．その流出速度はそれぞれ弁1，2によって調整する．下部の管はレイノルズの実験用で，入口には細い管で着色水を導き，その流出速度は弁2によって調整する．上部の管は速度分布の可視化実験用で，入口と出口の近くに管中心を通ってタングステン線を張りこれを陰極とし，下流に陽極を取り付け，水素気泡発生装置に接続してある．流出速度は弁1によって調節する．

(2) **実験方法**

(a) 注入流脈法による可視化(レイノルズの実験)

実験装置に注水後弁2を徐々に開いてアクリル管内に流れを起こし，着色水を管中心部へ，弁3を調整して，静かに流入させる[3]．弁2の開度を徐々に大きくし着色水の描く流脈を詳細に観察し記録する．また，このとき流量ならびに水温の測定も同時に行い Re 数を算出する．流量は流量計あるいは重量法またはあらかじめ求めておいた弁開度と流量の関係グラフより求める．さらに，弁を徐々に閉じた場合も同時に行い，これを数回繰り返す．

(b) 水素気泡法による可視化(流速分布)

弁1を徐々に開き，電極に通電し，水素気泡の描く速度分布を図3.8のように写真にとる．またこのときの流量ならびに水温の測定も同時に行い，Re 数を算出する．この場合，流量は上記測定法のほかに入口の陰極に1パルスの電圧を供給し，発生した水素気泡の動く速度を測定して算出することもできる．

3.1.4 結果および考察

(a) 着色水の描く流脈の状態について観察した事柄を詳細に記述し，考察する．

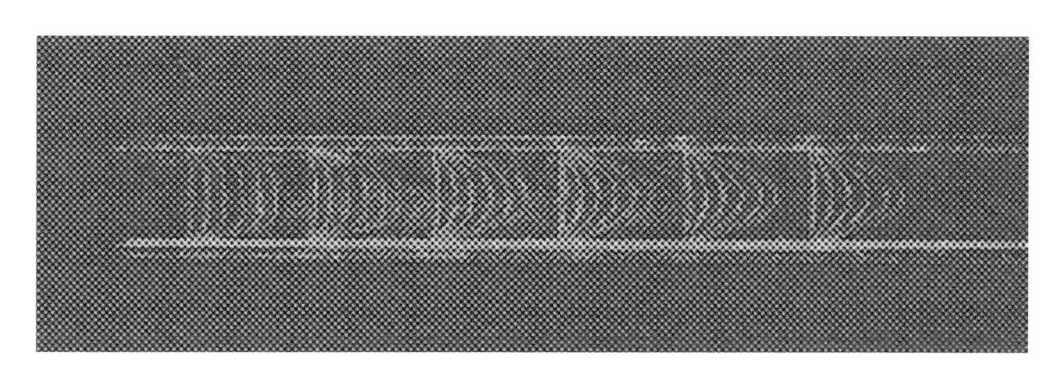

図3.8 平行平板入口の流れ（水素気泡法）

(b) それぞれの場合の Re 数を求め，相似則の意義を確認する．

(c) 臨界レイノルズ数を求め，考察を行う．

(d) 式 (3.2)，(3.4) より流速分布を求め可視化した速度分布と比較し，考察を行う．

3.2 物体まわりの流れ

Key word 円柱まわりの流れ，カルマン渦，翼まわりの流れ，失速，ストローハル数

3.2.1 目的

空中を野球のボールやゴルフボールが飛んだり，自動車や列車が走ったり，飛行機が飛んだり，あるいは水中を潜水艦が航行したりする場合，これらのまわりの流れすなわち外部流れはどのようであろうか．本実験では円柱と翼のまわりの流れについて，注入トレーサ法の1つである表面浮遊法と水素気泡法により可視化を行い，流れの様相を明らかにする．また，この可視化の結果を利用して，物体後方に生ずるカルマン渦の発生周波数を測定し，ストローハル数の意義を認識する．また，翼については迎え角と翼面上の剥離の関係について考察する．

3.2.2 解説

一様な流れの中におかれた物体の周囲の流れは，流体の粘性のため物体表面に沿って速度変化の大きな薄い層すなわち境界層を形成する．さらに流れは物体表面で剥離し，渦を伴う後流となる．本実験では回流水槽を用いて，表面浮遊法[1]と水素気泡法[1]により円柱と翼まわりの流れを可視化し，この様相を観察する．

(1) 円柱の後流（カルマン渦）

円柱の背後にはReが45付近を越えると物体の両側から回転方向の逆な渦が交互に発生し，外部の流れと混合することなく千鳥型の規則正しい配列を保って物体の後を流れる．この渦列をカルマンの渦列という．ケンブリッジ大学のテーラー(G. I. Tayler)は1秒ごとに物体から離れる渦の数，すなわち渦の発生周波数fを次の式で与えた．

$$f = 0.198 \frac{U}{d}\left(1 - \frac{19.7}{\mathrm{Re}}\right) \quad (3.6)$$

ここに，Uは一様流速，dは円柱の直径，$\mathrm{Re} = Ud/\nu$とする．このfを測定して式(3.6)よりUを求めることができる．この原理を応用したのがカルマン渦流速計である．また，fd/Uをストローハル数 St とよび，一般に周期的に変動する非定常流れで，非定常の大きさを表す量として使われる．

カルマンはカルマン渦列の流れを計算し，渦の配列が変わらずに安定であるためには渦の配列が

$$\frac{b}{a} = 0.281 \quad (3.7)$$

であることが必要であることを示した．ここで，aは渦のピッチ，bは渦列の間隔（図3.9）である．

(2) 翼の後流

翼の形状は流線型をしているので明瞭なカルマン渦は生じない．迎え角αを増していくと翼面上で流れがはがれるようになり，揚力係数は急に減少する．この現象を失速という．迎え角を徐々に変化し，翼面上の剥離の状況を前述の2つの可視化法で観察する．

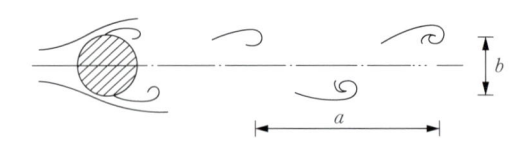

図3.9 カルマン渦列

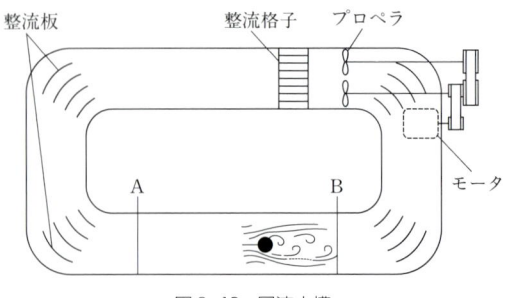

図3.10 回流水槽

3.2.3 実験装置および方法

(1) 実験装置

実験装置は図3.10に示すような回流水槽で，モータにより2枚のプロペラを回し，水流を起こす．整流格子，整流板を通り，測定部に一様な流れを作れるようになっている．測定部に円柱，翼などの供試物体を置く．注入トレーサ法の粒子にはアルミ粉かシッカロールを用いる．水素気泡法には図3.11(a)，(b)に示すようなタイムライン発生用（直線形）と流脈発生用（キンク形）陰極を用い，これをそれぞれ直流パルス電源および直流電源に接続してタイムラインと流脈を発生させる．

(2) 実験方法

図3.10に示すように円柱を取り付け，円柱の上流の水面にトレーサ粒子を散布し，モータによりプロペラを駆動させる．流速を徐々に増していき，安定な渦列が発生する速度範囲を調べる．流速 U は水面に小さく切った紙片を浮かべ，それが測定区間A-Bを通過する時間をストップウォッチで測定して求める．この渦の安定している領域での速度範囲を5分割し，各分割点でのカルマン渦列をスケッチする（図3.12）．次に，円柱を翼と交換し，剝離点が前縁付近に近づくまで，迎え角 α を徐々に変化させて，剝離の状況をスケッチする．

次に，水面をきれいにし，図3.11(a)に示す電極を取り付け，これを陰極とし，水路壁面に陽極を置きパルス電圧をかけ，そして電極から断続的に水素気泡列を発生させ，前と同じ分割点の流速 U，周波数 f を求めるとともにカルマン渦列を写真にとる（図3.13）．この写真からカルマン渦列のピッチ a，間隔 b を求める．渦発生周波数 f は目視とストップウォッチにより測定する．このあと，円柱を翼に交換し図3.11(b)に示すように電極を取り付け，連続的に水素気泡列を発生させ，剝離点の様子をスケッチする（図3.14）．

3.2.4 結果および考察

(1) 円柱について，水素気泡法で可視化した結果から

(a) 発生周波数 f と流速 U との関係のグラフを作成し，考察する．

(b) St数とRe数との関係のグラフを作成し，考察する．

(c) b/a とRe数の関係のグラフを作成し，考察する．

(2) 翼について，表面浮遊法と水素気泡法で可視化した結果から，迎え角と翼面上の剝離の状況について考察する．

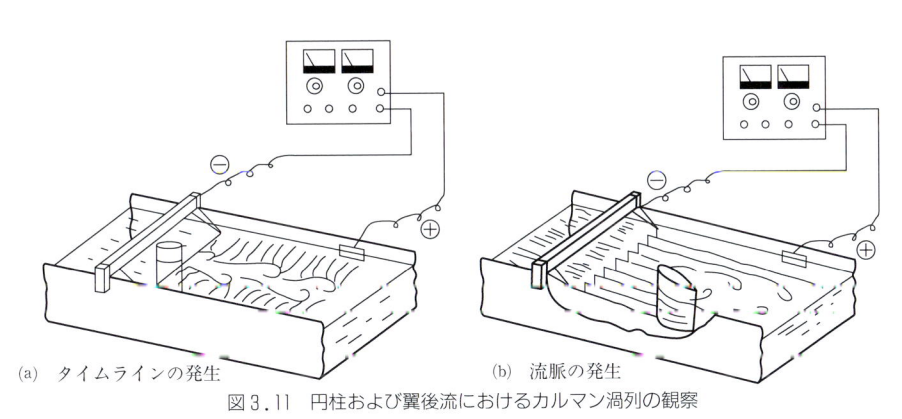

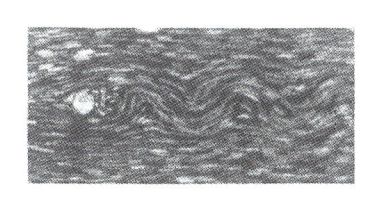

(a) タイムラインの発生　　(b) 流脈の発生

図3.11　円柱および翼後流におけるカルマン渦列の観察

図3.12　円柱後流のカルマン渦列（表面浮遊法）

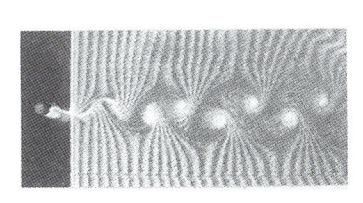

図3.13　円柱後流のカルマン渦列（水素気泡法）

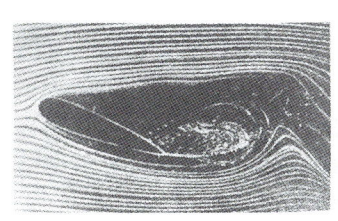

図3.14　失速した翼まわりの流れ（水素気泡法）

3.3 流速の測定

Key word　ピトー管，動圧，静圧，ベルヌーイの定理，熱線流速計，直線化回路

3.3.1 目的

代表的な流速測定器であるピトー管および熱線流速計の原理を理解し，それらを用いて空気の流速を実測することにより，流速測定法の基礎を習得する．

3.3.2 流速計の原理

(1) ピトー管 (Pitot tube)

JIS B8330 で規定されているピトー管を図3.15 に示す．これは先端の開いた全圧管と側面に小孔（静圧孔）のある静圧管を重ねた二重円筒の構造になっている．このピトー管を流速 v で流れている密度 ρ の流体の流れの中に鼻管が流れと平行になるように置くと，ピトー管の先端では流れがせき止められて速度が 0 になり，全圧（または総圧）p_t が測定される．同時に静圧孔では流れの静圧 p が測定され，上流における静圧もこれに等しいとすると，ピトー管先端との間に次のベルヌーイの式が成り立つ．

$$\frac{\rho v^2}{2} + p = p_t \quad \therefore v = \left[\frac{2(p_t - p)}{\rho}\right]^{1/2} \quad (3.8)$$

これより，全圧 p_t と静圧 p との圧力差，すなわち動圧を測定すれば流速 v が求められることになる．

一般には，上式の右辺にピトー管係数 C を乗じて使用される．C の値は JIS 規格のピトー管の場合広い流速範囲にわたって $C = 1.0$ としてよい．このようなピトー管を標準ピトー管という．これに対して，後流や境界層のように速度勾配の大きい流れの流速測定用として試作される外径の小さいピトー管の場合，標準ピトー管によって校正し，ピトー管係数 C をあらかじめ定めておく必要がある．

上式における圧力差 $p_t - p$ は一般に図3.15のようにピトー管と連結された U 字管マノメータによって測定される．その場合，マノメータ内に入れた液の密度が ρ'（$\rho' > \rho$ とする），液面の高さの差が h であったとすると，圧力差は

$$p_t - p = (\rho' - \rho)gh$$

で与えられる．ここで ρ は全圧孔および静圧孔からマノメータ内に入り込んだ流体の密度である．上式を式（3.8）に代入し，ピトー管係数 C をつけて表すと

$$v = C\left[\frac{2(\rho' - \rho)gh}{\rho}\right]^{1/2} \quad (3.9)$$

となり，マノメータで h を読めばこの式より流速が求められる．なお流体が気体の場合には，ρ は ρ' に比べて非常に小さいので，上式の分子の ρ を無視することができる．

(2) 熱線流速計 (hot wire velocimeter)

電流を流して加熱された細い金属線（熱線）を流体の流れの中に置くと，熱線は冷却されて温度

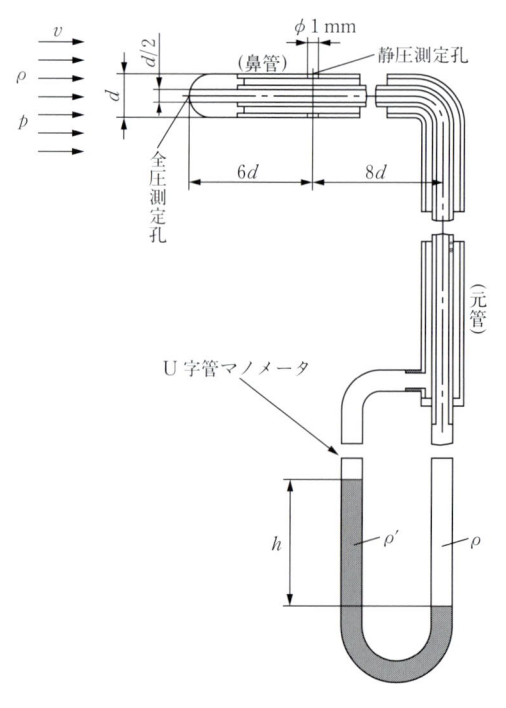

図3.15　ピトー管

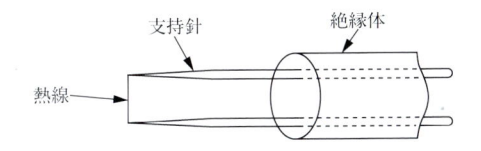

図3.16 熱線プローブ

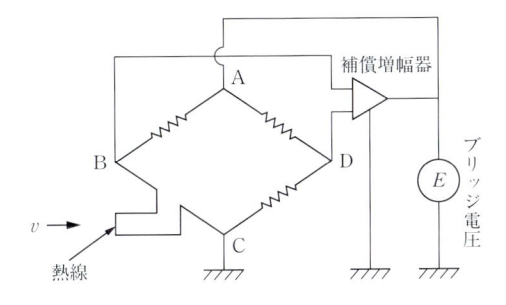

図3.17 定温度形熱線流速計

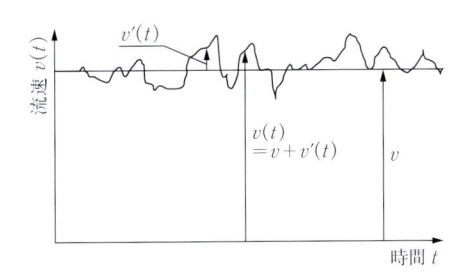

図3.18 流速の時間的変化

が変わり、それに伴って熱線の電気抵抗が変化する。熱線流速計はこのような熱線の性質を利用した流速測定器である。熱線としては、直径2〜10μm、長さ1mm程度のタングステン線や白金線が図3.16のように支持針の先端に張られて使用され、これを熱線プローブという。熱線流速計は熱線が細線であるため熱容量が小さく、低速における感度がよいので、ピトー管では測定困難な低速の流れにも用いることができ、広範囲の測定が可能である（空気の場合100 m/s程度まで）。また、気流の乱れなど局所的変動速度の計測に適しており、熱線に流れが当る角度と冷却効果の関係を校正しておけば流れの方向も知ることができる。

熱線流速計は電気回路の構成上定温度形と定電流形に分けられるが、ここでは実際にもっとも多く使用されている定温度形について述べる。

定温度形熱線流速計は図3.17のようにホイートストン・ブリッジ回路と補償増幅器および直線化回路（図には示されていない）から構成されている。熱線はブリッジ回路における1つの抵抗として組み込まれ、流速の変化による熱線の温度変化（すなわち、抵抗変化）のためBD間に非平衡電圧を生じると補償増幅器が作動し、熱線の温度（すなわち抵抗）を元の温度に回復させるようにブリッジ電圧が加減される。したがって、熱線の温度はつねに一定に保たれ、しかもこの電圧の変化は流速の変化に対応するのでブリッジ電圧を測定することにより流速および乱れを求めることができる。

ただし、流速 v はブリッジ電圧 E の4乗に比例するので、流速が出力電圧に比例するように、直線化回路（リニアライザ）を付加した方が便利である。また、直線化回路の各種定数を決定するために、校正が必要になる。

このように校正された熱線流速計によってある一点における流速をある時間測定し、図3.18のような流速の時間的変化が得られたとすると、ある時刻 t における瞬時流速 $v(t)$ は

$$v(t) = v + v'(t)$$

と表される。ここで、v は平均流速であり、出力電圧の直流成分の読みを校正直線にあてはめることにより求められる。また $v'(t)$ は時刻 t における変動速度である。乱れは $v'(t)$ の2乗値を T 秒間平均したもの、すなわち

$$\overline{v'^2} = \frac{1}{T} \int_0^T v'(t)^2 dt \tag{3.10}$$

の平方根 $\sqrt{\overline{v'^2}}$ で表され、これは熱線流速計に接続された実効値電圧計（RMS計）の読みを校正直線にあてはめることにより求められる。なお、積分時定数 T は用途により0.3〜100秒の間で任意に選択される。

3.3.3 実験装置と実験方法

流速を測定する流れ場は常温空気が吹き出す図3.19のような風洞出口流れとする。

平均流速の測定は水（またはアルコール）入りのゲッチンゲン型マノメータを接続した標準ピトー管と熱線流速計によって行う。また乱れは熱線流速計に接続した実効値電圧計によって測定する。ピトー管および熱線プローブは風洞出口断面の水平および垂直な中心線上、さらに下流方向にも移動できる三次元移動装置に取り付け、微動しながら流速および乱れの分布を測定する。空気の密度 ρ は、風洞出口で測定された温度における値を使用する。

表3.1 熱線流速計の検定試験データ表

熱線流速計による流速		ピトー管による流速	
出力電圧 E [V]	流速 $v = E \cdot v_m/10$ [m/s]	マノメータの読み h [mm]	流速 v [m/s]
⋮	⋮	⋮	⋮

大気圧 $p_a =$ ___ [mmHg], 空気温度 $t_a =$ ___ [℃],
空気の密度 $\rho =$ ___ [kg/m³], マノメータ液の密度
$\rho' =$ ___ [kg/m³]

表3.2 風洞出口における流速および乱れ測定データ表

流速測定位置	熱線流速計による流速		熱線流速計における乱れ		ピトー管による流速	
x または y [mm]	出力電圧 E [V]	流速 v [m/s]	実効値電圧 e [V]	乱れ速度 $\sqrt{v'^2}$ [m/s]	マノメータの読み方 h [mm]	流速 v [m/s]
⋮	⋮	⋮	⋮	⋮	⋮	⋮

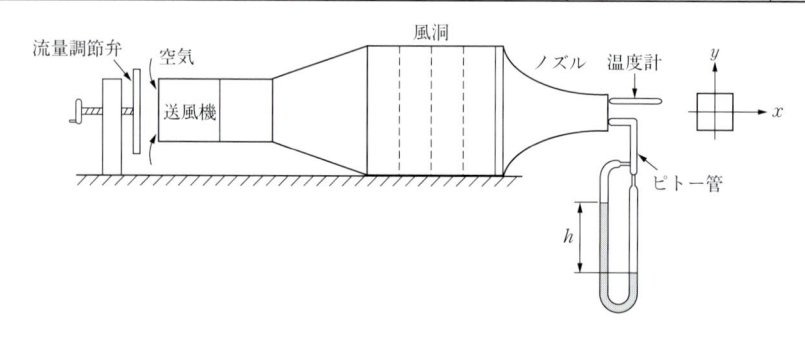

図3.19 実験装置

(1) **熱線流速計の校正**

標準ピトー管と熱線プローブを風洞出口断面の中央部にならべて固定し,まず両測定器の零点を調節する.次にピトー管により風洞の流速を本実験で測定しようとする最大流速 v_m に合わせ,このとき熱線流速計の出力電圧 E は 10 V に合わせる.次の流速を $v_m/2$ に変え,熱線流速計の出力電圧は 5 V に合わせる.これで流速 v が熱線流速計の出力電圧 E に比例するように校正されたことになり,流速は $v = E \cdot v_m/10$ の式で求められる.

(2) **熱線流速計の検定**

(1)の状態で,熱線流速計の出力 E が 1 V から 10 V まで 1 V おきに変わるように風洞の流速を上げ,そのつどピトー管により流速 v を測定する.その結果は表3.1のように整理する.

(3) **風洞出口における流速および乱れ分布の測定**

風洞出口断面の中心における流速を再び流速 v_m に合わせ,その断面の x 軸および y 軸上における流速と乱れの分布を熱線流速計により測定する.ただし,風洞の壁面近くでは速度勾配が大きいのでできるだけ細かい間隔で測定する.乱れ $\sqrt{v'^2}$ は実効値電圧計の出力 e より $\sqrt{v'^2} = e \cdot v_m/10$ の式で求められる.次にピトー管を用いて上記と同じ断面の流速分布を測定する.それらの結果は表3.2のように整理する.

3.3.4 実験結果および考察

(a) ピトー管によって検定された熱線流速計の検定グラフを図3.20のように描き,校正の精度について検討し,考察を述べる.

(b) 熱線流速計とピトー管によって測定された風洞出口断面における流速分布を図3.21のように

図 3.20 熱線流速計の検定

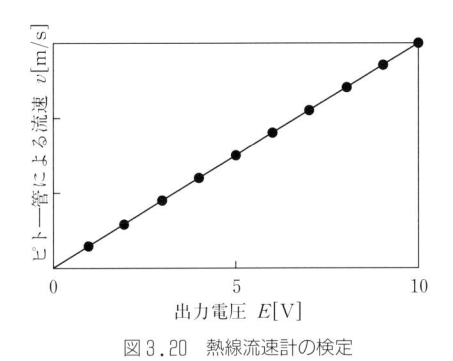

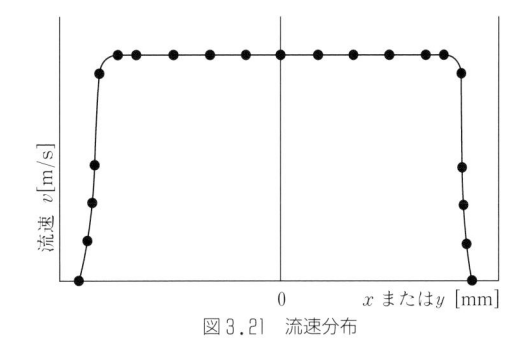

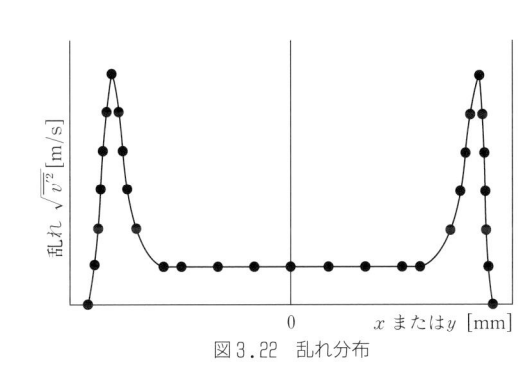

図 3.21 流速分布

図 3.22 乱れ分布

描き，両流速計による流速分布の測定精度について考察する．

(c) 熱線流速計によって測定された風洞出口断面における乱れ分布を図3.22のように描き，流速分布と比較しながら，乱れ分布の妥当性について考察する．

(d) 本実験を行った結果から考えられる両測定器の長所と短所を箇条書きに述べる．

3.4 絞り型流量計の検定

Key word　　流量，流量計，オリフィス，ノズル，絞り形流量計，ベルヌーイの定理，連続の式

3.4.1 目的

絞り機構による流量測定法は工学的に広く用いられている．絞りとしては，オリフィス，ノズル，ベンチュリ管などがある．これらを管路の途中において，その前後の圧力差を検出して流量を求めると同時に重量法でも流量を測定する．本実験ではオリフィスとノズルを取り上げ，この2種類の絞り機構を管の途中にシリーズに設け，そこを通る流量を測定してオリフィス，ノズルの流量係数を求め，それぞれの絞り機構の特色を理解するとともに，絞り前後の圧力の変化の違いを認識する．また，この実験により，基本的な流量計測方式を理解する．

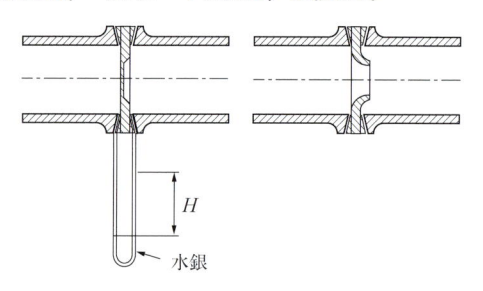

図3.24 直管への取り付け

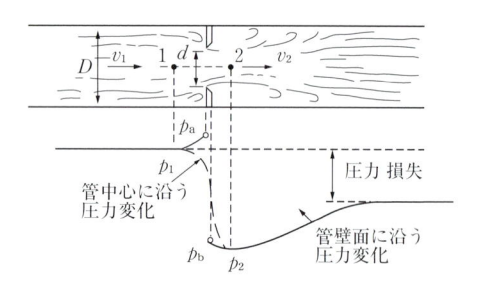

図3.25 オリフィス前後の圧力変化

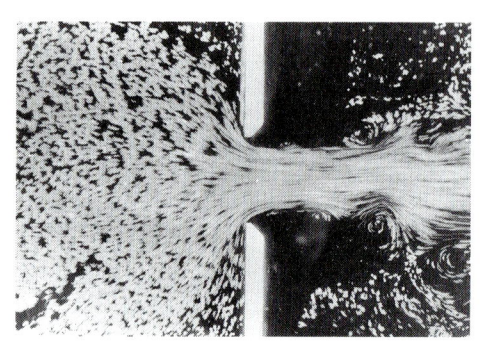

3.4.2 解説

オリフィス板とノズルの構造を図3.23(a)，(b)に

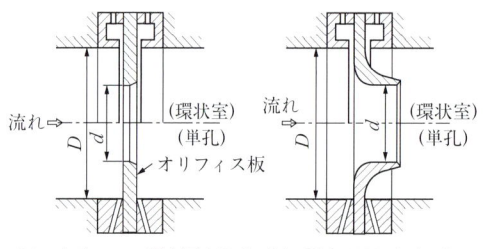

(a) オリフィス板と圧力取り出し口（コーナータップ）
(b) ISA 1932 ノズルと圧力取り出し口

図3.23 絞り機構

示す．またこれらは図3.24のように直管内に取り付け，前後の圧力差を測定して流量を測定するものである．絞り流量計にもう1つベンチュリ管があるが，原理は同じである．図3.25の点1，2について，圧力を p_1，p_2 流速を v_1，v_2，面積を A，a とし，流れは図3.26(a)のように収縮するので収縮係数を C_c とすると，連続の式とベルヌーイの式より

$$v_1 A = C_c v_2 a \tag{3.11}$$

(a) オリフィス

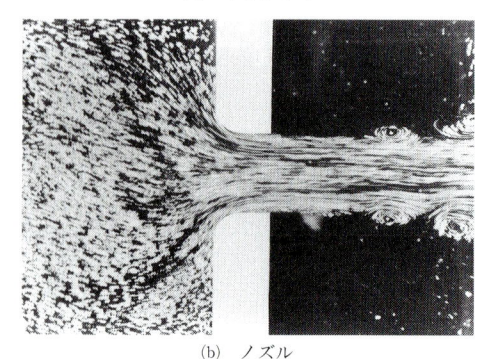

(b) ノズル

図3.26 絞りを通る流れ

$$\frac{p_1 - p_2}{\rho} = \frac{v_2^2 - v_1^2}{2} \tag{3.12}$$

$$\frac{d}{D} = \beta$$

と置き,さらに速度係数 C_v を用いると

$$v_2 = \frac{C_v}{\sqrt{1 - C_c^2 \beta^4}} \cdot \sqrt{\frac{2}{\rho}(p_1 - p_2)} \tag{3.13}$$

ゆえに流量 Q は

$$Q = \frac{C_c C_v \cdot a}{\sqrt{1 - C_c^2 \beta^4}} \cdot \sqrt{\frac{2}{\rho}(p_1 - p_2)}$$

さらに $C_c C_v = C$ と置き

$$Q = \frac{C \cdot a}{\sqrt{1 - C_c^2 \beta^4}} \cdot \sqrt{\frac{2}{\rho}(p_1 - p_2)} \tag{3.14}$$

と表す.C は流量係数とよばれる.この式は水槽側面のオリフィスから流出する流量の式とまったく同形である.式 (3.14) によって流量 Q を求められるわけであるが,点 1,2 の圧力差を求めることは難しく,また流量の大小によっても多少位置が変わるので,圧力差として $p_1 - p_2$ をとることは実際上不便である.ゆえに実際の測定にあたっては,オリフィス板の直前,直後の圧力差,

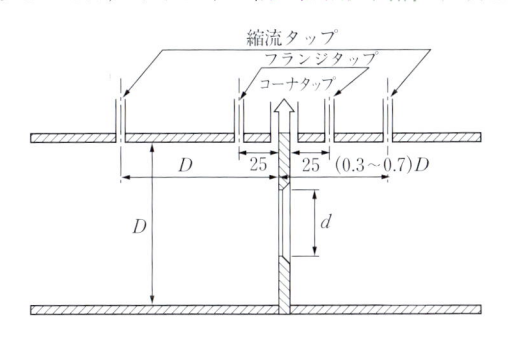

図 3.27 圧力取り出し部の位置(例)

すなわち図3.25の $p_a - p_b$ をとり,流量係数を α と置いて,体積流量 Q_v,質量流量 Q_m はそれぞれ次式から求められる.

$$Q_v = \alpha a \cdot \sqrt{2(p_a - p_b)/\rho} \tag{3.15}$$

$$Q_m = \alpha a \cdot \sqrt{2(p_a - p_b)\rho} \tag{3.16}$$

流量係数 α はレイノルズ数 Re が増すと増大して最大値に達し,それより Re が増すと再び減少して一定値になる.

ノズルもオリフィス板と同じ式となるが,ノズルは滑らかな曲線を持った孔であるから図3.26(b)のように流れの収縮はほとんど起こらないので,流量係数 α は Re 数が増すのに従って増加し,一定値(1付近の値)に近づく.

オリフィス板ならびにノズルによる流量測定法は JIS Z8762に規定されており,これによって絞りの形状,取り付け,圧力取り出し穴の形状・位置を決め,式 (3.15),(3.16) を用いて流量を求めればよい.差圧取り出し方法として,図3.27に示すように,コーナタップ,縮流タップ,フランジタップの3種類があり,いずれかを用いる.流量係数 α の値は上述のように管路の流れのレイノルズ数 $\mathrm{Re} = v_1 D/\nu$ の値によって変わり,Re 数が絞り比 $\beta = d/D$ によって定まる限界値を越えれば前述のように一定となるので,通常 α の値が一定となる Re の値の範囲内でのみ使用されるよう規定されている.

オリフィス板ならびにノズルによって圧縮性流体の流量を測定する場合には流量の計算式 (3.15),(3.16) に気体の膨張補正係数 ε を掛けた式を用いて計算する.

3.4.3 実験装置および方法

図3.28に示すごとく,オーバフロータンクに揚水し,常時一定圧力水頭のもとで測定管内に水を流す.オリフィス板およびノズルはそれらの前後

図 3.28 実験装置

に必要な直管部をとって管の途中に取り付ける．絞り前後の差圧は精密圧力計あるいは水銀マノメータにより測定する．出口弁 V を開いて水を流したときの差圧を H，マノメータの水銀の密度を ρ' とすれば $p_a - p_b = (\rho' - \rho)gH$ となり，式 (3.16) は次式のようになる．

$$Q_m = \alpha a \sqrt{2\rho(\rho' - \rho)gH} \tag{3.17}$$

これより

$$\alpha = \frac{Q_m}{a}\sqrt{\frac{1}{2\rho(\rho' - \rho)gH}} \tag{3.18}$$

となる．

また，このとき H を読み取ると同時に質量流量 Q_m を重量秤にて測定する．流量の測定にあたっては少なくとも20秒以上の時間で行うのがよい．流量の調整はできる限り小さい流量から徐々に増して全開まで行う．

3.4.4 実験結果および考察

(a) オリフィス板とノズルの前後の静圧を比較し，これら絞り機構の特色について考察する．
(b) 流量係数 α と Re 数との関係を片対数グラフに描く．
(c) 流量係数の適用範囲を調べる．
(d) オリフィス板とノズルの違いを考察し，それぞれの特色を述べる．

3.5 管摩擦の測定

Key word　管摩擦損失，レイノルズ数，相対粗さ

3.5.1 目的

管路の設計をする場合所要ヘッドを知る必要があるが，各種ヘッドのうち管摩擦による損失ヘッドは特に重要である．これらの関係を理解するために，断面積一定の真直な円管内を流体が流れる場合，管摩擦による損失圧力を測定し，これと管内平均流速との関係，ならびに管摩擦係数とレイノルズ数との関係を調べる．

3.5.2 管摩擦の公式

内径 d の真直な円管内を，密度 ρ，動粘度 ν の流体が平均流速 v で流れる場合，距離 l だけ隔たった2点間の管摩擦による損失圧力 Δp は次式で与えられる．

$$\Delta p = \lambda \frac{l}{d} \cdot \frac{\rho v^2}{2} \qquad (3.19)$$

式中の無次元係数 λ を管摩擦係数とよび，レイノルズ数 $\mathrm{Re} = vd/\nu$ と相対粗さ ε/d の関数として $\lambda = f(\mathrm{Re}, \varepsilon/d)$ で表され，以下のような理論式および実験式が求められている．ここで，ε は管壁面の突起の平均高さである．

(1) 層流領域

管内の流れが層流の場合には，ε/d の値がよほど大きくない限り，λ の値は ε/d の値には無関係に Re のみの関数となり，次の理論式で与えられる．

$$\lambda = 64/\mathrm{Re} \qquad (3.20)$$

(2) 乱流領域

(a) なめらかな管

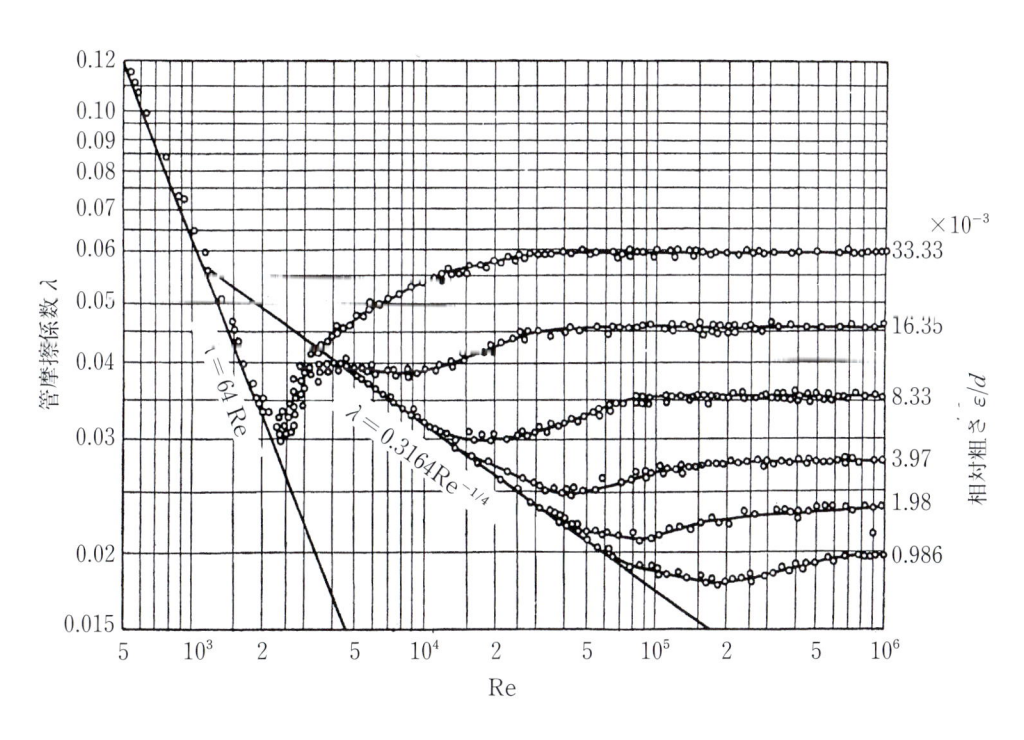

図3.29　管摩擦係数（粗い管）[谷田好通，文献 [8] より転載]

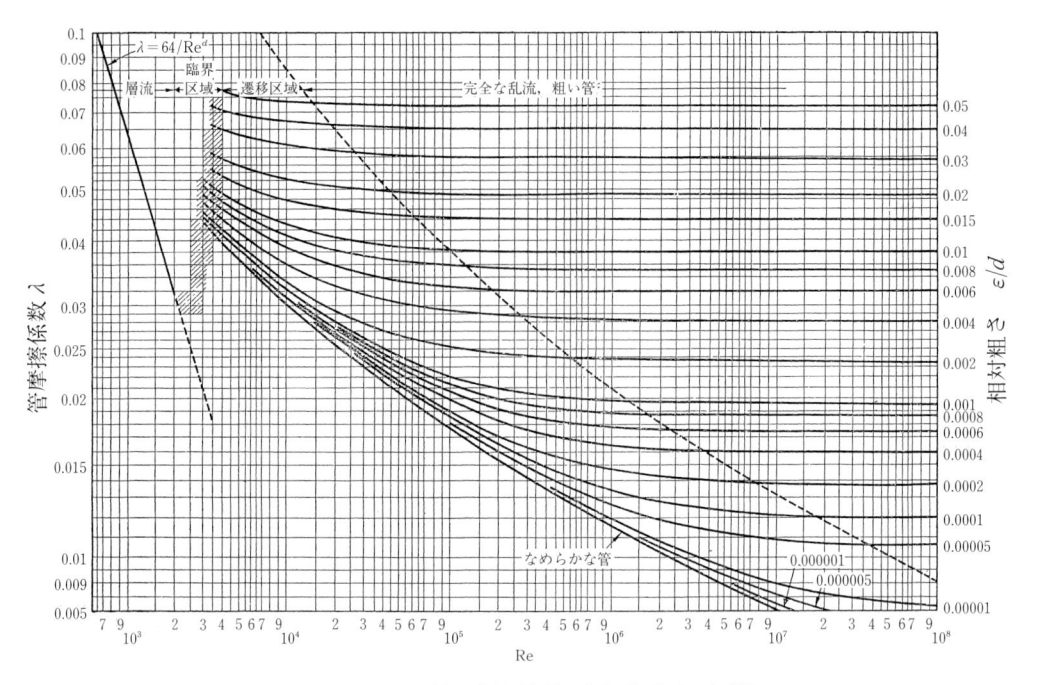

図3.30 Moody線図[市川常雄,文献[7]より転載]

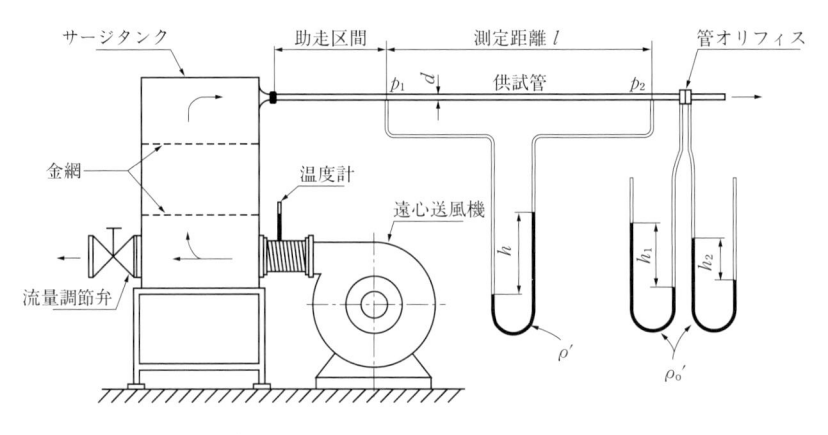

図3.31 管摩擦の実験装置

この場合には,BlasiusやNikuradseらによる次のような実験式がよく知られている.

・Blasiusの式
$$\lambda = 0.3164 \cdot Re^{-1/4} \tag{3.21}$$
$(Re = 3 \times 10^3 \sim 10^5)$

・Nikuradseの式
$$\lambda = 0.0032 + 0.221 \cdot Re^{-0.237} \tag{3.22}$$
$(Re = 10^5 \sim 3 \times 10^6)$

(b) 粗い管

砂粒を塗布した人工粗面管についてのNikuradseの実験的研究によると,λの値は図3.29から明かなように,Re数と相対粗さε/dとの関数である.すなわち,粗さε/dの小さいものほど高いRe数の値までなめらかな管と同じ挙動をするが,Re数の値が$Re = 900/(\varepsilon/d)$に達すると,滑らかな管の曲線から離れて多少値が増したのちに,Re数の値とは無関係な一定値に落ち着く.この一定値は次のNikuradseの式
$$\lambda = 1/[1.74 - 2 \cdot \log(2\varepsilon/d)]^2 \tag{3.23}$$
$(Re > 900/(\varepsilon/d))$

で与えられる.一般には管壁の粗さが不揃いである実用管については,図3.29を基にした図3.30のMoody線図が広く利用されている.

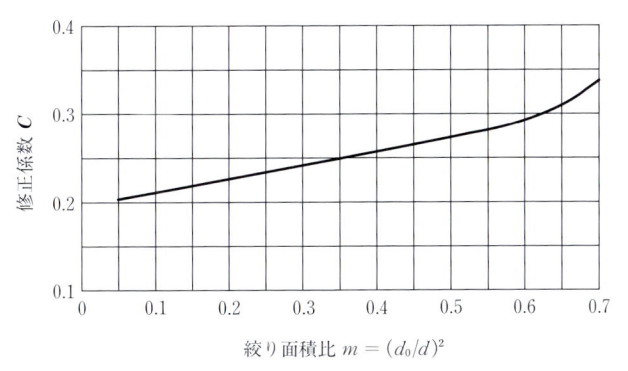

図3.32 空気の圧縮性による修正係数 C

表3.3 測定データ表

大気圧 $p_a =$ [Pa]　供試管直径 $d =$ [m]　測定距離 $l =$ [m]
大気温度 $t_a =$ [°C]　マノメータ液の密度 $\rho' =$ [kg/m³]，$\rho_0' =$ [kg/m³]

実験No.	流量				流速			管摩擦係数			温度
	h_1 [m]	h_2 [m]	Δp_0 [Pa]	Q [m³/s]	v [m/s]	v^2 [m²/s²]	Re	h [m]	Δp [Pa]	λ	t [°C]
1											
2											
3											
⋮	⋮	⋮	⋮	⋮	⋮	⋮	⋮	⋮	⋮	⋮	⋮

3.5.3 実験装置および方法

(1) 実験装置

実験装置の概略を図3.31に示す．送風機によって供給される空気は，サージタンク内に張られた金網を通って整流されたのち，ラッパ形流入口から十分な距離の助走区間 L を持つ供試管（内径 d）の管内を流れて大気中に放出される．このとき，流体が測定距離 l を流れる間に，管摩擦のために失われる圧力を，圧力差 Δp としてU字管マノメータで測定する．この損失圧力は供試管内のレイノルズ数 Re によって異なるので，サージタンクに取り付けられた流量調節弁によって流量を変えながら実験を行う．その際の流量は管オリフィスによって測定する．その圧力差の測定は図のようなU字管マノメータによって行う．

(2) 実験方法および計算

流量調節弁を全開の状態にして送風機をスタートさせ，弁開度を少しずつ閉じながら調節し，供試管の損失圧力，流量（流速）および流体温度（t）などの測定を行う．

(a) 流量 Q

管オリフィスによって気体の流量を測定する場合，流量は気体の圧縮性を考慮した次式によって計算される．

$$Q = \alpha_0 \beta \frac{\pi d_0^2}{4}(2\Delta p_0/\rho)^{1/2} \qquad (3.24)$$

ここで，α_0 は流量係数，ρ はオリフィスの上流側の気体密度 [kg/m³]，d_0 はオリフィス板の内径 [m]，β は気体の膨張補正係数，Δp_0 はオリフィス前後の圧力差 $\Delta p_0 = p_{01} - p_{02}$，$p_{01}$ はオリフィス直前の絶対圧力 [Pa]（$p_{01} = p_a + \rho_0'gh_1$），$p_{02}$ はオリフィス直後の絶対圧力 [Pa]（$p_{02} = p_a + \rho_0'gh_2$），$p_a$ は大気圧 [Pa]，ρ_0' はマノメータ内の液の密度 [kg/m³]，h_1 はオリフィス直前のマノメータの読み [m]，h_2 はオリフィス直後のマノメータの読み [m] である．なお，流量係数 α_0 はレイノルズ数 Re の関数となり，JIS に規定された以外の寸法のオリフィスでは前もって3.4節のような方法で検定して求めておく必要がある．β は一般に次式によって近似的に与えられている．

$$\beta = 1 - C(p_{01} - p_{02})/p_{01} \qquad (3.25)$$

ここで，C の値は空気の場合，図3.32に示される値をとる．

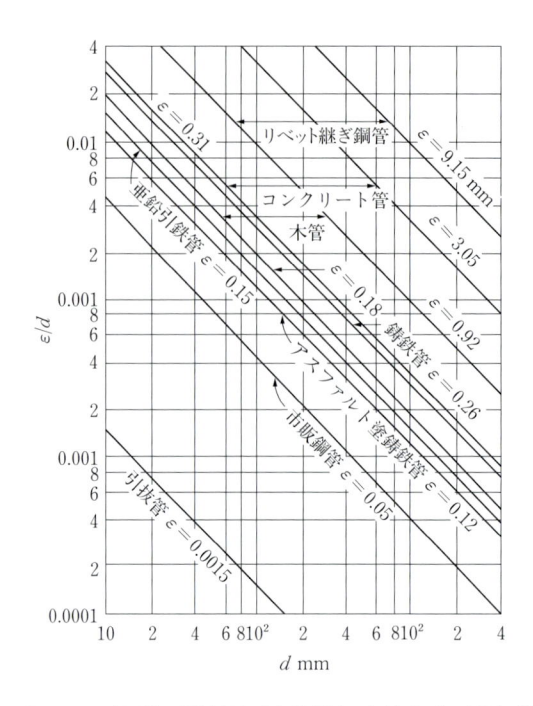

図3.33 実用管の相対粗さ［市川常雄，文献［7］より転載］

(b) 管内の平均流速 v

前述のように流量 Q を測定すると，供試管内の平均流速は次の式から求められる．

$$v = \frac{Q}{A} = \frac{Q}{\pi \cdot d^2/4} \tag{3.26}$$

(c) 管摩擦損失圧力 Δp

測定距離 l だけ離れた2点間における水頭の差 h をマノメータによって読み取れば，摩擦損失による圧力差 Δp は

$$\Delta p = p_1 - p_2 = (\rho' - \rho)gh \tag{3.27}$$

で与えられる．ここで，p_1，p_2 はそれぞれ上下流の測定点の圧力である．流体が気体の場合，ρ は省略できる．

(d) 管摩擦損失係数 λ の計算

以上のようにして求めた平均流速 v と損失圧力 Δp を用いて，管摩擦損失係数 λ は次式から求められる．

$$\lambda = \frac{\Delta p}{(l/d) \cdot (\rho v^2/2)} \tag{3.28}$$

3.5.4 結果および考察

(a) 以上のようにして求めた諸量（h_1，h_2，Δp_0，Q，v，Re，v^2，h，Δp，λ，t）を表3.3のようにまとめる．

(b) 管摩擦損失圧力 Δp と管内平均流速 v との関係を両対数グラフに描き，それらの間にはどのような関係にあるか確かめる．

(c) 管摩擦損失係数 λ とレイノルズ数 Re との関係を両対数グラフに描き，層流域および乱流域それぞれの実験式を求める．

(d) 式（3.20）～（3.22）から得られる値を上記(c)の λ－Re の図中に描いて比較し，実験値の妥当性を検討する．

(e) 図3.30の Moody 線図に実験値をプロットし，臨界レイノルズ数 Re_c および相対粗さ ε/d の値を求め，これらの値は用いた供試管の値として妥当であるか検討する．なお，実用管の相対粗さは図3.33のような値を持っている．

3.6 円柱の抗力測定

Key word 抗力,剥離,粘性流体,非粘性流体,圧力分布,レイノルズ数

3.6.1 目的

空気中を飛行機が飛んだり,自動車が走ったり,あるいは水中を潜水艦が航行したりする場合には,これらの物体の後方では流れが剥離して圧力回復が十分でなかったり,あるいは物体と流体との摩擦により物体は抵抗,すなわち抗力を受ける.前者の,物体の前後での圧力分布の相違に基づく抵抗を圧力抗力,また後者の抵抗を摩擦抗力という.

本実験では空気の一様な平行流れに直角に置かれた円柱表面に働く圧力分布を測定し,円柱の抗力係数を求める.またその結果を非粘性流体の場合について計算から得られる圧力分布と比較する.

3.6.2 解説(円柱表面の圧力分布と圧力抗力)

(1) 粘性流体の場合

図3.34(a)に示すように静圧 p_0,密度 ρ,流速 U の一様な流れに直角に置かれた無限に長い,直径 d の円柱の単位長さ当りに働く圧力抗力 D_p は次式で表される.

$$D_p = C_p d \frac{\rho U^2}{2} \quad [\text{N/m}] \tag{3.29}$$

ここで,C_p は圧力抗力係数である.そこで,円柱表面の岐点から角度 θ の点に作用する圧力を p とすると,円柱の圧力抗力係数 C_p は次式により求められる.

$$C_p = \frac{D_p}{(\rho U^2/2)d} = \int_0^\pi \frac{p-p_0}{\rho U^2/2} \cos\theta\, d\theta \tag{3.30}$$

上式は次式のような数値積分に置き換えることができる.そこで $\theta = 0 \sim 180°$ の範囲の円柱表面上の圧力分布を $\Delta\theta$ ごとに測定すれば圧力抗力係数が求められる(表3.5).

$$C_p = \sum_{i=1}^{N} \frac{p_i - p_0}{\rho U^2/2} (\cos\theta_i) \left(\frac{\Delta\theta\pi}{180}\right) \tag{3.31}$$

(2) 非粘性流体の場合

一方,流体が非粘性(図3.34(b))の場合,角度 θ の円柱表面でのその接線方向の流速 v_θ は次式で与えられる.

$$v_\theta = 2U\sin\theta \tag{3.32}$$

また,ベルヌーイの定理によれば

$$p_0 + \frac{\rho U^2}{2} = p + \frac{\rho v_\theta^2}{2} \tag{3.33}$$

の関係があるので,式(3.32)および式(3.33)より圧力分布(または無次元圧力分布)は

$$p - p_0 = (1 - 4\sin^2\theta)\frac{\rho U^2}{2} \tag{3.34}$$

または

$$\frac{p - p_0}{\rho U^2/2} = 1 - 4\sin^2\theta$$

となる.上式を式(3.30)に代入するとこのときの抗力係数は 0 となり,円柱には圧力抗力は働か

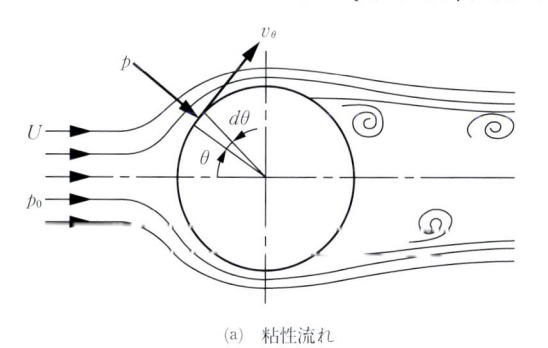

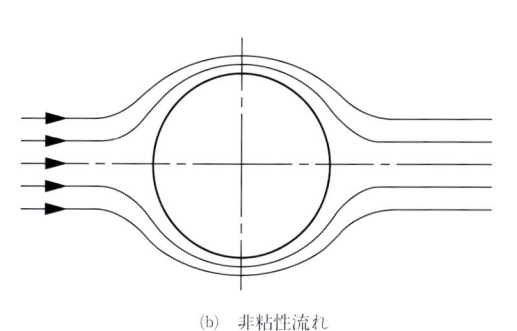

(a) 粘性流れ

(b) 非粘性流れ

図3.34 円柱まわりの流れ

図3.35 実験装置

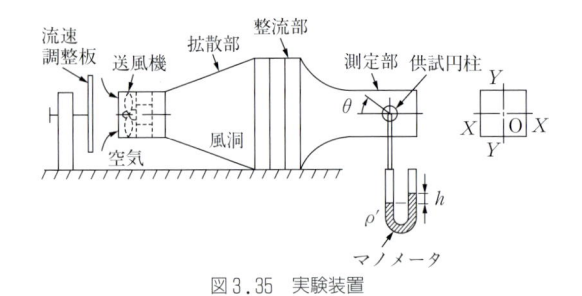

表3.4 測定部断面の流速分布

垂直方向位置 Y [mm]	マノメータの差圧 h [mm]	流速 U [mm]

表3.5 圧力分布の測定結果と C_p の計算法(一例)

θ	h [m]	i	θ_i [°]	h_i [m]	$C_{pi} = \dfrac{p_i - p_0}{\rho U^2/2}(\cos\theta_i)\left(\dfrac{10\cdot\pi}{180}\right)$
0	8.0×10^{-3}				
10	7.8×10^{-3}	1	5	7.9×10^{-3}	
20	7.6×10^{-3}	2	15	7.7×10^{-3}	
30	7.1×10^{-3}	3	25	7.35×10^{-3}	
⋮	⋮	⋮	⋮	⋮	
170	-8.4×10^{-3}				
180	-8.4×10^{-3}	18	175	-8.4×10^{-3}	
					$C_p = \sum\limits_{i=1}^{18} C_{pi}$

(注) $p_i - p_0 = \rho' g h_i$

上表の数値積分は各積分区間 ($\varDelta\theta$) の中心で行っている.

ないことになる(ダランベールの背理).

3.6.3 実験装置および実験方法

(1) 実験装置
図3.35に実験に用いられる風洞および供試円柱の配置を示す.

(2) 実験方法
(a) 風洞ファン後方の流速調整板を最大に開いた状態で風洞の電源スイッチを入れる.
(b) 風洞に取り付けられた測定部中央の流速をピトー管で測定し,それが $U = 30$ m/s になるように流速調整板の位置を調整する.また表3.4のように測定部断面 (Y-Y) の速度分布を測定する.ただし,その測定間隔は壁面近くでは細かく(たとえば 2 mm おき),中間は粗くてよい(たとえば10mm おき).
(c) 測定部に供試円柱をセットする.
(d) 表3.5のように供試円柱の圧力測定孔と流れ方向との角度を $\theta = 0°$ から 180° まで 10° ごとに回転させながら,圧力測定孔に接続されたマノメータのヘッド差 h を読む.
(e) 流速 $U = 20$ m/s および 10 m/s に変えて,(d)の測定を繰り返す.以上の測定を円柱の直径を変えて行う.

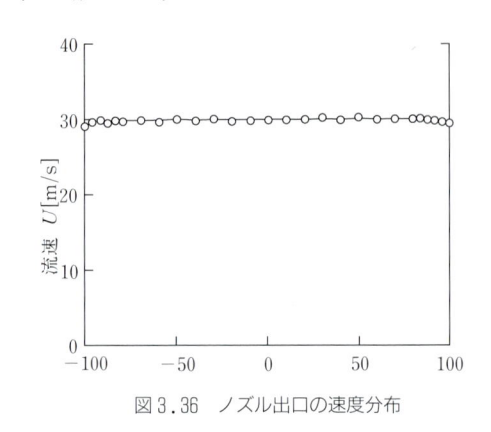

図3.36 ノズル出口の速度分布

3.6.4 実験結果および考察

(a) 測定部断面の速度分布図(図3.36)を描き,それを考察せよ.なお,マノメータに用いられている液体の密度を ρ とすれば,流速 u は次式より計算される.

$$u = \sqrt{2(\rho' - \rho)gh/\rho} \tag{3.35}$$

(b) 表3.5のように各積分区間の中心の角度 θ_i,その点の平均の圧力ヘッド h_i と局所圧力抗力係数 (C_{pi}),圧力抗力係数 (C_p) を求め,それよ

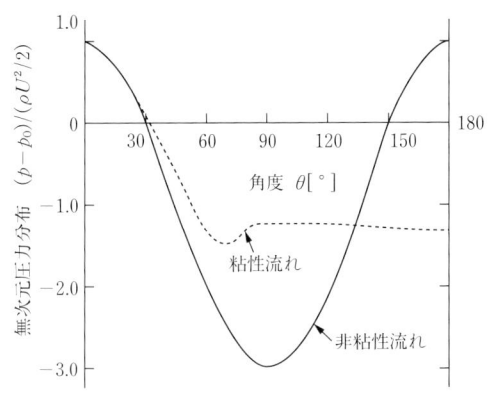

図 3.37 円柱表面の圧力分布

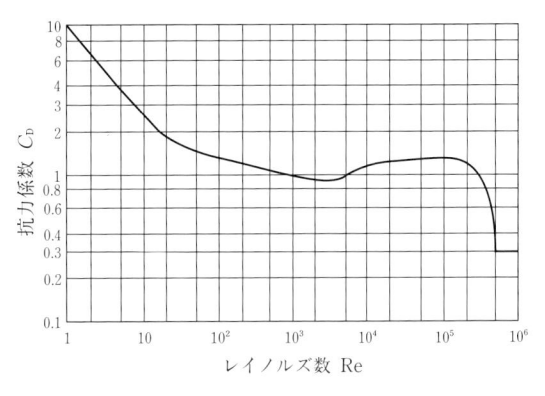

図 3.38 レイノルズ数と抗力係数

り無次元圧力分布図を描け（図3.37）．また，式(3.34)で計算された非粘性流れにおける圧力分布も同一図に描き両者を比較せよ．

(c) 円柱の場合，レイノルズ数がある程度大きければ圧力抗力に比べ摩擦抗力は一般に小さいので，抗力（D）≒圧力抗力（D_p），すなわち抗力係数（C_D）≒圧力抗力係数（C_p）とみなすことができる．そこで本実験で得られたレイノルズ数（$Re = Ud/\nu$）と C_D の関係を教科書などに引用されている Re と C_D の関係を示す線図（図3.38）にプロットして比較せよ．

付録

この他，流れの中の二次元物体の抗力係数 C_D を求める方法を示しておく．

① ピトー管や熱線風速計より速度分布の測定により求める方法

一般にピトー管や熱線風速計により，二次元物体の上流側と下流の速度分布を測定し，物体にとり下流側におよぼす運動量の欠損は物体が流体におよぼすので，物体上流の運動量と下流側の運動量の変化より抗力を求めることができる．いま，図に示すように二次元物体が一様な流れ U_∞ の中に置かれているとする．検査面 II-II では，静圧 p_2 は物体の影響を受けて一定ではない．しかし下流に行くにしたがって静圧は次第に一様となり，検査面 I-I では，種々の位置で $p_1 = p_\infty$ となる．検査面 I-I における運動量欠損を計算すると，これは物体が流体から受ける抵抗すなわち抗力に等しい．二次元物体に働く抗力を単位幅当りに D とすると，

$$D = \rho \int_{\text{I-I}} u_1 (U_\infty - u_1)\, dy \quad (3.36)$$

検査面 II-II と I-I との間での連続の式は

$$\int_{\text{I-I}} \rho u_1 dy = \int_{\text{II-II}} \rho u_2 dy$$

が成立する．さらに，II-II から I-I までの間の損失を無視し，全圧が一定に保たれるとすると

$$p_{t1} = p_\infty^1 + \rho u_1^2/2 = p_{t2} = p_2 + \rho u_2^2/2 \quad (3.37)$$

上式(3.37)を(3.36)式に代入し，$p_{t\infty} = p_\infty + \rho U_\infty^2/2$ とすると

$$D = 2 \int_{\text{II-II}} \sqrt{p_{t2} - p_2}\, (\sqrt{p_{t\infty} - p_\infty} - \sqrt{p_{t2} - p_\infty})\, dy \quad (3.38)$$

検査面 II-II において y 方向にトラバースすることによって $p_{t2}(y)$ と $p_2(y)$ を測定すれば式

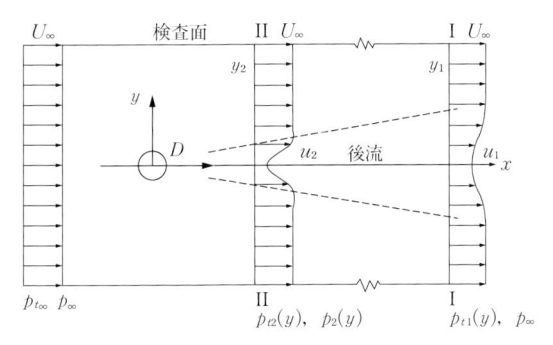

図 3.39 運動量法則による抗力の算定

(3.38)より抗力 D を求めることができる．この式は B. M. Jones の公式とよばれ二次元非圧縮抗力の算定によく使われている．したがって抗力係数 C_D は次式より求められる．

$$C_D = \frac{D}{\frac{\rho}{2}U_\infty^2 d} \tag{3.39}$$

②ひずみ型3分力検出器より求める方法

ひずみ型3分力検出器を用いて，この検出器にステイを取り付けこれに供試円柱を直接に取り付け，この円柱に掛かる流体力（2成分，3成分）をひずみ量として計測したものを電気信号に変換し，ADコンバータ等を介してコンピュータで統計処理することにより，定常・非定常の抗力，揚力等を測定できる．一般には検出器からの出力信号は適当なサンプリング周期（数 ms）の間に1024，2048程度のデータをサンプリングし，統計処理したものを実験値としている場合が多い．現場では供試物体そのものを直接測定する場合も多いためこのような装置が利用されることも多い．

3.7 遠心ポンプ

Key word ポンプ，羽根車，揚程，吐出し流量，水動力，比速度

3.7.1 目的

遠心ポンプの吐出し流量，揚程，軸動力，および回転数との間には相互に関連した一定の関係がある．本実験ではポンプの測定回転数に対し，吐出し流量を種々に変えていったときのポンプの揚程，軸動力および効率などの相互関係，すなわち遠心ポンプの性能特性について調べる．

3.7.2 解説

遠心ポンプは，羽根車の回転によって水に圧力と速度を与え，ケーシングを通過する間にその速度エネルギをできるだけ能率よく圧力エネルギに変換して，低所から高所に，あるいは低圧から高圧の場所に送水を行うための流体機械である．本実験では遠心ポンプを一定の回転速度で運転し，吐出し流量を吐出し弁により変化させて下記の所要量を測定する．

(1) 吐出し流量

吐出し流量は単位時間にポンプ吐出し管より吐き出される揚液の体積量 [m³] であって，これを絞り形流量計（オリフィス板，ノズル，ベンチュリ管）などを用いて測定すれば，絞り前後の圧力差を求めることにより3.4節の式 (3.15) から吐出し量が求められる．

この他，せきや重量法，体積法などによっても測定される．これらのうち重量法，体積法は，測定機器の検定に適した精度の高い方法であるが，手数と時間がかかる．せきには三角せき (60° および90°)，四角せきの各種があり，それらは流量範囲 (JIS B 8302) に応じて使用される．

(2) 揚程の測定

ポンプが水1Nに与えるエネルギ [N·m] すなわち水頭をポンプの揚程といい，ポンプの入口および出口における水の全水頭の差を全揚程という．実際には実揚程と吸込み，吐出し管路における全損失水頭との和である．

図3.40において全揚程 H は

$$H = h_d - h_s + \frac{v_d^2}{2g} - \frac{v_s^2}{2g} \ [\text{m}] \tag{3.40}$$

である．

ただし，g は重力の加速度 (9.81 m/s²)，h_d は基準面に換算した吐出し揚程 [m]，h_s は基準面に換算した吸込揚程 [m]，v_d はポンプの吐出し側に設けた圧力測定穴の位置における断面を通過する揚液の平均速度 [m/s]，v_s はポンプの吸込側に設けた圧力測定穴の位置における断面を通過する揚液の平均速度 [m/s]，Z_d, Z_s は測点高差 [m] である．

また，吐出し圧力および吸込圧力の測定穴位置における断面積が等しい場合は $v_d = v_s$ となり，

$$H = h_d - h_s \tag{3.41}$$

となる．

ここで，吐出し水頭ならびに吸込水頭はそれぞれ次式で与えられる．

(a) 吐出し圧力 G の測定にブルドン管圧力計を用いた場合

$$h_d = \frac{G}{\rho g} + Z_d \tag{3.42}$$

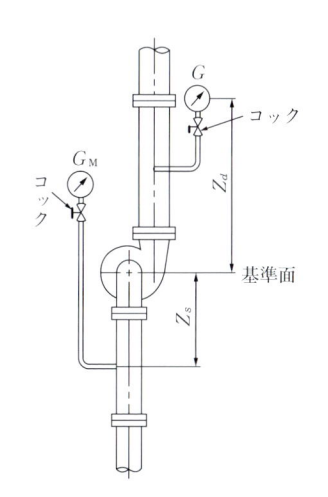

図3.40 揚程説明図

(b) 吸込圧力 G_M の測定にブルドン管連成計を用いた場合

$$h_s = \frac{G_M}{\rho g} + Z_s \tag{3.43}$$

ただし，G は圧力計の示度 [Pa]，G_M は連成計の示度 [Pa]，ρ は揚液の密度 [kg/m³] である．なお，G および G_M ($G_M > p_0$) の示度の単位が [kgf/cm²]，G_M ($G_M < p_0$) の示度の単位が [cmHg] である場合，下記により換算して使用する．

$1\,\text{kgf/cm}^2 = 9.81 \times 10^4\,\text{Pa}$,
$1\,\text{cmHg} = 1.33 \times 10^3\,\text{Pa}$

(3) ポンプ軸の回転数

ポンプ軸回転数は，発電式回転計あるいはタコメータを使用して，1/200 の精度で読み取り，数回測定したものの平均をとる．

(4) 軸動力の測定

ポンプには電動機が直結されている場合が多く，伝達による損失はないと考えて，電動機の出力をもってポンプに与えられる軸動力と考える．したがって，電気動力計をポンプ運転用電動機として用い，このトルク T を測定し，同時に回転数 n rpm を測定すれば，ポンプへの入力，すなわち軸動力 L が次のように算出される．

$$L = T \cdot \omega \,[\text{W}] \tag{3.44}$$

$$T = l \cdot W$$

ただし，ω は角速度 [rad/s]，l は動力計の中心軸より重りまでの長さ [m]，W は重り [N] である．

また，軸動力の測定は，運転用三相誘導電動機の特性があらかじめ知られているときには，電流，電圧，力率を測定して電動機への入力を次式の右辺により計算し，それを軸動力 L としてもよい．

$$L = \sqrt{3}\,EI\cos\phi\,\eta_m \,[\text{W}] \tag{3.45}$$

ただし，E は電圧 [V]，I は電流 [A]，η_m は電動機効率 [%]，$\cos\phi$ は力率 [%] である．

このほか，ポンプと電動機との間にトルクメータを取り付け，軸動力を算出する方法もあり比較的正確な軸動力が得られる．

(5) 水動力

ポンプ羽根車が水に与えた動力，すなわちポンプの仕事量を水動力という．水動力 L_W は次式によって計算する．

$$L_W = \rho g Q H \,[\text{W}] \tag{3.46}$$

ただし，ρ は揚液の密度 [kg/m³]，Q は吐出し流量 [m³/s]，H は全揚程 [m] である．

(6) ポンプ効率

ポンプ効率は，軸動力と水動力との比で表される．このなかに機械効率，ポンプ内抵抗なども含まれている．ポンプ効率 η は次式で与えられる．

$$\eta = \frac{L_W}{L} \times 100 \,[\%] \tag{3.47}$$

(7) 規定回転数の補正

回転数はポンプに加わる負荷の増加に伴い多少減少する．したがって，ポンプ軸の回転数が規定回転数から外れたときには，規定回転数のときの値に換算しなければならない．すなわち，規定回転数 n [rpm] における吐出し流量，全揚程および軸動力を Q，H および L とし，試験回転数 n_t [rpm] のときのそれらを Q'，H' および L' とすればポンプの相似則より次の関係式が成り立つ．

$$Q = Q' \cdot \left(\frac{n}{n_t}\right),\ H = H' \cdot \left(\frac{n}{n_t}\right)^2,\ L = L' \cdot \left(\frac{n}{n_t}\right)^3 \tag{3.48}$$

3.7.3 実験装置および方法

(1) 実験装置

試験装置の概略を図3.41に示す．

(2) 実験方法

実験を開始する前にあらかじめ次の諸量を測定することが必要である．

・吸込管路の直径 d_s と出口管路の直径 d_d
・ポンプの基準面からの距離 Z_d，Z_s

以上の諸量の測定を行ったのち，性能試験を行う．ポンプの上部に取り付けられている空気抜きコックを開き，呼び水をじょうごにより給水する．コックより水が溢れたら閉め切り，吐出し弁を閉じて起動し，ポンプが規定回転数に達したならば，吐出し弁をわずかに開いて送水をはじめ，弁開度を一定に保ったまま定常状態になるのを待つ．各

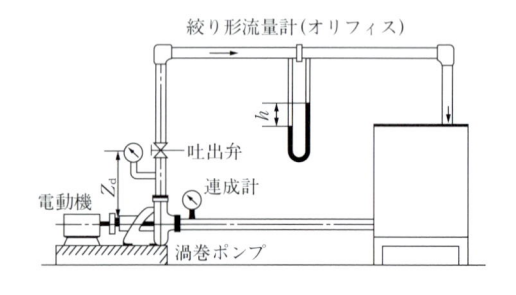

図3.41 実験装置

表3.6 ポンプ試験成績表

			製造番号 _____					試験 年 月 日 _____
	ポンプの形式 _____							試験番号 _____
規定項目	仕様揚液 _____	吐出量 _____	全揚程 _____	回転数 _____	ポンプ軸動力 _____		ポンプ効率 _____	吐出量測定方法 _____
試験用電動機の要目	形式 _____		出力 _____	相 _____		周波数 _____		試験係 _____
	電圧 _____	電流 _____	回転数 _____	製造者 _____		番号 _____		周波数 _____
								電流計の倍率 _____
								電圧計の倍率 _____
								電力計の倍率 _____

	水温	回転数	吐出量	揚程				理論動力	電動機							電導装置効率	ポンプ軸動力	ポンプ効率	規定回転数に換算した値				摘要
				吐出圧力	吸込圧力	測点高差	速度水頭差	全揚程		電圧	電流	力率	電力計の読み	入力	効率	出力				回転数	吐出量	全揚程	軸動力
	[℃]	[rpm]	[m³/min]	[Pa]	[Pa]	[m]	[m]	[m]	[kW]	[V]	[A]	[%]	[kW]	[kW]	[%]	[kW]	[%]	[kW]	[%]	[rmp]	[m³/min]	[m]	[kW]
1																							
2																							
3																							
⋮	⋮	⋮	⋮	⋮	⋮	⋮	⋮	⋮	⋮	⋮	⋮	⋮	⋮	⋮	⋮	⋮	⋮	⋮	⋮	⋮	⋮	⋮	⋮

位置における計器が落ち着き，定常に達したことが確認されたのち流量計の差圧 h，圧力計 G [Pa]，連成計 G_M，電流 I[A]，電圧 E[V]，力率 $\cos\phi$ [%]，および回転数 n [rpm] などの指示値を読み取り記録する．次に弁の開度を徐々に増し，その開度ごとに測定を行う．このようにして全開に至るまで適宜の回数（実験では少なくとも10点以上）だけ同様の測定を繰り返す．

ポンプの運転は流量の増大に伴い，ポンプに加わる負荷が増大し回転数も幾分減少（約5%くらい）する．したがって，変化した回転数のもとでの性能特性を元の規定回転数におけるところの性能に換算する必要がある．厳格に一定の回転数において実験を行うには直流電動機などを使用して回転数の調節を行うとよい．

以上の各測定は表3.6に示すポンプ試験成績表を用いて整理する．

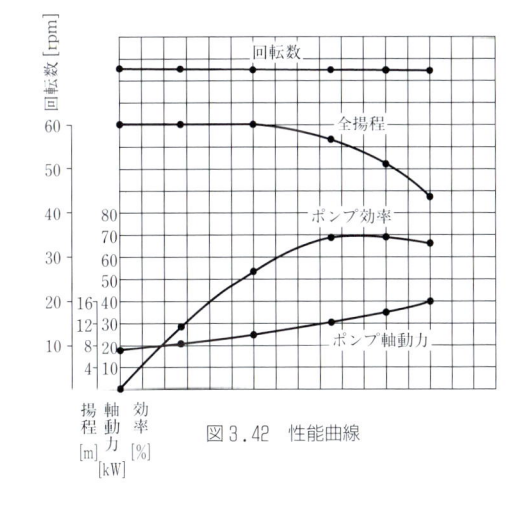

図3.42 性能曲線

3.7.4 実験結果および考察

(a) 測定結果を整理し，計算結果を規定の回転数に補正し，図3.42に示すような性能曲線を作成する．

(b) 性能曲線より，最高効率点における吐出し流量，揚程，回転数を求め，比速度（specific speed）n_s を計算する．

(c) ポンプ効率を左右する諸因子について考える．

3.8 風車の性能試験

Key word 風車,翼,周速比,パワー係数

3.8.1 目的

一様気流(風洞)中に置かれた水平軸型風車のトルク,抗力および出力を測定し,トルク係数,抗力係数および出力係数を求め,さらにこれら風車の特性値に対する負荷や風速などの影響について考察する.

3.8.2 風車の性能

(1) 風車の理論

図3.43のように風速 U_1,圧力 p_1 の一様流れが風車を通過するとき,風車の中で流速 U_m に減速され,さらに風車を出た後減速する.風車直前,直後の圧力を p_m,p_m' として,風車の前方と後方のそれぞれにベルヌーイの定理を用いると

$$p_1 + (1/2)\rho U_1^2 = p_m + (1/2)\rho U_m^2$$
$$p_2 + (1/2)\rho U_2^2 = p_m' + (1/2)\rho U_m^2$$

となる.ここで $p_1 = p_2 = p_0$ (大気圧)としてこの2式の差をとると

$$p_m - p_m' = (1/2)\rho(U_1^2 - U_2^2)$$
$$= (1/2)\rho(U_1 - U_2)(U_1 + U_2)$$

となり,風車の受ける抗力 D はこの圧力差 $(p_m - p_m')$ に風車受風面積 $S = \pi R^2$ を乗じたものであるから次のようになる.

$$D = (p_m - p_m')S$$
$$= (1/2)\rho(U_1 - U_2)(U_1 + U_2)S$$

一方,運動量の法則から風量 $Q = SU_m$ として単位時間当りの運動量の変化 $\rho SU_m(U_1 - U_2)$ は抗力に等しいはずであるから

$$D = (1/2)\rho(U_1 - U_2)(U_1 + U_2)S$$
$$= \rho SU_m(U_1 - U_2)$$

ゆえに

$$U_m = (U_1 + U_2)/2 \tag{3.49}$$

となり,風車を通過する速度 U_m は風車の前後の速度の平均値となる.

理論風車動力 P_{th} は面積 S を通過する風のエネルギをすべて吸収したとすれば

$$P_{th} = (1/2)\rho SU_1^3 \quad [\text{W}] \tag{3.50}$$

である.一方,風車が利用できる動力 P はエネルギ差と流量を乗じたもので

$$P = (1/2)\rho(U_1^2 - U_2^2)Q$$
$$= (1/2)\rho(U_1^2 - U_2^2)SU_m$$
$$= (1/4)\rho S(U_1 - U_2)(U_1 + U_2)^2 \quad [\text{W}] \tag{3.51}$$

したがって,理論風車効率 η_{th} は

$$\eta_{th} = P/P_{th}$$
$$= (U_1 - U_2)(U_1 + U_2)^2/2U_1^3 \tag{3.52}$$

最大理論風車効率 η_{thmax} は $d\eta_{th}/dU_2 = 0$ のときで,このとき $U_1 = 3U_2$ となるので $\eta_{thmax} = 16/27 \fallingdotseq 0.59$ となる.実際の風車では伝達機構などで損失を生じるのでこれの半分以下である.

(2) 風車の特性

一定風速中で風車に負荷を与えると,それに伴い回転が変化すると同時に出力 P,トルク T および抗力 D も変化する.回転数に対してこれらを表した図を特性曲線という.風速が変化すれば特性曲線は相似的に変化する.これらの特性を風車の大きさや風速に無関係な無次元係数で表すと便利である.いま,実測された風車の出力 P_e と風の持つエネルギ P_{th} との比をパワー係数 C_p として次のように表す

$$C_p = \frac{P_e}{P_{th}} = \frac{P_e}{(1/2)\rho SU_1^3} \tag{3.53}$$

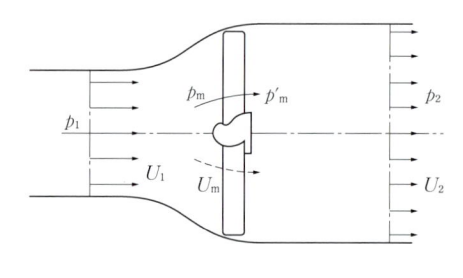

図3.43 風車内の流れ

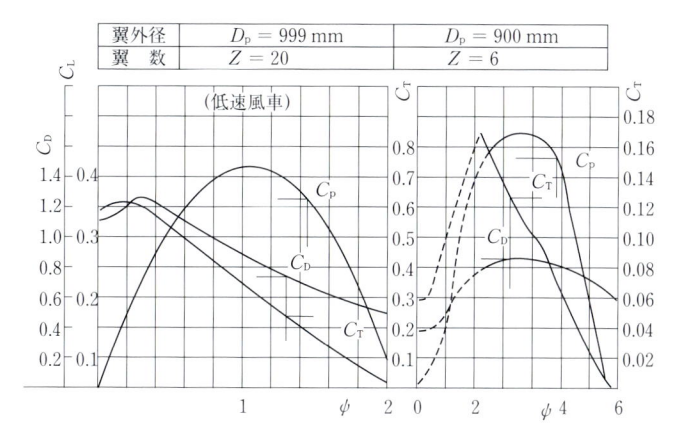

図 3.44 特性曲線の例 [河田三治, 文献 [12] より転載]

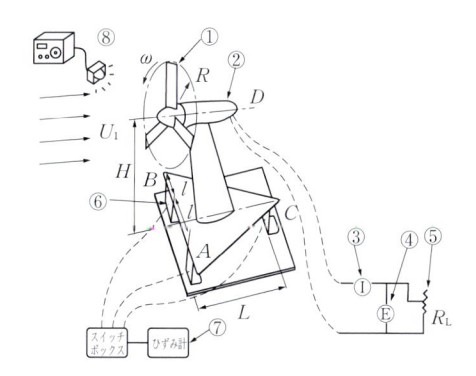

図 3.45 実験装置

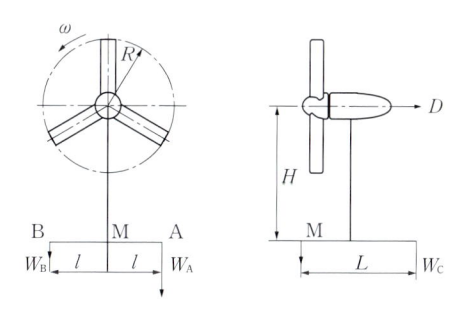

図 3.46 風車に働く力

同様にトルク係数 C_T と抗力係数 C_D を次のように表す

$$C_T = \frac{T}{(1/2)\rho U_1^2 SR} \tag{3.54}$$

$$C_D = \frac{D}{(1/2)\rho U_1^2 S} \tag{3.55}$$

これらの係数 C_P, C_T および C_D を縦軸に, 風速 U_1 と風車の周速 $R\omega$ の比 (周速比) $\psi = R\omega/U_1$ を横軸にとって図3.44のような特性曲線で表すのが普通である.

3.8.3 実験装置と実験方法

(1) 実験装置

実験装置の概略を図3.45に示す. 風車①は水平軸3枚翼形風車とし, 直流発電機②と直結してある. 発電した電気は可変抵抗⑤で消費し, そのときの電流 I, 電圧 E を電流計③および電圧計④で計る. 風車は台の下に取り付けてあるひずみゲージを張りつけた3個の板バネ⑥で支持してあり, この板バネに作用する力をひずみ計⑦によって測定する. ⑧は風車の回転を測定するためのストロボスコープである. 風速 U_1 はピトー管または熱線風速計などを用いて測定する.

(2) 測定方法

一定風速中で負荷抵抗を変化させることによって回転数を n_1, n_2, n_3 …… と変化させ次の各量を測定する.

(a) 風速 U_1

風車直前の流速はピトー管を用い, マノメータの液柱差 h により次の式から求める.

$$\begin{aligned}U_1 &= C(2\Delta p/\rho)^{1/2} \\ &= C(2gh\rho_m/\rho)^{1/2}\end{aligned} \tag{3.56}$$

ただし, C はピトー管係数 (ここでは $C \fallingdotseq 1$ とする), g は重力加速度 [m/s²], ρ_m はマノメータに用いる液の密度 [kg/m³], ρ は空気の密度 [kg/m³], Δp はピトー管の全圧と静圧の差 [Pa], h はマノメータの液柱差 [m] である.

表3.7 測定データ表

大気圧 $p_a =$ [Pa]　大気温度 $T =$ [°C]　風車翼半径 $R =$ [m]
風車の軸高さ $H =$ [m], $L =$ [m], $l =$ [m]

実験No.	流量		風車出力					
	h [mm]	U_1 [m/s]	n [rps]	ω [1/s]	W_A [N]	W_B [N]	T [Nm]	P_e [W]
1								
2								
3								
⋮	⋮	⋮	⋮	⋮	⋮	⋮	⋮	⋮

実験No.	発電機出力および効率				抗力		周速比	パワー係数	トルク係数	抗力係数
	I [A]	E [V]	P_G [W]	η_G [%]	W_C [N]	D [N]	ϕ	C_P	C_T	C_D
1										
2										
3										
⋮										

(b) 風車回転数 n

ストロボスコープを用いて，翼が静止して見えるときの点滅回数から風車の回転数 n [rps] を求める．

また，この n から角速度 ω は次式によって求められる．

$$\omega = 2\pi n \quad [1/s] \tag{3.57}$$

(c) トルク T

トルク T は，板バネ A に作用する W_A および板バネ B に作用する力 W_B を板バネに貼ったひずみゲージによって測定し，図3.46も参照すると次の式から求められる．

$$T = W_A l - W_B l = (W_A - W_B)l \quad [\text{N·m}] \tag{3.58}$$

ただし，l は風車中心からひずみゲージまでの距離 [m] である．

(d) 風車の出力 P_e

(i) 前述(c)の方法でトルク T を測定し，また風車回転数 n から角速度 ω がわかれば出力が求められ，そのときの出力を P_e とすれば

$$P_e = T \cdot \omega \quad [\text{W}] \tag{3.59}$$

(ii) 風車に直結した発電機に結線した負荷の可変抵抗 R_L を変化させたときの電流 I と電圧 E からも出力が求められる．この場合の出力 P_G は次の式で求められ，

$$P_G = I \cdot E \quad [\text{W}] \tag{3.60}$$

さらに $P_G = \eta_G \cdot P_e$ とすることで発電機効率 η_G を知ることができる．

ただし，I は電流 [A]，E は電圧 [V] である．

(e) 抗力 D

板バネ C に貼ったひずみゲージから力 W_C を求める．次に M 点に関するモーメントのつり合い

$$(D + D_0) \cdot H = W_C L$$

から抗力 D は

$$D = W_C \frac{L}{H} - D_0 \quad [N] \tag{3.61}$$

ここで，D_0 は翼以外の支柱や発電機などが受ける抗力で，翼を取り外し翼以外の部分が受ける抗力を事前に測定しておく．

3.8.4 実験結果および考察

(a) 以上のようにして求めた諸量（U_1, n, ω, W_A, W_B, T, P_e, I, E, P_G, η_G, W_C, D など）を表3.7のようにまとめる．

(b) 図3.44のような特性曲線（C_P, C_T, $C_D \sim \phi$）を書き，それについて考察する．

4章　熱工学

　熱工学は熱力学，熱機関，熱伝達，燃焼など熱に関係する工学分野を含んでいる．本章では，これらの学問を基礎として成り立っている各種機器の性能とそれらに関連する現象に関する実験を扱う．実験を通して熱力学から燃焼まで広い範囲の熱工学を実地に体得することを目的としている．

　内燃機関としてまず往復式内燃機関の代表として広く使われているガソリンエンジン（火花点火エンジン）を取り上げ，その性能実験を行う．すなわち現代のエンジンに要求される重要な3要素である出力，燃料消費率，排気におよぼす各種エンジンパラメータの影響について学ぶ．ついでディーゼルエンジン（圧縮点火エンジン）についてシリンダ内圧力（指圧線図）を計測し，熱力学の知識を用いてP-V線図，図示平均有効圧力，図示熱効率などを算出する．さらに図示平均有効圧力と性能試験で求めた正味平均有効圧力とから機械効率を求め，エンジンシステム全体の熱の流れについて考察する．往復式内燃機関の次に連続燃焼式エンジンの代表であるガスタービンエンジンの理論，構造と性能を実験を通して学ぶ．すなわち圧縮機，燃焼器，タービン各要素の構造と機能を学ぶとともに各部における流量，温度，圧力を測定し，正味出力，総合効率と圧力比の関係について理解する．

　熱機関騒音の低減も機械工学の重要な課題である．ここではエンジン排気系を模擬したスピーカを音源とする管路系に消音器を配し，騒音の周波数分析を行うとともに理論との比較により消音器の音響特性について学ぶ．さらに4サイクルガソリンエンジンのパワーユニットを分解してエンジンとトランスミッションを構成する機械要素の材料，構造，機能について学ぶ．また各部の寸法を計測することにより構成要素に対する理解を深める．

　熱機関では燃焼ガスから燃焼室壁への熱伝達はエンジンの熱効率，耐久性に影響するきわめて重要な現象である．対流熱伝達の基礎として加熱平板から平板に平行な流れの熱伝達について実験する．すなわち平板の表面温度分布と平板表面から垂直方向の温度境界層内の温度分布を計測して局所熱伝達率を求め，これに影響する因子について考察する．次に温水ボイラの性能試験について実験する．温水ボイラは燃焼によって発生した熱によって温水を得る機器であり，燃焼効率，伝熱効率，排熱損失におよぼす空気過剰率と給水量の関係を各部の温度，流量計測を通して学ぶ．一方，有害燃焼生成物による環境汚染の問題に関しては，ボイラより排出される燃焼ガスを分析し環境汚染物質の生成におよぼす燃料や燃焼条件の影響を調べ，同時に燃焼ガス分析の方法を修得する．

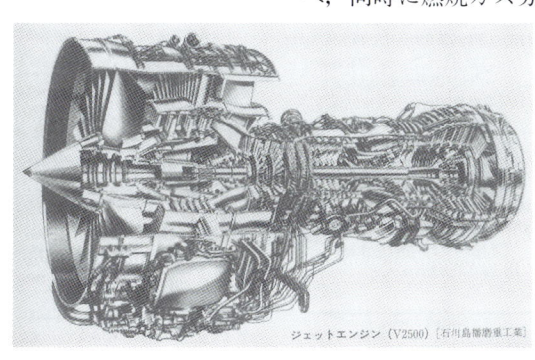

ジェットエンジン（V2500）
［石川島播磨重工業］

4.1 ガソリンエンジンの性能試験

Key word 性能評価，容積・充てん効率，熱効率

4.1.1 目的

エネルギー変換機械として広く用いられている内燃機関の中で，火花点火機関や圧縮点火機関のように圧縮または膨張時に作動流体を容器内に密閉して体積を変えるというような作動方式をとる容積形内燃機関を理解するために，ここでは自動車用ガソリンエンジン（火花点火機関）の各種の定常運転状態における正味動力や正味燃料消費率などを計測し，その諸特性を知るとともに正味動力の測定法を学習する．

4.1.2 解説

ガソリンエンジン（火花点火機関）は燃料蒸気と空気の混合気に点火プラグの電気火花で点火し，火炎伝播で燃焼させるという燃焼形式を取るため，混合気の空燃比はつねに可燃限界内にあり，さらにその運転条件に最適の空燃比となるように制御され，最適の点火時期に点火される．したがって，火花点火機関は部分負荷時に燃料流量（燃焼熱流量）を減らす場合には同時に空気流量も減らして所要の空燃比に保たなければならないため，部分負荷時には絞り弁（スロットルバルブ）を絞り，それにより全混合気量を減らさなければならない．そのため自然吸気の場合は絞り弁後の吸気マニホールドの圧力すなわち吸気圧力（ブースト圧力）は大気圧以下になる．また，この吸気圧力は絞り弁開度一定のとき吸気の流速の2乗に比例して降下するため，エンジン回転速度が増すことにより吸気の流速も増し吸気圧力は低くなる．したがって，回転速度に対する正味平均有効圧力または軸トルク曲線は，図4.1のように絞り弁開度一定時

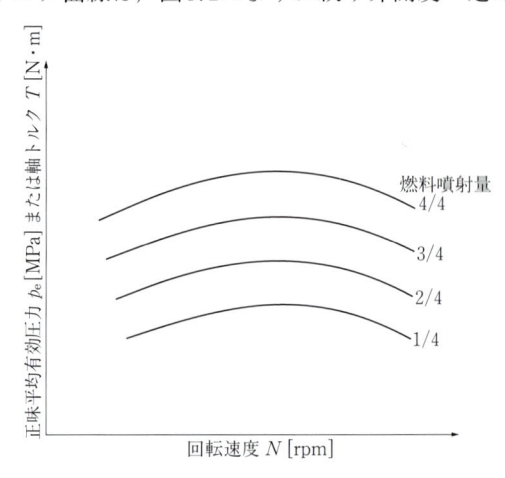

図4.2 圧縮点火機関

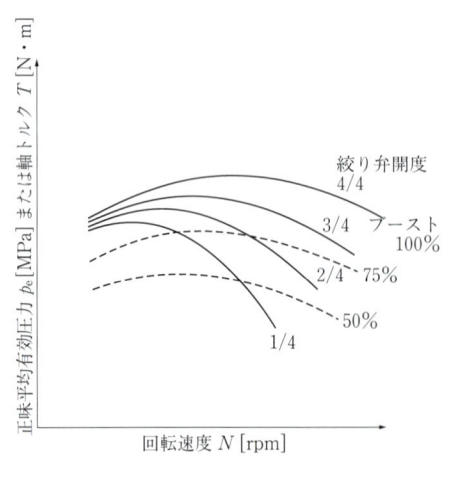

図4.1 火花点火機関

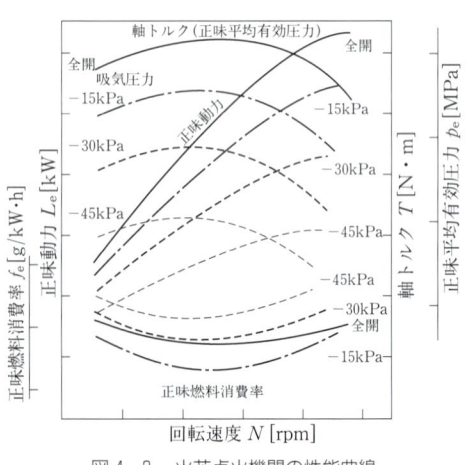

図4.3 火花点火機関の性能曲線

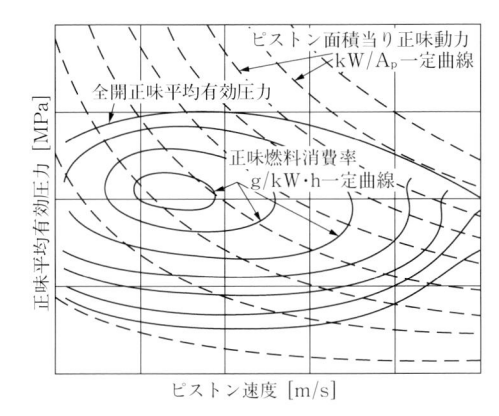

図 4.4 容積形内燃機関の性能曲線

と吸気圧力一定時とで変わる．

これに対して，同じ容積形内燃機関でもディーゼルエンジン（圧縮点火機関）では，空気量は絞らず燃料噴射量だけで制御するので図 4.2 のようになる．これらの正味平均有効圧力または軸トルク曲線に対応して，そのときの正味動力と正味熱効率または正味燃料消費率が決まり，図 4.3 に示すような性能曲線となる．さらに多くの絞り弁開度一定または吸気圧力一定曲線がわかれば，図 4.4 のような曲線が描け，これらの曲線により，そのエンジンの定常運転時の全動力特性がわかる．

原動機が発生する正味（有効）動力は，単位時間に原動機から作業機に実際に伝達される機械仕事量であり，一般には軸動力として回転軸で伝達されることが多い．この場合，ある時間 t [s] から $t+dt$ [s] の間に，軸トルク（回転力）T [N·m] のもとで回転角 $d\theta$ [rad] 回転したとすれば，そのとき伝達された動力は $Td\theta/dt = T\omega$ [N·m/s] である．ここで $\omega = d\theta/dt$ [rad/s] は回転角速度である．T や ω が変動していれば，ある時間 t [s] の間にこの軸により伝達された正味動力は次式で表せる．

$$\int_0^t T\omega dt \Big/ \int_0^t dt \quad [\text{N·m/s}] \tag{4.1}$$

変動していても統計的意味で定常状態であれば，その状態を現すにして十分な n 回転をする時間 t の間，式 (4.1) を積分すれば次のように書ける．

$$\int_0^{2\pi n} Td\theta/n\overline{t} = 2\pi n\overline{T}/n\overline{t} = 2\pi\overline{T}/\overline{t}$$
$$= 2\pi\overline{T}\,\overline{N}/60 \quad [\text{N·m/s}] \tag{4.2}$$

ここで $\overline{T}$ はその間の平均軸トルク [N·m]，$\overline{t}$ はその間の 1 回転に要する平均時間 [s]，すなわち $1/\overline{t}$ は平均毎秒回転数であり，$\overline{N}$ は平均毎分回転数である．

したがって，軸動力 L は軸トルクや回転速度が一定とみなせる場合には軸トルク T [N·m] および回転速度（毎分回転数）N [rpm] で表すと次のようになる．

$$L = 2\pi NT/60 \times 1000 \quad [\text{kW}] \tag{4.3}$$

容積形内燃機関では，1 気筒 1 サイクル中にトルク変動があり，また定常状態でも間欠燃焼なのでサイクル間や気筒間の変動もまったくなくすことはできない．このように容積形内燃機関の定常状態とは時系列的変動量の一種の統計的意味での定常状態である．したがって，容積形内燃機関の性能を測定するためには，その間の平均軸トルク T が測定できるような動力吸収装置と，その動力の計測装置および平均毎分回転数 N が測定できるような回転計が必要となる．軸トルクは原動機か動力吸収装置のいずれかの台盤に作用するトルク反力を測定するか，動力伝達系の途中の伝達トルクを測定する．

以下に性能曲線を描くうえで必要な諸式を示す．

正味動力 (L_e)

$$L_e = 2\pi NT/(60 \times 1000) \quad [\text{kW}] \tag{4.4}$$

T：動力計で計ったトルク [N·m]，
N：そのときの毎分回転数 [rpm]

正味平均有効圧力 (p_e)

$$p_e = L_e \times 60 \times 1000 \times 2 \times 10^{-6}/(ZV_sN)$$
$$[\text{MPa}] \quad (4 \text{ストローク}) \tag{4.5}$$

$$p_e = L_e \times 60 \times 1000 \times 10^{-6}/(ZV_sN)$$
$$[\text{MPa}] \quad (2 \text{ストローク}) \tag{4.5'}$$

Z：シリンダ数，
V_s：1 気筒の行程容積 [m³]

正味燃料消費率 (f_e)

$$f_e = F/L_e \quad [\text{g/kW·h}] \tag{4.6}$$

F：ガソリン消費量 [g/h]

正味熱効率 (η_e)

$$\eta_e = L_e \times 3600/FH_l \tag{4.7}$$

H_l：ガソリンの低発熱量 [kJ/g]

容(体)積効率 (η_v) および充てん効率 (η_c)

$$\eta_v = 2 \times 60 \times m_aRT_a/ZV_sNp_a \tag{4.8}$$
$$\eta_c = (p_a/p_0) \times (T_0/T_a) \times \eta_v$$

m_a：空気消費量 [kg/s]，
p_a：大気圧力 [kPa]，T_a：大気温度 [K]，
p_0：標準状態の圧力 = 100 [kPa]，
T_0：標準状態の温度 = 298 [K]，
R：空気のガス定数 = 0.287 [kJ/kg·K]

空燃比 (M)

$$M = m_a \times 1000 \times 3600/F \tag{4.9}$$

平均ピストン速度（v_p）

$$v_\mathrm{p}=2SN/60 \quad [\mathrm{m/s}] \tag{4.10}$$

S：ピストン行程 [m]

内燃機関は運転している場所の大気状態（大気圧力や温度）の変化による充てん効率の変化，湿度による大気中の空気成分量などの変化により機関へ供給される空気量が変わるため，標準大気条件と異なる場合は出力修正を行い，正味動力を修正しなければならない．この出力修正法についてはJIS B 8002に規定されている．

4.1.3 実験装置および方法

(1) 実験装置

実験装置は，ガソリンエンジンとそのエンジンに連結した発生動力の吸収と軸トルク計測のための動力計および毎分回転数を知るための回転計を最低限必要とする．一般に用いられる動力計としては水動力計および電気動力計が多いが，発電機式の電気動力計には電動機に切換えが可能で摩擦動力の計測ができるものもある．その他の諸特性を知るために，燃料系には燃料消費量測定のための流量計を必要とし，吸気系には吸入空気量測定用の流量計，サージタンク圧力測定用の圧力計，吸気圧力測定用の圧力計および吸気温度の測定計器を必要とし，また，排気系には排気圧力測定用の圧力計および排気温度の測定計器を必要とする．他に，点火進角の読取装置，点火プラグ座温度および冷却系の冷却水の入口温度と出口温度の測定計器および冷却水の流量計などがあれば好ましい．また，水動力計を用いる場合にはケーシング内の水量を適正にするための動力計給排水温度および給水流量の測定計器が必要である．図4.5に水動力計を用いた実験装置の一例を示す．

(2) 実験方法

エンジンを始動し暖機運転を行い，負荷をかけて冷却水出口温度が80～90［℃］の間に一定になるように制御する．水動力計の場合は動力計排水温度が60～70［℃］くらいに保つように水量を制御する．そこで種々の絞り弁開度または吸気圧力一定のもとで5～6点回転数を変化させて毎分回転数，軸トルク，吸気圧力，絞り弁開度，空気消費量，燃料消費量，冷却水出入口温度，吸気温度，排気温度，排気管入口圧力（排気圧力），点火プラグ座温度，点火時期および実験前後の大気圧力，湿度，室温を測定する．

4.1.4 結果および考察

以上の測定値を用いて，(i)正味トルク，正味平均有効圧力，正味動力，正味燃料消費率，正味熱効率，容積効率，充てん効率，空燃比，平均ピストン速度などを計算して図4.3および図4.4のようなエンジンの性能がわかる線図を描く．(ii)その各性能を各種温度，点火時期，吸気圧力，排気圧力（排気背圧）などの測定値を参考にして考察する．

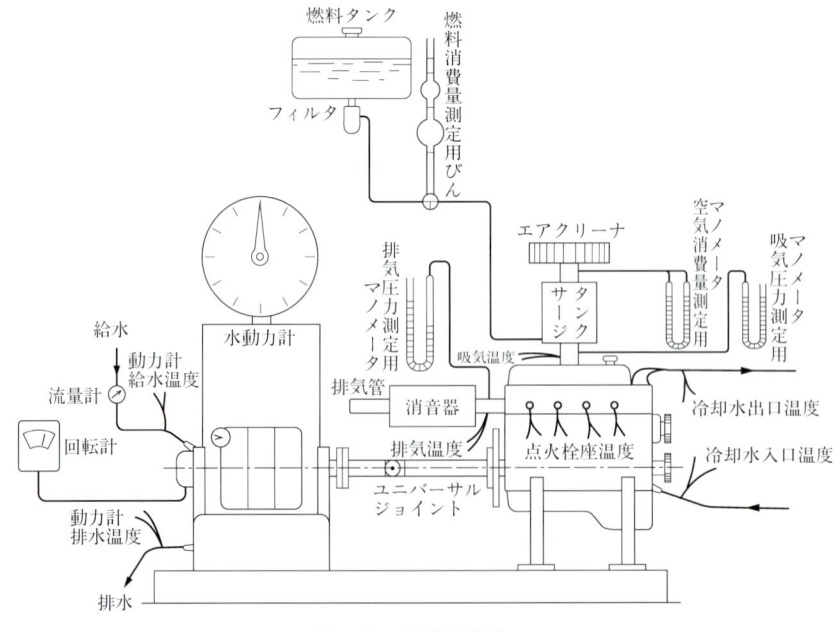

図4.5 実験装置概略

4.2 ディーゼルエンジンの指圧線図解析

Key word　　ディーゼルエンジン，平均有効圧力，機械効率，指圧線図，熱発生率

4.2.1 目的

ディーゼルエンジンはガソリンエンジンと比較し高効率であり CO_2 の排出が少ないため，トラックやバス用エンジンの主力であり，また欧州では乗用車用エンジンとしてシェアを広げつつある．

本実験ではディーゼルエンジンの基本動力特性，吸入空気特性，排気特性および燃焼特性を調べ，運転条件によりこれらの特性がどのように変化するか，またこれらの特性の間にどのような関係が成立するかについて考察する．

4.2.2 解説

ディーゼルエンジンでは吸入した空気を圧縮し，その中に燃料（軽油）を小さな噴口（0.2mm 程度）から100MPa レベルの高圧で噴射して，燃焼させる．圧縮比は約15～20とガソリンエンジンの約2倍である．図4.6に小形直接噴射式エンジンの断面を示す．

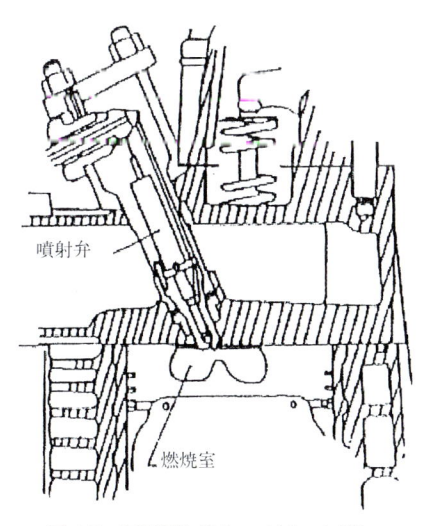

図4.6　直接噴射式ディーゼルエンジン

4.2.3 性能

(1) 吸入空気量と燃料流量

毎秒当りの空気流量 M_a は層流流量計により測定する．t_a を空気温度[℃]，ρ_a を湿り空気密度 [kg/m³]，差圧を ΔP [Pa] とすると M_a は次式で与えられる．

$$M_a = C \cdot \rho_a \left(\frac{380 + t_a}{400}\right)\left(\frac{293}{273 + t_a}\right)^{\frac{3}{2}} \Delta P \,[\mathrm{kg/s}] \tag{4.11}$$

C は各層流流量計固有の検定値である．湿り空気密度 ρ_a は気体の状態方程式より求める．

$$\rho_a = \frac{P_a}{R \cdot T_a} \quad [\mathrm{kg/m^3}] \tag{4.12}$$

ここで大気圧 P_a[Pa]，大気温度 T_a[K]，湿り空気の気体定数 R はガス定数の式より求める．

$$R = \frac{8315}{M} \quad [\mathrm{J/(kg \cdot K)}] \tag{4.13}$$

ここで M は空気の見かけの分子量でダルトンの法則より求める．

$$M = 28.96 - 10.94 \times 10^{-2} \times \frac{\phi p_s}{p_a} \,[\mathrm{kg/kmol}] \tag{4.14}$$

ϕ は空気の相対湿度[%]，p_s は温度 T_a における水の飽和蒸気圧[Pa]である．

燃料流量 M_f はビュレット内の燃料消費時間をストップウォッチで測定して求める．使用燃料はJIS 2号軽油であり，その密度は，

$$\rho_f = 848.0 - 0.722 \times t_f \,[\mathrm{kg/m^3}] \tag{4.15}$$

で計算される．t_f[℃]は燃料温度である．

(2) 空気過剰率と当量比

空燃比は単位時間当りあるいは1サイクル当りの空気と燃料の質量比で定義される．空燃比を理論空燃比で除した値を空気過剰率と定義する．

$$空気過剰率 \lambda = \frac{実測空燃比}{理論空燃比} = \frac{(M_a/M_f)}{(M_a/M_f)_{st}} \tag{4.16}$$

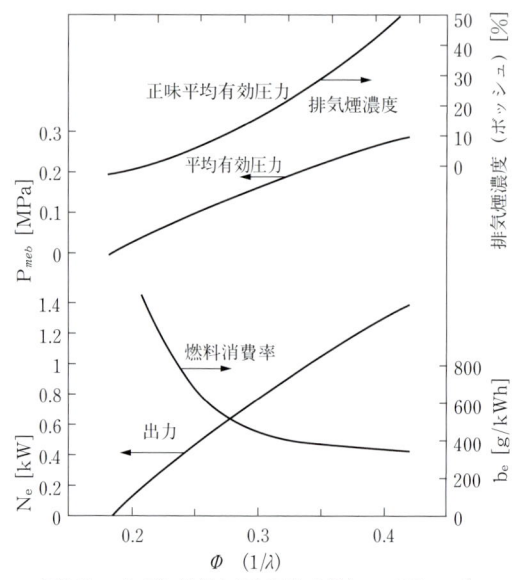

図4.7 エンジン性能と排気特性の例($n = 2000$ rpm)

ここで$(M_a/M_f)_{st}$は理論空燃比で，軽油の場合14.69である．空気過剰率λの逆数を当量比ϕと言う．

ディーゼルエンジンではλを変化させて出力を制御する．無負荷で$\lambda = 5 \sim 10$，中負荷で$\lambda = 2$前後，高負荷で$\lambda = 1.2 \sim 1.5$である．

図4.7は，排気量296cc，圧縮比16.9の小形高速ディーゼルエンジンにおいて回転速度一定で噴射量を変化させた場合のエンジン性能および排気特性の一例である．当量比ϕを大きくすると出力は増加するが，不完全燃焼のため排気煙濃度が増加する．

(3) 燃料消費率と平均有効圧力

エンジンの主たる性能は燃料消費率，出力，排気の3者によって評価される．燃料消費率b_eは燃料消費量M_f[kg/s]と正味出力N_e[kW]から次式で計算される．

$$b_e = \frac{M_f}{N_e} \times 3.6 \times 10^6 \quad [\text{g}/(\text{kW} \cdot \text{h})] \quad (4.17)$$

トルクTは渦電流形電気動力計の秤の読みW_f[kgf]と秤の腕の長さ$R_a = 0.2389$ mから計算する．

サイクル当りの正味仕事（軸仕事）は$4\pi T$であるから正味出力（軸出力）N_eは次式で求められる．

$$T = W_f \times R_a \times 9.807 \quad [\text{Nm}] \quad (4.18)$$

$$N_e = \frac{4 \cdot \pi \cdot T \cdot n}{2 \times 60} \times 10^{-3} \quad [\text{kW}] \quad (4.19)$$

nはエンジン回転速度で単位は[rpm]である．

平均有効圧力はサイクル当りの仕事を排気量V_h[m³]で割った値で，圧力[Pa]の次元を持つ．この値を用いれば，エンジンの排気量によらず出力性能を比較することができる．軸出力から求まる平均有効圧力は，正味平均有効圧力P_{meb}とよばれ，次式で求められる．

$$P_{meb} = \frac{4 \cdot \pi \cdot T}{V_h} \quad [\text{Pa}] \quad (4.20)$$

(4) エネルギーバランス

エンジンのエネルギーバランスは次式および図4.8のようになる．

$$Q_f = N_e + (H_e - H_i) + Q_{fl} + Q_{hl} \quad [\text{kJ/s}] \quad (4.21)$$

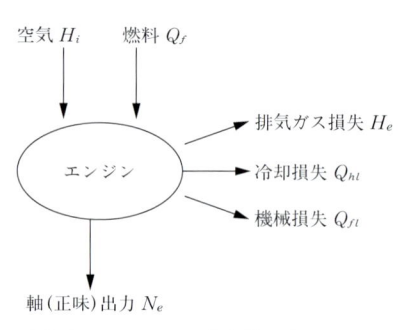

図4.8 エンジンのエネルギーバランス
（記号の単位はすべて[kJ/s]）

ただし
　噴射燃料の発生熱量
$$Q_f = M_f H_u \quad [\text{kJ/s}] \quad (4.22)$$
　排気ガスのエンタルピー
$$H_e = (M_a + M_f) h_e$$
$$\fallingdotseq M_a h_e \quad [\text{kJ/s}] \quad (4.23)$$
　吸入空気のエンタルピー
$$H_i = M_a h_i \quad [\text{kJ/s}] \quad (4.24)$$
　M_f：燃料の質量流量　　　[kg/s]
　M_a：空気の質量流量　　　[kg/s]
　燃料の低位発熱量
$$H_u = 4.27 \times 10^4 \quad [\text{kJ/kg}] \quad (4.25)$$
　排気ガスの比エンタルピー　h_e　[kJ/kg]
　吸入空気の比エンタルピー　h_i　[kJ/kg]

エンタルピーの計算では気体を空気と近似して下式の定圧比熱C_pを用いる．

$$C_p = 4.2(0.241 - 4.79 \times 10^{-5} + 65.1 \times 10^{-9} T_m^2)$$
$$[\text{kJ/(kg} \cdot \text{K)}] \quad (4.26)$$
$$M_a(h_e - h_i) = M_a C_p (T_e - T_a) \quad [\text{kJ/s}] \quad (4.27)$$

ただしT_mは絶対温度で排気温度T_eと吸気温度T_aの算術平均温度である．

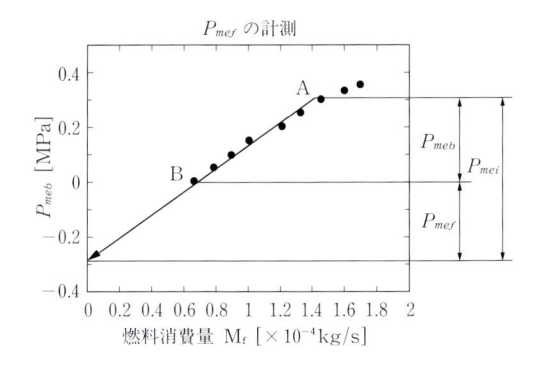

図4.9 摩擦損失の測定（ウィラン法）

(5) 摩擦損失と機械効率

図4.9のように燃料消費量 M_f と正味平均有効圧力 P_{meb} の関係をプロットする．ここで P_{meb} が低い時の曲線の変化（A点〜B点）を直線と仮定し，P_{meb} が負の範囲にまで直線を延長して $M_f = 0$ における P_{meb} の値を求める．この値の絶対値はエンジンを無負荷で運転した時の摩擦平均有効圧力 P_{mef} である．この方法をウィラン法とよぶ．摩擦損失はシリンダー内燃焼圧力の上昇に伴って上昇する傾向があるが，本実験の範囲で不変と仮定すると，各運転条件における機械効率は次式によって計算される．

$$\eta_m = \frac{P_{meb}}{P_{meb} + P_{mef}} \qquad (4.28)$$

また，指圧線図（インジケータ線図）より図示平均有効圧力 P_{mei}（後述の式 (4.30)）を求めれば η_m は次式より計算することもできる．

$$\eta_m = \frac{P_{meb}}{P_{mei}} \qquad (4.29)$$

(6) 排気特性

エンジン排気中の有害物質は一酸化炭素（CO），未燃炭化水素（HC），窒素酸化物（NO_x）および微粒子である．本実験では NO_x と排気煙濃度を測定する．

NO_x 濃度の測定では固体電解質である ZrO_2 を使用して排ガス中の O_2 濃度と NO_x 濃度をリアルタイムで測定する．

排気ガスをシリンダーにて一定量吸引し，その吸引回路に設けたろ紙にすすを付着させ，そこに一定量の光を当て，反射光をセレン光電池で検出する．その電気信号を排気煙濃度として汚染度（ボッシュスモークナンバー）に変換して表示する．

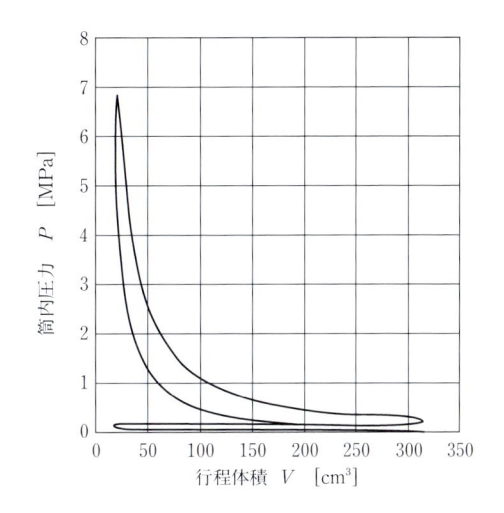

図4.10 P-V線図の例

4.2.4 指圧線図解析

燃焼室内の圧力経過（指圧線図）を測定して図示平均有効圧力と熱発生率等をコンピュータを用いて計算する．

圧力測定にはひずみ計式インジケータまたは圧電式インジケータを用い，クランク角度1°毎に圧力信号をデジタル化して，数サイクルから数10サイクルの平均指圧線図を得る．図4.10は図4.7と同じエンジンのP-V線図の例である．

図示平均有効圧力 P_{mei} はこのP-V線図を積分して得られる．

$$P_{mei} = \frac{\int P dV}{V_h} \qquad [Pa] \qquad (4.30)$$

ただし P は圧力，V は容積である．
容積 V は次式による．

$$V = V_0 + V_h - \frac{\pi D^2}{4}\{r(1-\cos\theta) - l(1-\sqrt{1-\rho^2\sin^2\theta})\} \quad [m^3] \qquad (4.31)$$

ただし $\rho = r/l$

r：クランクアーム長さ　[m]
l：コンロッド長さ　　　[m]
D：シリンダー直径　　　[m]
θ：下死点からのクランク角度 [deg]
V_0：上死点容積 $\left(= \dfrac{V_h}{\varepsilon - 1}\right)$ [m³]
V_h：排気量　　　　　　[m³]
ε：圧縮比　　である．

熱発生率は単位時間，または単位角度当たりに発生した熱量を示す．熱発生率はP−θ線図か

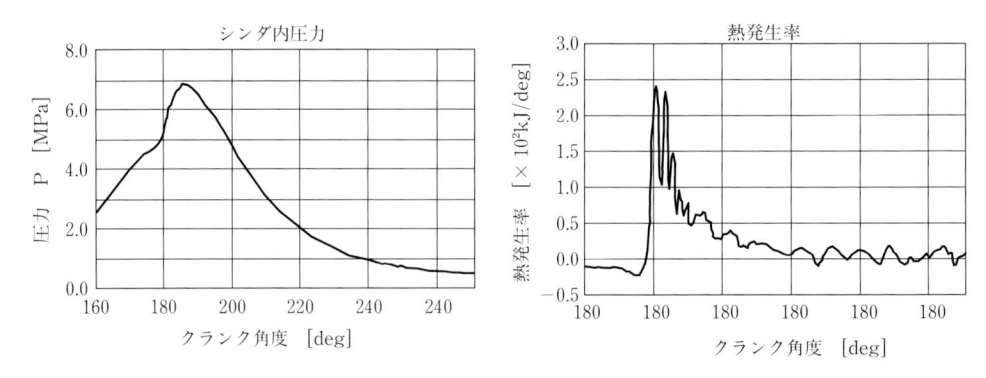

図 4.11 燃焼室内圧力(指圧線図)と熱発生率の例

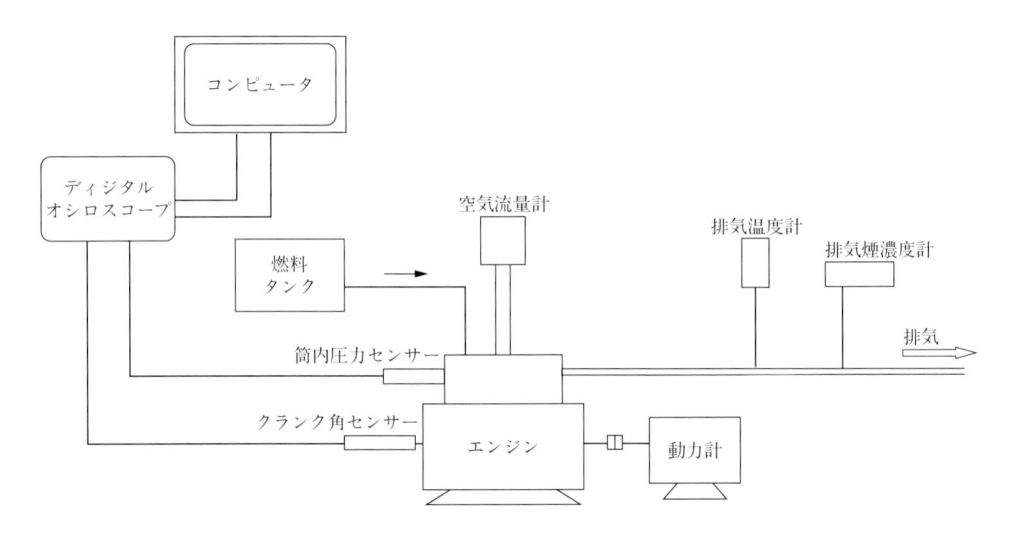

図 4.12 実験装置

ら計算する．燃焼室内のガスに熱力学の第一法則（エネルギー保存側）を適用する．

$$dQ = dU + PdV \tag{4.32}$$

内部エネルギー

$$dU = mC_v dT \tag{4.33}$$

状態方程式

$$PV = mRT \tag{4.34}$$

比熱の関係式

$$C_v = \frac{R}{\kappa - 1} \tag{4.35}$$

式(4.33)，(4.34)，(4.35)を式(4.32)に代入すると次式が得られる．

$$dQ = \frac{1}{\kappa - 1} VdP + \frac{\kappa}{\kappa - 1} PdV \tag{4.36}$$

クランク角の変化 $d\theta$ 当りの発生熱量を熱発生率と呼び次式で表わす．

$$\frac{dQ}{d\theta} = \frac{1}{\kappa - 1} \left(V \frac{dP}{d\theta} + \kappa P \frac{dV}{d\theta} \right)$$
$$[kJ/deg] \tag{4.37}$$

ここで，κ は比熱比で本実験では空気の値 1.40 を用いる．図4.11に図4.7と同じエンジンのシリンダ内圧力および熱発生率の時間経過例を示す．ディーゼルエンジンにおける燃焼過程は，4つの期間からなる．

(1) 着火遅れ時間：噴射された燃料噴霧は蒸発して，空気と混合気を形成する．混合気内で化学反応が進行し，着火が生じるまでの期間である．

(2) 初期燃焼期間：着火遅れ期間中に形成された混合気は，着火に続き急激に燃焼する．

(3) 制御燃焼期間：この期間では圧力と温度が十分高いので燃料は噴射されると同時に着火して拡散燃焼する．燃料は熱分解し，一部は炭素状微粒子となり輝炎を呈する．

(4) 後燃え期間：噴射が終わっても燃焼は乱流拡散に支配されて続行する．この期間が長く続くと燃料消費率が増加する．

4.2.5 実験

実験装置の概略は図4.12である．

(1) 性能試験

回転速度を一定に保ち，噴射量を変化させて吸入空気量，燃料流量，トルク，回転速度，排気温度などを測定する．測定にあたっては，エンジンをある条件に設定したのち一定時間運転し，排気温度などの値が安定してからデータを採る．

図4.7に示すように横軸に当量比をとり縦軸に出力，正味平均有効圧力，燃料消費率，排気煙濃度などをプロットする．

(2) 指圧線図解析

低負荷，中負荷，高負荷の代表的な運転条件において指圧線図を記録し，P-θ，P-V両線図と熱発生率を計算して出力する．

4.2.6 結果および考察

(1) 各運転条件について単位時間当りの供給熱量，排気ガス損失熱量，軸出力，冷却損失熱量（機械損失による発熱量を含む）を計算して作表せよ．

(2) 正味平均有効圧力と燃料消費量の関係からウィラン法により摩擦平均有効圧力を求め，各運転条件における機械効率を計算せよ．

(3) 図示平均有効圧力を計算せよ．求めた図示平均有効圧力と性能試験で求めた正味平均有効圧力とから各条件における機械効率を求め，これを設問(2)から求めた機械効率と比較せよ．

(4) 各運転条件における指圧線図から熱発生率を計算せよ．負荷によって最高圧力および熱発生率のパターンはどのように変化するか考察せよ．

4.3 ガスタービン性能試験

Key word　ガスタービン，熱効率，コンプレッサ，断熱効率，燃焼器，燃焼効率

4.3.1 目的

　ガスタービンを運転し性能試験を行うことにより，高速回転の速度形内燃機関の運転を経験し，構成要素のタービン，コンプレッサ，燃焼器の構造と特性および高速回転軸受部の摩擦損失並びにガスタービンの熱勘定を理解するとともに，熱力学，流体力学などの基礎理論の応用を実用機関を通して学習する．

4.3.2 解説

(1) 実験用ガスタービン

　ガスタービンは往復動内燃機関とちがって，「圧縮-燃焼-膨張」の各サイクル過程がそれぞれ独立した専用の要素機械によって行われ，コンプレッサ，燃焼器，タービンのほか目的に応じ，熱交換器，中間冷却器，再熱器などの組合せにより構成される原動機である．したがって，その構成要素の個々の特性や，組合せ方法（システム）の差により，特性が異なり使用目的に適合した広範囲の原動機特性を得ることができる．
　本試験用ガスタービンは，図4.13に示すようにもっとも基本的なオープンサイクルの単純サイクル（基本サイクルまたはブレイトンサイクルともいう）ガスタービンであって，大気をコンプレッサにより吸入圧縮し，燃焼器により加熱された燃焼ガスを作動流体としてタービンを駆動する．コンプレッサは単段の遠心式圧縮機，タービンは単段のラジアルタービンであり，コンプレッサインペラとタービンロータは同一回転軸上に取り付けられている．燃焼器は缶形燃焼器である．一般にガスタービンは，軸出力として回転軸から出力がとり出されるが，本実験装置では，ターボチャージャーを利用してそれに燃焼器を付加した構造となっているため，出力軸がない．そのため本ガスタービンの出力は高圧空気流の形で外部に取り出されるように工夫されている．すなわち，コンプレッサより吐出される圧縮空気の一部のみが燃焼器に送られて，燃焼ガスとなってタービンを作動するが，残りの圧縮空気は高圧空気流として外部に圧送される．
　このように，タービンの全発生出力から燃焼用空気の圧縮に要する消費動力を差引いたエネルギにより，外部に高圧空気流を供給することができ，空気圧縮機とし使用できる．このような用途のガスタービンは，たとえばジェットエンジンや大形ガスタービンの起動用空気源などとして実用されている．

(2) ガスタービンの性能

　ガスタービンの性能の評価は，一般的に熱高率

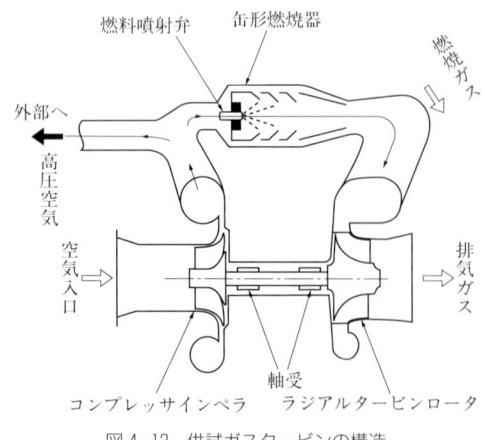

図4.13　供試ガスタービンの構造

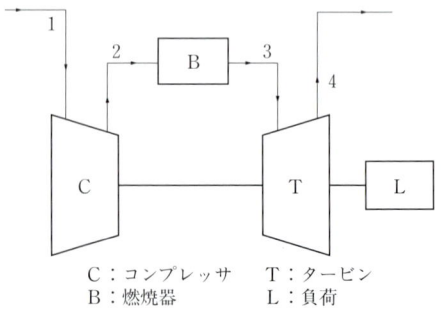

図4.14　ブレイトンサイクルガスタービン
C：コンプレッサ　　T：タービン
B：燃焼器　　　　　L：負荷

図4.15 単純サイクルの P-v 線図および i-s 線図 (1-2-3-4 はブレイトンサイクル, 1-2'-3-4' はコンプレッサおよびタービンの効率を考えた場合の単純サイクルガスタービンの場合)

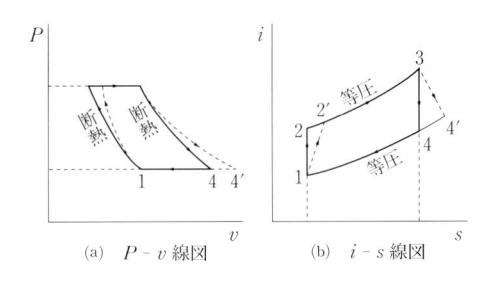

や比出力によって行われるが, 本実験では, 運転時の各種データを計測し, ガスタービンの出力, 総合高率および熱勘定並びに構成機器類の諸効率を求め, 相関関係を性能曲線上に明らかにする.

(a) 理想的単純サイクルガスタービンの理論的熱効率 η_{th} (図4.14および図4.15)

$$\eta_{th} = 1 - \frac{T_4 - T_1}{T_3 - T_2} = 1 - \left(\frac{1}{\phi}\right)^{\frac{K-1}{K}} \quad (4.38)$$

T_1, T_2: 圧縮前および圧縮後の空気温度 [K]
T_3, T_4: 膨張前および膨張後のガス温度 [K]
P_1, P_2: 圧縮機入口, 出口の空気圧力 [Pa]
P_3, P_4: タービン入口, 出口のガス圧力 [Pa]
x: 比熱比

(b) コンプレッサおよびタービンの断熱効率を考慮した単純サイクルの理論的熱効率 η_0

ガスタービンの総合効率 η_0 は主としてタービン段熱効率 η_t, コンプレッサ断熱効率 η_c により大きく影響されるほか, 燃焼効率 η_b, 機械効率 η_m 並びに圧力損失, 各部漏洩損失および外部への熱損失にも左右される.

燃焼効率 η_b, 機械効率 η_m 並びに燃焼器およびダクトの圧力損失, 各部の漏洩損失および外部への熱損失, 並びに燃料添加による流量増加を省略し, 比熱はサイクル中一定と仮定した場合は, ガスタービンの理論的熱効率 η_0 は圧力比 ϕ およびコンプレッサ, タービンの断熱効率 η_c, η_t およびサイクルの最高, 最低温度比 τ の関係として表される.

$$\eta_0 = \frac{(T_3 - T'_4) - (T'_2 - T_1)}{(T_3 - T'_2)}$$
$$= \frac{(\tau \cdot \eta_c \cdot \eta_t/\theta) - 1}{(\tau - 1)\eta_c/(\theta - 1) - 1} \quad (4.39)$$
$$\theta = \phi^{\frac{K-1}{K}}$$
$$\tau \equiv \frac{T_3}{T_1}$$

T_1: サイクルの最低温度 [K]
T_3: サイクルの最高温度 [K]

(c) ガスタービンの熱効率 η_a

$$\eta_a = \frac{P}{h_u \cdot G_f} \quad (4.40)$$

P: ガスタービンの外部仕事 [kW]
h_u: 燃料の低位発熱量 [kJ/kg]
G_f: 燃料の流量 [kg/s]

本供試ガスタービンでは, 外部への高圧空気を圧縮するコンプレッサは, ガスタービン本体のコンプレッサと共通であるので, ガスタービン軸の外部仕事 P は次式で表される.

$$P = G \cdot C_p \cdot T_1 (\phi^{\frac{K-1}{K}} - 1) / \eta_c \eta_m \quad (4.41)$$

G: 外部へ圧送される高圧空気流量 [kg/s]
C_p: 空気の定圧比熱 1.005 [kJ/kg·K]
η_c: コンプレッサ断熱効率
ϕ: コンプレッサ圧力比
η_m: 機械効率

(d) コンプレッサ断熱効率 η_c

図4.15を参照し, $\eta_c = \dfrac{i_2 - i_1}{i_{2'} - i_1}$

(e) タービン断熱効率 η_t

図4.15を参照し, $\eta_t = \dfrac{i_3 - i'_4}{i_3 - i_4}$

(f) 機械効率 η_m

図4.15を参照し, $\eta_m = \dfrac{i_{2'} - i_1}{i_3 - i_{4'}}$

本実験においては機械効率 η_m には, 供試ガスタービンの構造上の制約より, 軸受部の摩擦損失による発熱量以外に, 回転軸を通して高温のタービンロータから熱伝導される熱エネルギの損失なども含まれる.

(g) 燃焼器の燃焼効率 η_b

$$\eta_b = \frac{(G_a + G_f)i_3 - (G_a i_2 + G_f \cdot i_f)}{h_u \cdot G_f}$$
$$(4.42)$$

G_a：燃焼器に流入する空気流量 [kg/s]
i_2：燃焼器入口部の空気の比エンタルピ [kJ/kg]
i_3：燃焼器出口部の燃焼ガスの比エンタルピ [kJ/kg]
G_f：燃焼した燃料の流量 [kg/s]
i_f：燃焼前の燃料の比エンタルピ [kJ/kg]
（i_f は h_u に比し，小さいので無視することができる）

本実験での外部仕事の計測方式では，供試ガスタービン自身のコンプレッサにより圧縮された高圧空気全量のうちから，燃焼に必要な一部空気量をさしひいた余分の高圧空気を圧縮するために利用された有効仕事 P を計測する必要がある．

したがって，ガスタービン軸で発生する外部仕事 P_e に比して，本実験の計測結果より得られる有効仕事 P は式（4.41）に示すように，コンプレッサ断熱効率 η_c とタービンとコンプレッサとの間での機械効率 η_m の影響を受ける．

4.3.3 実験装置および方法

(1) **実験装置** （図4.16）
　(a) 配管系統

大気より吸入された吸気は，吸気管①を経てコンプレッサ⑦に流入する．コンプレッサ⑦よりの圧縮空気は圧縮空気管②に送られる．圧縮空気管②は途中より圧力空気放出管③が分岐し，分岐点より下流部に圧縮空気制御弁Ｖ２⑧が取り付けられている．放出管③には放出空気制御弁Ｖ３⑨が設けられている．外部高圧空気源より高圧空気は高圧空気管④に流入し，途中に取り付けられた高圧空気制御弁Ｖ１⑩を経て，圧縮空気管②に高圧空気管④との合流点より，燃焼用空気管⑤に流入する．燃焼器⑭の出口よりタービン⑫の入口までの間には，燃焼ガス管⑥が配管されている．

　(b) 燃料油系統および点火装置

燃料油ポンプを持つ燃料供給装置と，燃料噴射量制御弁ＦＶ⑬により，燃料は燃焼器⑭の燃料弁⑳に送られる．点火装置により着火が行われる．

　(c) 潤滑油系統

油ポンプおよび油圧調整弁を持つ潤滑油供給装置により，高速軸受部⑮を潤滑する．

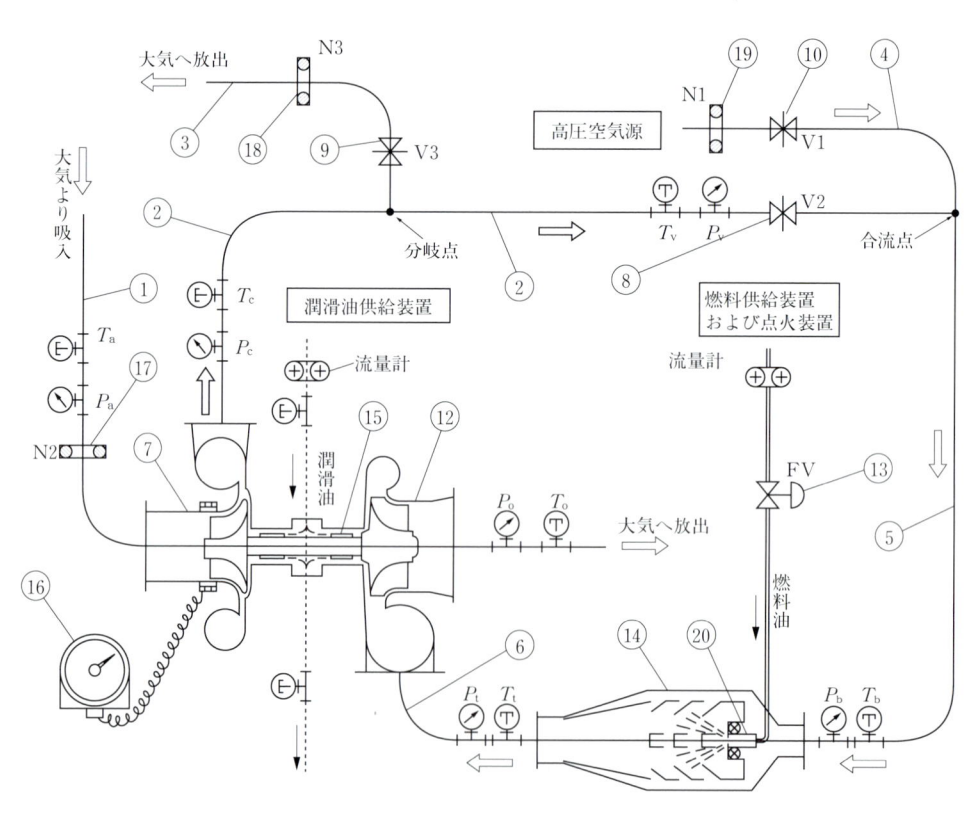

図4.16　実験装置

(d) 各種測定機器
- 軸回転計：コンプレッサ入口ケースにパルス式回転計の検出部を取り付け，電気回転計⑯と結線する．
- 空気流量計：
 コンプレッサ吸入空気流量測定用流量計⑰（N2）は吸入管①に取り付ける．
 圧縮空気放出空気流量測定用流量計⑱（N3）は放出管③に取り付ける．
 高圧空気流量測定用流量計⑲（N1）は高圧空気管④に取り付ける．
- 各部の空気および燃焼ガスの圧力および温度測定機器（全圧力および全温度測定用）：
 P_a, T_a：大気圧力および温度 [Pa], K 測定圧力計および温度計
 P_c, T_c：コンプレッサ出口の圧縮空気圧力および温度 [Pa], K 測定圧力計および温度計
 P_v, T_v：圧縮空気制御弁V2前の空気圧力および温度 [Pa], K 測定圧力計および温度計
 P_b, T_b：燃焼器入口の空気圧力および温度 [Pa], K 測定圧力計および温度計
 P_t, T_t：タービン入口部の燃焼ガス圧力および温度 [Pa], K 測定圧力計および温度計
 P_0, T_0：タービン出口部の燃焼ガス圧力および温度 [Pa], K 測定圧力計および温度計
- 燃料噴射量の測定：オーバル流量計により測定
- 潤滑油量の測定および軸受出入口部潤滑油温度の測定：オーバル流量計および棒状温度計による．

(2) **実験方法**

(a) 起動

(i) 外部高圧空気源の運転を確認した後，潤滑油供給装置によりガスタービン軸受部への潤滑油送油を行う．

(ii) 圧縮空気制御弁V2⑧を全閉とし，放出空気制御弁V3⑨を全開とした状態で，高圧空気制御弁V1⑩を徐々に開いていき，外部よりの高圧空気を，高圧空気管④—V1⑩—燃焼用空気管⑤—燃焼器⑭—燃焼ガス管⑥を経てタービン⑫に導き，タービンを空気運転する．

(iii) V1⑩の開きによって，タービン回転数が，最大許容回転数の約1/3以上に上昇した後，燃焼器⑭の燃料弁⑳に燃料を送り，点火装置によって着火させる．

(iv) 燃料の量を少しずつ増加させ，タービン回転数を最大回転数の約1/2にまで上昇させる．

(v) V3⑨を徐々に閉じていき，P_v と P_b と比較して，$P_v > P_b$ となった後，この条件を保ちながらV2⑧を少しずつ開くとともに，V3⑨を少しずつ閉じていく．

(vi) V3⑨が全閉となり，V2⑧が全開となったならば，V1⑩を閉じる．この状態でガスタービンは，外部の高圧空気源からの空気の補給なしに自力で運転を続け「自立運転(Self-Support)」となる．

(vii) (v)—(vi)の操作の間，タービン入口部の燃焼ガス温度 T_t が最大許容温度より高くならないように注意しながら，燃料の噴射量を必要に応じ増加する．

(b) 自立運転試験
 自立運転では，外部への出力 $P_T = 0$ のアイドリングの状態となる．燃料の量を増減し，最高許容回転数～最高回転数の $\frac{1}{2} \sim \frac{1}{3}$ の回転数の間の各回転数でのガスタービンの諸データを計測する．

(c) ガスタービン出力運転試験
- ガス温度一定での運転：自立運転の状態より，放出空気制御弁V3⑨を徐々に開いていき，タービン入口ガス温度 T_t を特定の一定温度に保ちながら，燃料噴射量を増減し，各回転数における各部の運転データを測定する．異なる特定温度下での運転の繰返し試験により，同一ガス温度下の外部出力，熱効率などの性能を得る．
- 一定回転数での運転：回転数を特定の一定回転に保ちながら，放出空気制御弁V3⑨と燃料噴射量の加減により一定回転数での各部データを採取する．異なる特定回転数の試験を繰返すことにより，各回転数における一定回転数でのガスタービン性能を知ることができる．

(d) 運転試験時の留意事項
- 制定時間：負荷変更後少なくとも3分以上の整定時間をとる．
- ガスタービンの許容最高回転数および許容最高ガス温度は絶対に超過させない．

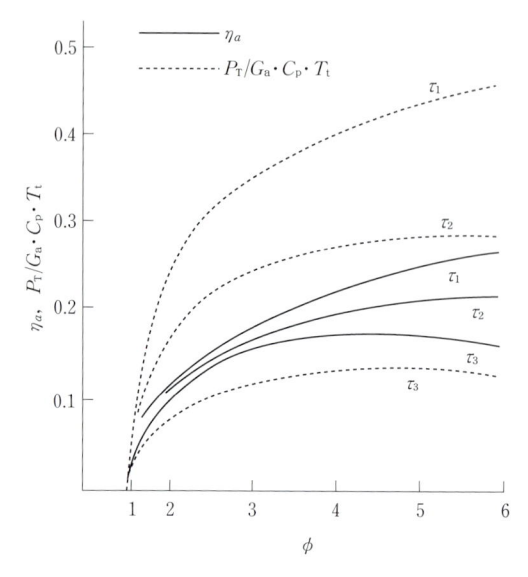

図 4.17 供試ガスタービンの性能

図 4.18 タービン流量特性

・運転停止後：停止後少なくとも 10 分以上の間，軸受部への潤滑油の供給は続行し，軸受部の焼付を防止する．
・爆発事故の防止：起動時のミスファイヤなどにより，燃焼器または配管内に未燃焼の燃料や可燃性ガスが残留していると，次の着火時に一挙に燃焼して爆発する危険性がある．失火時には，燃料の供給を停止し，空気運転を行って，未燃焼の燃料や可燃性ガスを完全に試験装置外に放出させねばならない．

4.3.4 結果および考察

(1) **ガスタービン性能**

4.4.3 項(2)，(c)「ガスタービン出力運転試験：ガス温度一定での運転」の実験結果より，供試ガスタービンの外部への有効出力 P，総合全体効率 η_a と圧力比 ϕ の関係を，図 4.17 を参照して作成する．ここで，横軸は圧力比 ϕ，縦軸は無次元表示した比出力 $P/G_a \cdot C_p \cdot T_1$ および総合全体効率 η_a で，温度比 τ はパラメータとして扱う．

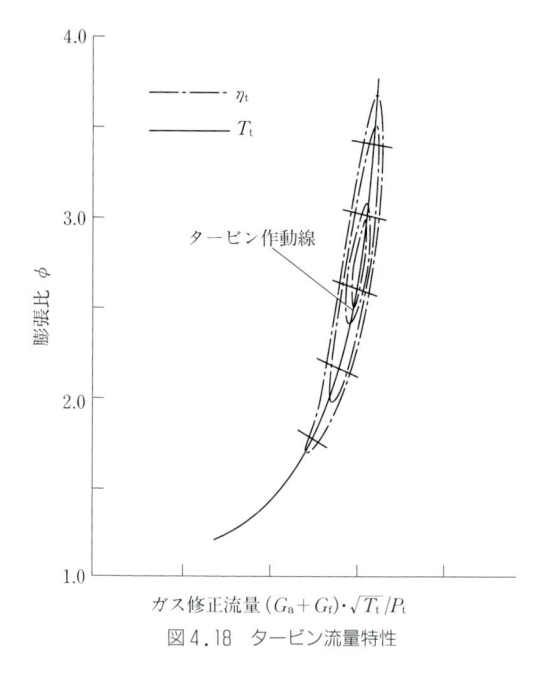

(2) **要素機器類の性能**

(a) タービン流量特性

4.4.3 項(2)，(b)「自立運転試験」および(c)「ガスタービン出力運転試験：一定回転数での運転」の実験結果より，タービンの作動点を図上に表示して，ガスタービンの作動線を求める．さらにタービン断熱効率 η_t の分布を求める．タービン流量特性は図 4.18 を参照して作成する．ここで，横軸はガス修正流量 $(G_a + G_f) \cdot \sqrt{T_t}/P_t$，縦軸は膨張比である．

(b) コンプレッサ性能アップ上での運転点

4.3.4 項(a)「コンプレッサの性能」を参照して，高回転部分までのコンプレッサマップを作成しておき，「一定回転数での運転」の実験結果により運転点を記入する．

(3) **その他**

燃焼器効率 η_b，摩擦損失，および熱勘定は，すべての測定点で明かとなるが，本試験では最大出力時につき計算する．

4.4 熱機関騒音の実験

Key word 音響パワーレベル，音圧レベル，透過損失，減衰量

4.4.1 目的

たいていの機械は騒音を伴うが，なかでも熱機関で発生する騒音は音量が大きく公害としてしばしば問題になる．したがって，その防止技術を理解し進歩させることは，よりよい環境を保持するうえで特に大切である．そこで自動車のエンジン排気音など管路系騒音の低減に使用される消音器の音響特性について，実験と計算を行う．このことによって，騒音の評価法と測定法，防音対策などに関する基礎事項を習得する．

4.4.2 解説

(1) 音の大きさと高さ

空気中の音は，たとえば固体面の振動や噴流によって，その周辺の空気の密度が交互に大きくなったり小さくなったりすることにより発生する．このような空気の圧力変動は隣接部分に順次伝わり，粒子の振動方向に一致する波動すなわち音波となって進行する．この場合に音源からある距離離れた場所における圧力の大気圧に対する変動量を音圧という．

一般に音の大きさは，相対的な量であるデシベル (dB) によって表示され，音源では音響パワーレベル (PWL) L_w で，音波の到達点では音圧レベル (SPL) L_p でそれぞれ表される．これらは次式によって定義される．

$$L_w = 10 \log(W/W_0) \quad [\text{dB}] \quad (4.43)$$

$$L_p = 20 \log(P/P_0) \quad [\text{dB}] \quad (4.44)$$

ただし，W：音響パワー [W]，W_0：最小可聴音響パワー (10^{-12} W)，P：音圧 [Pa]，P_0：最小可聴音圧 (20μPa) とする．実際に室内や戸外を伝播する音は壁や建物などからの反射音を含むのが普通であるが，障害物のない自由空間に音源がある場合には，音は半径 r の方向に球面波となって進行するので次の関係が成り立つ．

$$L_w = L_p + 10 \log r + 11 \quad [\text{dB}] \quad (4.45)$$

次に音の高さは，空気粒子の単位時間当たりの振動数である周波数の大小によって決まる．図4.19に示すように，ある時刻またはある場所における音圧は，それぞれ時間または距離に対して正弦曲線状に変化する．したがって周波数 f は，1サイクルが完了するまでの時間である周期を T，同一位相間の距離である波長を λ，音波の進行速度すなわち音速を c とすると

$$f = 1/T = c/\lambda \quad [\text{Hz}] \quad (4.46)$$

となる．現実にわれわれが耳にする音はいろいろな周波数の音が合成されているので，音圧は正弦状には変化せずこまかいピークと谷のある複雑な波形になる場合が多い．なお音速は温度 $t°C$ とともに変化し，次式で表される．

$$c = 0.61t + 331.5 \quad [\text{m/s}] \quad (4.47)$$

(2) 騒音の評価

騒音とはうるさい音，感じの悪い音など日常生活において好ましくない音のことをいう．したがって騒音を客観的に評価することはむずかしく，誰が聞いても許せないような大きな量の音は文句無しの騒音であるが，たとえば住宅街におけるクーラーやピアノの音のように，周囲の環境が静かなときには音量がそれほど大きくなくても騒音と感じられる場合がある．そこで通常は，対象とな

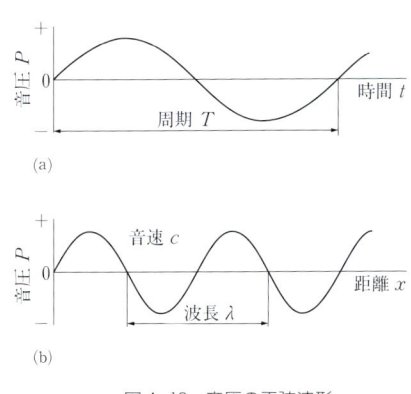

図4.19 音圧の正弦波形

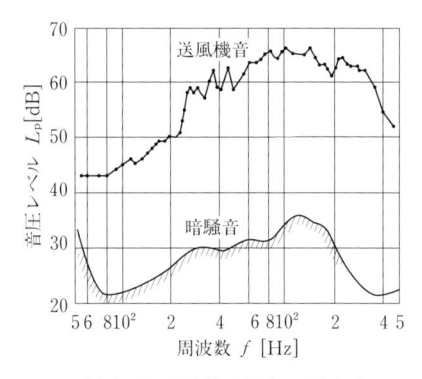

図4.20 送風機の騒音スペクトル

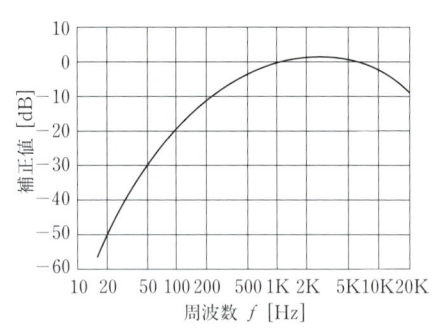

図4.21 聴感補正曲線（Aスケール）

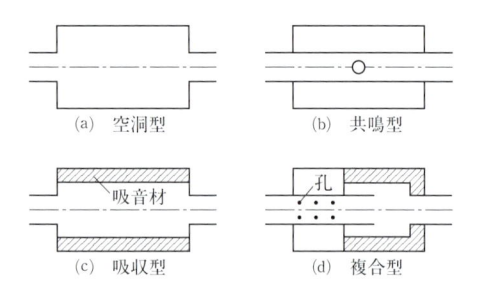

図4.22 各種タイプの消音器
(a) 空洞型　(b) 共鳴型　(c) 吸収型　(d) 複合型

図4.23 自動車のマフラー

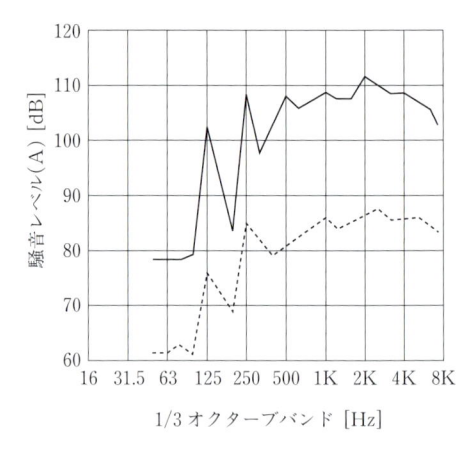

図4.24 ガソリンエンジンの排気騒音スペクトル

る騒音とそれを取り除いたときの周囲の音（暗騒音）を比較することにより，騒音の大きさの程度を判断している．図4.20は送風機騒音の測定例で音圧レベルの周波数スペクトルを暗騒音とともに示している．●印は単一周波数前後の極めて狭い周波数帯域で分析した測定値であるが，普通は1オクターブを3分割した1/3オクターブ分析，上限周波数の数百等分の帯域で表示したFFT分析が用いられている．

図4.20のデータは式（4.44）に示した通りの音圧レベル L_p の測定例であるが，人の耳には，低周波数域の音は高周波数域の音に比べて L_p の値が同じであってもより小さく感じられる．したがって，騒音対策のためにはこのような人の聴感覚に見合うように騒音量を補正して表した方が実際的である．この場合の補正法にはA，B，Cの3種類があるが，図4.21に示すAスケール補正がよく用いられる．たとえば図4.20のスペクトルをAスケールで表示した騒音レベルは，1000Hz以下において図4.21のゼロから補正曲線までの縦軸の目盛り分だけ小さい値になる．

騒音を周波数分析する必要がなくその大きさを全体量として知りたい場合には，各周波数帯域のレベル値を積算して得られるオーバーオール（O.A.）値が活用されている．

(3) <u>熱機関騒音と消音器</u>

熱機関騒音はガソリンエンジン，ディーゼルエンジン，ガスタービン，火力発電システムおよびそれらの関連機器としての送風機，コンプレッサなどで発生する騒音である．これらの騒音の主な成分は，たとえば自動車の排気系，ガスタービン試験装置のように管路系を伝わって気流とともに外界に放射される．この放射音を低減させるために管路途中に取り付けられる装置が消音器であり，図4.22(a)～(d)に示すようにいろいろなタイプのものがある．自動車のマフラーには図4.23のような複雑な構造のものが多く用いられている．

図4.24はガソリンエンジンにおける排気音を管路の外から測定したデータ例である．消音器のない管路だけのときの騒音レベル（Aスケール）には，回転数と気筒数から求めた基本周波数とその

整数倍の周波数にピークが生じているが，消音器を取り付けるとこれらのピーク値が緩和されて，騒音レベルはオーバーオール値で約20dB減少しており，かなり広い周波数帯域で15〜25dB消音されていることがわかる．このような消音器の消音量を評価するにはいくつかの方式がある．

透過損失（transmission loss）は管路の効果を含まない消音器自体の消音量であり，消音器における入射音と透過音のそれぞれの音響パワーレベルの差として定義される．減衰量（attenuation）は管路開口端における音波の反射効果も含んだ消音量であり，消音器がないときとあるときに管路の終端から一定の角度と距離で測定したそれぞれの音圧レベルの差として定義される．また挿入損失（insertion loss）は消音器を取り付けた管路そのものがないときとあるときの測定音圧レベルの差として定義される．

消音器の基本構造である単純空洞（図4.22(a)）に関して，管路系内を平面音波が進行するものと仮定したときの透過損失（TL）および減衰量（ATT）の理論計算式を以下に示す．

$$\mathrm{TL} = 10\log\left[1 + \frac{1}{4}\left(m - \frac{1}{m}\right)^2 \sin^2 kl_c\right] \quad [\mathrm{dB}] \tag{4.48}$$

$$\mathrm{ATT} = 20\log\left[\frac{1}{\cos kl_0}(\cos kl_i \cos kl_c \cos kl_t\right.$$
$$- m\cos kl_i \sin kl_c \sin kl_t$$
$$- \sin kl_i \cos kl_c \sin kl_t$$
$$\left.- \frac{1}{m}\sin kl_i \sin kl_c \cos kl_t)\right] \quad [\mathrm{dB}] \tag{4.49}$$

ただし，m：拡大比(S_1/S_0)，S_0：管路断面積，S_1：空洞断面積，l_c：空洞長さ，l_i：入口管路の長さ，l_t：出口管路（尾管）の長さ，l_0：消音器のないときの管路の長さ，k：波長定数$(2\pi f/c)$とする．式（4.49）で$l_0=0$と置くと挿入損失（IL）の式になる．なおATT，ILの特性には波長と管路各部の長さlで決まる共鳴によるピーク値が生じるが，この場合の共鳴周波数f_rは次式から求められる．

・一端開放では
$$f_r = \frac{(2n-1)c}{4l} \quad (n=1,\ 2,\ \cdots\cdots) \tag{4.50}$$

・両端開放では
$$f_r = \frac{nc}{2l} \quad (n=1,\ 2,\ \cdots\cdots) \tag{4.51}$$

消音器の設計においては，まずこのような気流を伴わない場合の計算式を用いて音響特性を予測し，次に気流速度や消音器内で2次的に発生する気流音の影響についても検討してその構造，寸法を決定する．

4.4.3 実験装置および方法

実験装置の概略を図4.25に示す．音源の信号は増幅された後，電圧計，切り替えスイッチを介してスピーカ1またはスピーカ2よりそれぞれ等量の音として発せられ，消音器のない管路系1または消音器のある管路系2を伝播して無響室内に放射される．このときの管路1および2からの放射音圧レベルを，2つの管路終端から等距離におかれたコンデンサマイクロホンとFFTアナライザによりそれぞれ測定し，両者の差から消音器の減衰量（ATT）を求める．管路には内径50mmの鋼管を用い，供試消音器は拡大比が9および25の単純空洞で，長さはそれぞれ170mm，340mmを用いる．

音源にはオシレータからの単一周波数音とテー

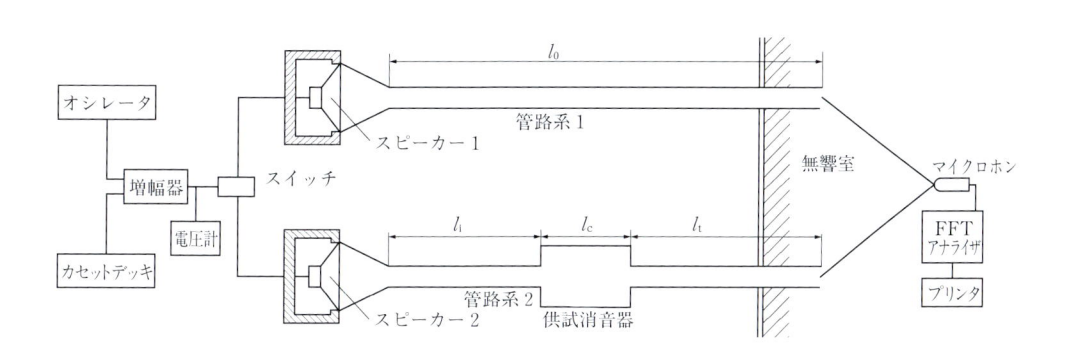

図4.25　実験装置

プに収録したエンジン排気音の2種類を用い，以下の順序で実験を行う．

(i) マイクロホンを2つの管路端から45°，300 mmの場所に置き，オシレータを増幅器に接続する．

(ii) 拡大比9，長さ340mmの供試消音器を管路2の中央に取り付ける．

(iii) オシレータを操作して60〜1000Hzの範囲で約50点の単一周波数の正弦波信号を出し，各周波数ごとに，FFTにディジタル表示される2つの管路系からの放射音圧レベルを読み取って，両者の差からATTを求める．

(iv) 供試消音器の長さ，取り付け位置を変えて(iii)と同様にしてATTを求める．

(v) 拡大比25の供試消音器を用いて，上記の測定における消音器の長さと取り付け位置のうち1種類を選び，同様にしてATTを求める．

(vi) 次にマイクロホンの位置を管路端から1m先に遠ざけ，あらかじめ録音しておいたエンジン排気音のテープを入れたカセットデッキを増幅器に接続する．

(vii) カセットデッキのスイッチを入れ，管路1からの放射音圧レベルのスペクトルをFFTを介してコンピュータ処理しプリンタにより自動記録する．

(viii) 上記(vii)で得られたスペクトルの最大レベルを20dB以上低減させるために，管路2に取り付けてある拡大比25の消音器をそのまま用いる．この場合の消音器の長さと取り付け位置については各種のATT特性に関する配布資料を参考にして決める．

(ix) 再びカセットデッキのスイッチを入れ，FFTを操作して同一ボリュウムにおける2つの管路系からのそれぞれの放射音圧レベルのスペクトルおよび両者の差を自動記録し，同時にO.A.値も読み取る．

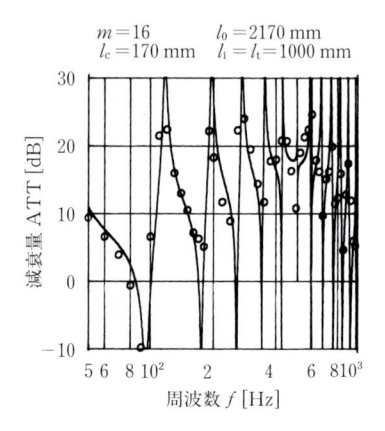

図4.26 空洞形消音器の減衰量特性

$m=16$　　$l_0=2170$ mm
$l_c=170$ mm　　$l_1=l_4=1000$ mm

(x) 室内の暗騒音スペクトルを測定する．
(xi) 音速の計算に必要な室温を測定する．

4.4.4 結果および考察

(1) 単一周波数音による実験

(a) 各供試消音器におけるATTの実験値を理論計算値とともに図示し（図4.26参照），その特性におよぼす消音器の寸法と取り付け位置の影響について検討せよ．

(b) ATTの特性に生じる共鳴による正負の各ピーク値は，管路系のどの部分の長さに起因しているか調べよ．

(c) 各供試消音器のTL，ILについても計算を行い，結果を上記のATTの場合と比較して，これら3つの消音量のそれぞれの特徴について考えよ．

(2) エンジン排気音による実験

(a) 音圧レベルのスペクトルに関してAスケール補正を行い，また回転数rpsに関係するピーク値について検討せよ．

(b) 音圧レベルのO.A.値から管路終端における音響パワーレベルを推定せよ．

(c) ATTの実験値を理論計算値と比較せよ．

4.5 自動車のパワーユニットの構造と測定

Key word　トランスミッション，ピストンプロフィール，シンクロメッシュ

4.5.1 目的

複雑な総合機械である自動車のパワーユニットを分解調査することで，既習の4力学や伝熱工学および機械設計学が，実際のハードウェアにどのように使われているかを設計者の立場から理解する．無駄のない内部構造を直接調査し，また各部を測定して機械の緻密さを実感する．さらに最近のエンジンやトランスミッションを通じ，設計技術の高さを知る．

4.5.2 解説

排気量2ℓスペシャリティーカー用のガソリンエンジンとマニュアルトランスミッションを分解調査する．この時，設計者になったつもりで，エンジンの運転中の熱変形状態などを推察し，機械設計における気配りに触れる．また，トランスミッションの変速比やモジュールを算出すると共に，限られたスペースにギアをどのように配列しているかを探求する．自動車用のパワーユニットは小型軽量でありながら，大きな力を発生させ伝達している．したがって，設計的にはきわめて厳しい．自動車は大量生産され，しかも市場での使われ方も千差万別である．その上，高い耐久・信頼性が保証されなければならない．今回，分解調査するパワーユニットは，現段階では高いレベルに技術を集大成している．したがって，講義で学んだ各科目がいろいろな部分に活用されているのが分かる．

4.5.3 分解，測定に当たっての予備知識

エンジンは本体構造系，主運動系，動弁系，吸排気系，補機類および制御系に分けられる．今回の実習を注意深く行えば，これらのすべてのシステムに触れることができるようになっている．しかし，時間の都合上，エンジンの設計において特に気を使う主運動系と動弁系を中心に行う．

ピストンは冠面を高温の燃焼ガスにさらされながら，大きな加減速度で運動している．不均一な温度分布による熱変形を補正するため，常温ではピストンは真円ではなく，ピン方向に短軸を持つ楕円状であり，また，スカート部は温度の低い下方が大径となっている．これをピストンプロフィールという．したがって，ピストンの楕円度やプロフィールを測定すれば，そのエンジンが実際に運転されている時の温度分布を推定することができる．

トランスミッションはインプットシャフトに対してアウトプットシャフトの回転数を変化させたり，逆転を行う．回転数を下げると，当然トルクは増大する．変速を容易にするようシンクロメッシュ機構を取り入れている．これは，ギアが常にかみ合ったままで，必要なギアとアウトプットシ

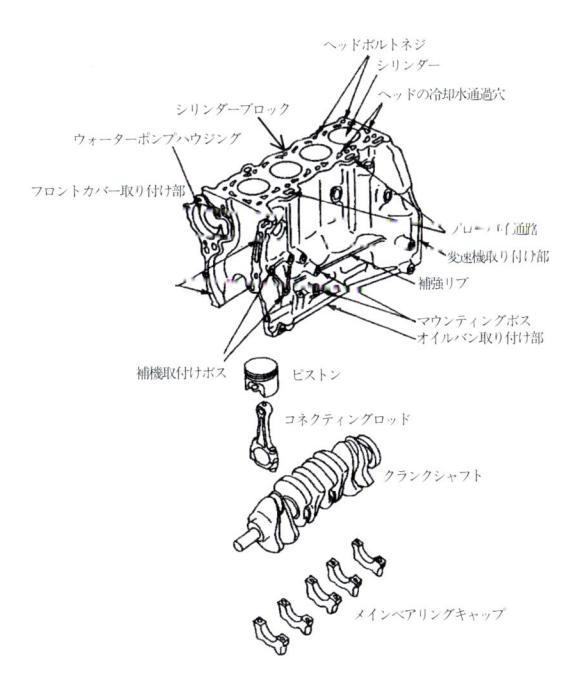

図4.27　シリンダーブロックおよび主運動部品

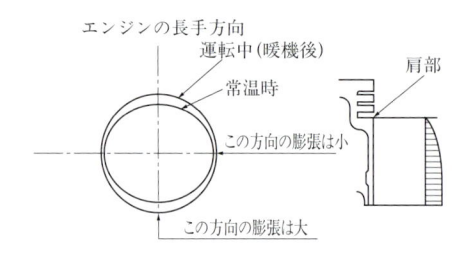

図4.28 ピストンオーバリティおよびスカートプロフィール

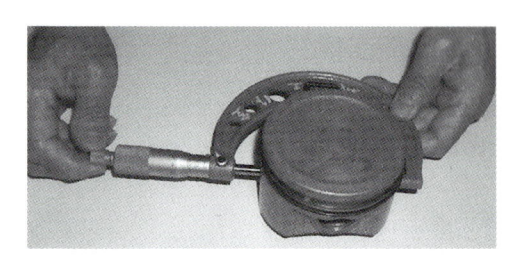

図4.29 ピストンの測定

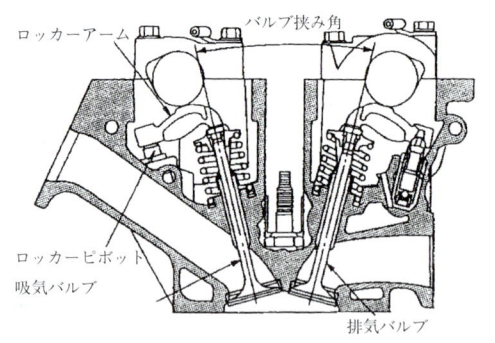

図4.30 シリンダーヘッド周りの動弁系構成部品

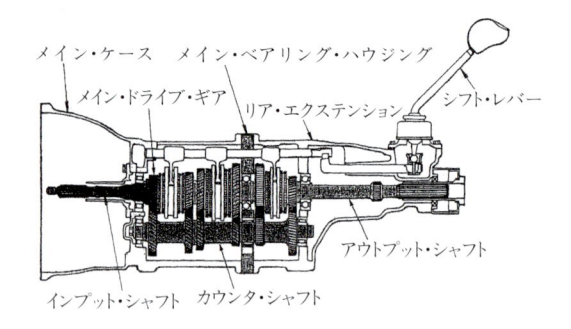

図4.32 FR車用前進5段手動変速機

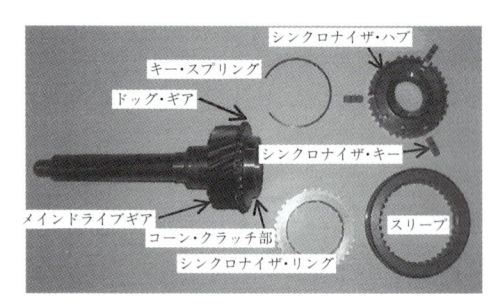

図4.33 シンクロメッシュ機構

4.5.4 分解, 測定上の注意

エンジンはピストンとシリンダーおよびベアリングクリアランスの測定および動弁系の慣性力に対抗するバルブスプリングの荷重に対する非線形たわみの測定を中心とする. また, トランスミッションは変速比およびモジュールの測定を行う. 実習時間に制約があるため, エンジンおよびトランスミッションは分解し易いように, 不要の部分は取り外してある.

分解および組立はケガをしないように手袋をして行う. 工具類は指導者の指示に従い, 安全な使い方をすること. また, エンジンやトランスミッションは重量物であるため, 移動させたり向きを変えるときには数人で行い, 一人当たりの質量がおよそ20kg以下になるように配慮する.

バルブスプリングの取外しや装着に当たっては, 必ず専用のバルブリフターを用い, スプリングの

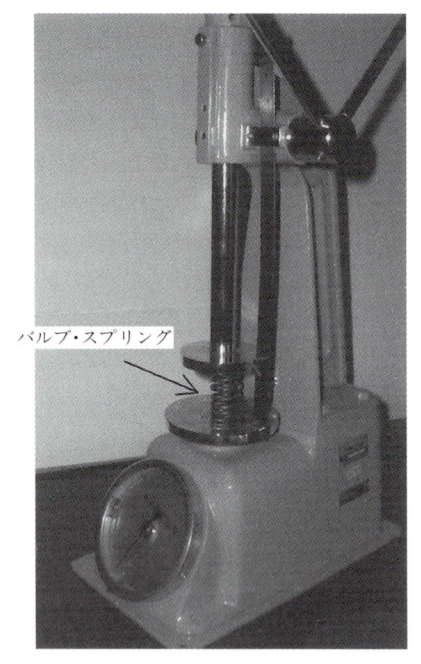

図4.31 バルブ・スプリングの測定

ャフトを連結することによりギア比を選択するようになっている. その連結はドッグ・ギアで行い, 回転数を合わせるためにコーン形クラッチがギアとドッグ・ギアの中間に装備されている.

反力で指などをケガしないように細心の注意を払うこと．工具類は油をふき取り，清浄な状態で使用するように心がけること．

バルブスプリングテスター，精密はかり，マイクロメーターなどは特に丁寧に取り扱い精度を保つように気を使うこと．

また，有効数字については，理論的に考え必要な桁数にとどめておく．無責任に何桁も数字を並べてはならない．

4.5.5 分解，測定，再組立の方法

エンジンは熱エネルギーを仕事に変える機械である．本実験ではエンジンの構造において，シリンダーヘッド，ブロックおよびクランシャフト等の本体構造を，主運動系と動弁系に分けて分解，測定を行う．また，エンジンによって生み出された回転力を変速する動力伝達機構として，トランスミッションの分解，測定を行う．以下に分解手順を示す．

(1) **エンジン**
① ディストリビューター，インテークマニホールド，エグゾーストマニホールドおよびヘッドカバーを取外す．
② 1番シリンダーを圧縮上死点に合わす．
③ クランクプーリーおよびフロントカバーを外す．
④ カムスプロケット（カムギア）とチェーンを取外す（カムギアおよびクランクギアのキー溝が真上にあることを確認）．
⑤ カムシャフトを取外す（カムブラケットの順と向きに注意）．
⑥ シリンダーヘッドを取外す．

・主運動系の分解・測定
① シリンダーブロックを逆さにし，ベアリングビームおよびベアリングキャップを取外す（ベアリングキャップの取外す順序と向きに注意）．

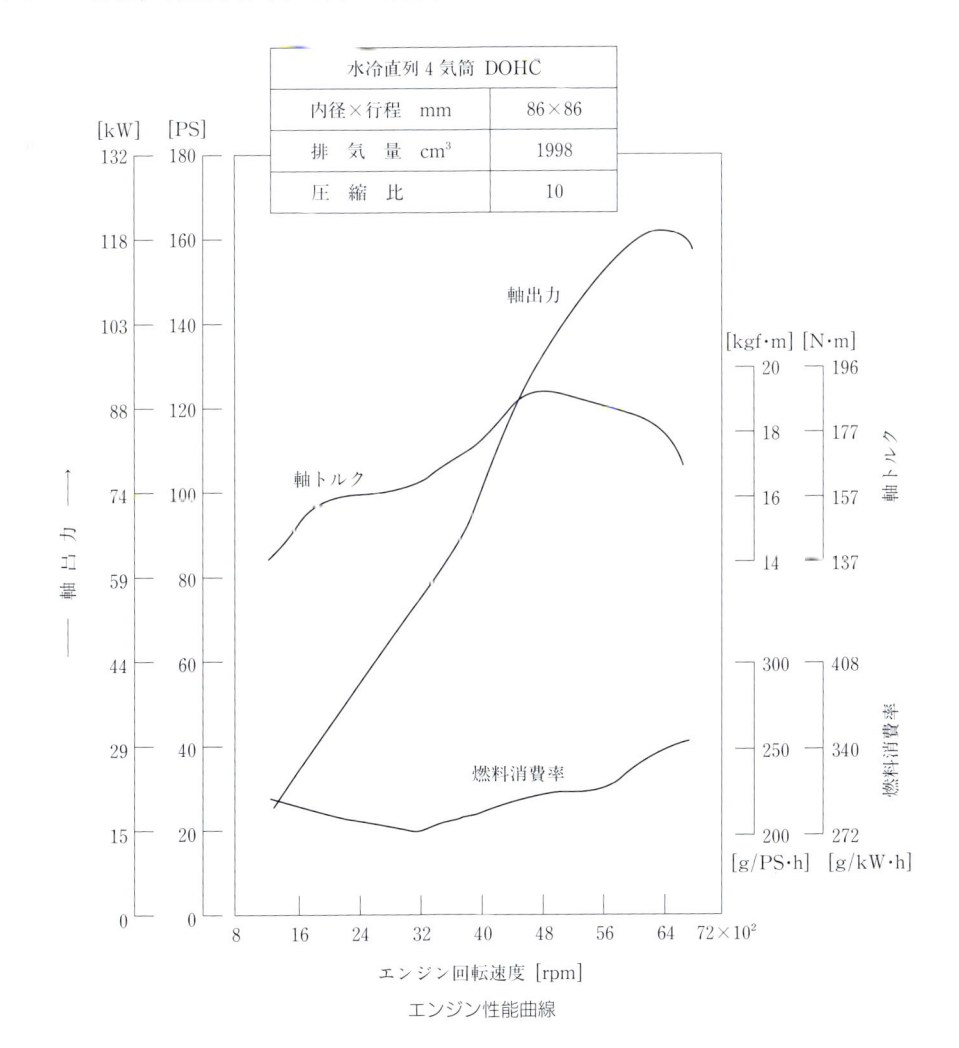

水冷直列4気筒 DOHC	
内径×行程　mm	86×86
排気量　cm³	1998
圧縮比	10

エンジン性能曲線

② 2番ピストンを抜く．
③ ピストン，ピストンピンおよびコネクティングロッドの質量を精密はかりで測定する．
④ ピストンのオーバリティを測定する．
⑤ ピストンスカートのプロフィールを5 mm おきに測定する．
⑥ クランクピンとコンロッド大端部とのクリアランスを測定する．
⑦ シリンダー径を測定し，最小ピストンクリアランスを算出する．
⑧ 組立は上記の逆に行う．

・動弁系の分解・測定
① 1番シリンダーのインテークおよびエグゾーストバルブを取外す（ロッカーアーム，アッパーリテーナー，コレットおよびバルブスプリングも同時に取外す）．
② 可動部分の質量を精密はかりで測定する．
③ バルブスプリングの荷重に対する縮みをスプリングテスターで測定する．
④ バルブスプリングの取り付け長を測定する．
⑤ 組立は上記の逆に行う．

(2) トランスミッション
① シフトをニュートラルの位置にし，シフトレバーを取外す．
② メインケース，メインベアリングハウジングおよびリアエクステンションに分解する．
③ メインベアリングハウジングにメインドライブシャフトおよびカウンターギアシャフトを保持させたまま机上に置く．
④ 各ギア段位における動力伝達経路の解明および歯数を測定する．
⑤ 両シャフトの軸間距離を測定する．
⑥ 組立は上記の逆に行う．

4.5.6 結果および考察

・主運動系
① ピストンの温度分布を推察する．
② 最高回転時の往復慣性力を算出する．

・動弁系
① バルブスプリングの荷重―縮み線図を作成する．
② 可動部分の相当質量を推察する．

・トランスミッション
① 各ギア段位の動力伝達経路を図示する．
② 各ギア段位の変速比を算出する．
③ 各段位のギアのモジュールを算出する．
④ 駆動力特性図（または走行性能線図）を作成する．

4.6 熱伝達に関する実験

Key word　強制対流，熱伝達，熱伝達率，ヌセルト数

4.6.1 目的

自然界における熱の移動には，熱伝導，熱伝達，熱ふく射とよばれる 3 つの形式がある．これらは単独に起こる場合もあるが，一般には混ざり合っている場合が多い．とくに熱伝達はボイラにおける伝熱問題，容積形内燃機関における気筒の冷却問題，さらにガスタービンにおける燃焼器やタービン翼の冷却問題など，工業上非常に重要な問題である．

ここでは流れのなかに加熱された平板を置き，その表面温度ならびに平板表面より垂直方向の温度分布を測定して，平板表面から流体へ対流によって熱が伝わる場合，すなわち対流熱伝達における熱伝達率を求める実験を行う．

4.6.2 解説

壁から流体へ，あるいは流体から壁への熱の移動，すなわち対流による熱伝達は工業方面では重要な現象であり，ボイラやラジエータなどの熱交換器はすべてこの方法で熱交換を行っている．

図 4.34 はラジエータのフィンのような高温の板からの熱伝達を示すもので，表面に近い部分の流体は熱伝導で加熱されて，密度が減り，表面から遠く離れた低い温度の流体に比べ軽くなり，浮力を生じて上昇する．表面から離れるにしたがって流体の温度は下がるので，流体の上昇速度は小さくなり温度勾配がゼロになったとき，上昇速度もゼロとなる．また，板の表面に接した部分では，流体の粘性のため上昇速度はゼロとなる．その結果，速度分布は表面でのゼロから増加して最大となり，それからまた減少してゼロになる．流体の温度は板の表面温度から，流体の遠く離れた部分の温度まで減少する．以上は自然対流とよばれるものである．

強制対流では，図 4.35 のように，速度分布は板の表面のゼロから一般流の速度まで上昇する．このような熱伝達については，1701 年 Isaac Newton によって，ニュートンの冷却の法則 (Newton's low of cooling) とよばれる次の式がつくられた．

$$q = hS(t_s - t_\infty) \tag{4.52}$$

ここで，t_s は壁の表面温度，t_∞ は表面から遠く離れた流体の温度であり，比例定数 h は熱伝達率 (heat transfer coefficient) とよばれるものである．h は流体の性質ばかりでなく，流速その他の条件によっても異なった値をとる．したが

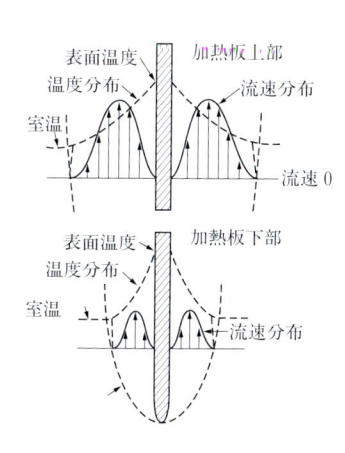

図 4.34　垂直加熱平板の自然対流における流速と温度分布

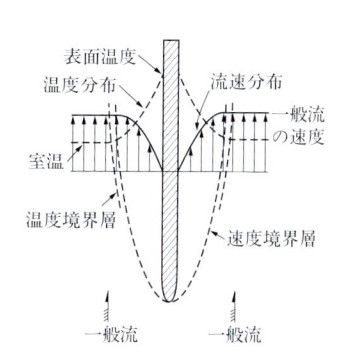

図 4.35　垂直加熱平板の強制対流における流速と温度分布

図4.36 実験装置

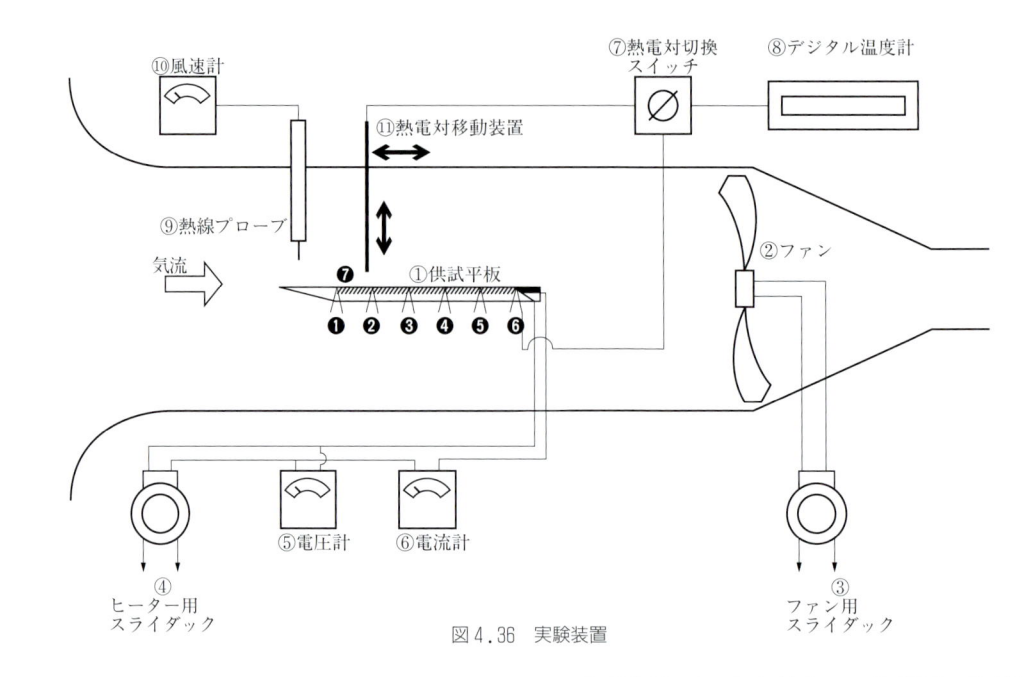

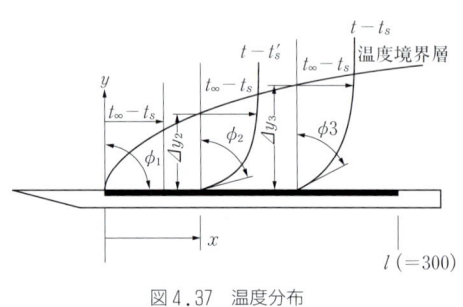

図4.37 温度分布

って，種々の実験値を無次元数で整理して，無次元の式をつくり，これから h の値を求めることになる．

平板の強制対流熱伝達では臨界レイノルズ数に対する大小で乱流熱伝達か層流熱伝達になる．本実験では層流熱伝達について学ぶ．

4.6.3 実験装置および方法

(1) **実験装置**

実験装置の概要を図4.36に示す．供試平板①はファン②の上流，すなわち吸い込み側に置かれている．吸入する空気の流速はファンの電源用スライダック③を操作することにより調整される．一様流の中に置かれた供試平板上部の流速は，トラバース装置付熱線プローブ⑨と風速計⑩によって計測する．

供試平板の一部分に設けられている加熱部は，断熱材の上に板状ヒータを設置し，さらに雲母を介して真鍮の板を乗せた構造になっている．

加熱板表面の中心軸上には等間隔で熱電対が埋め込まれており，それぞれの温度は切り換えスイッチによりデジタル温度計で測定される．また，加熱板の放熱量はヒータの電圧と電流より求める．

(2) **実験方法**

加熱された平板から流体への熱伝達率を測定するために，次の方法で実験を行う．

(i) 加熱板の熱負荷はスライダック④により一定の状態に保ち，スライダック③により，まず流速を遅くした定常状態で，表面温度ならびに流体温度を測定する．まず最初の測定点で表面温度 (t_s) を測定した後，熱電対移動装置に取り付けた熱電対で伝熱面から垂直方向へ0.5mm，1，2，3…の各位置での温度を測定して温度分布を求める．この操作をそれぞれの測定点で繰り返して測定する．

(ii) 次に流速を順次速くして，それぞれの流速において(i)の方法で実験を繰り返して行う．

4.6.4 結果および考察

以上の実験から次のことが求まる．

(1) <u>測定した流速から平板におけるレイノルズ数</u> Re を求め，実験が層流であることを確認する．

(2) <u>温度境界層の厚み</u>

図4.37に示すような温度分布図を描き，温度境界層の厚み Δy を求める．

図 4.38 熱伝達率

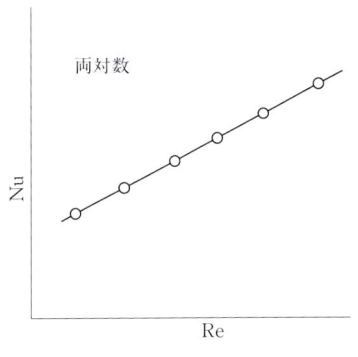

図 4.39 ヌセルト数

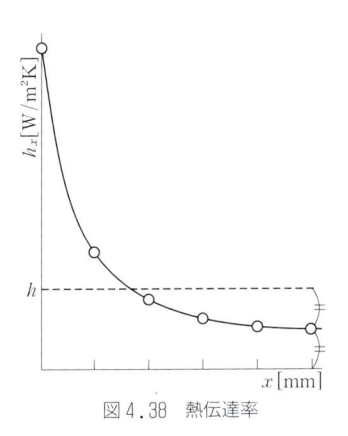

(3) 局所熱伝達率

加熱板先端よりの位置 x（各測定点）における温度分布図において，加熱板表面での温度勾配 $(\partial t/\partial y)_{y=0} = -\tan\phi$ を求め，これよりそれぞれの点における局所熱伝達率 h_{x1} を求める．

$$h_{x1} = -\lambda \tan\phi(t_s - t_\infty) \tag{4.53}$$

次に温度境界層の厚みからも局所熱伝達率 h_{x2} を求める．

$$h_{x2} = 3\lambda/2\Delta y \tag{4.54}$$

また，Pohlhauseh の理論式により局所熱伝達率 h_{x3} を求める．

$$h_{x3} = 0.332\lambda \mathrm{Pr}^{1/3}(u_\infty/\nu x)^{1/2} \tag{4.55}$$

(4) 平均熱伝達率

(3)において求めた局所熱伝達率を縦軸に，加熱板上の距離 x を横軸にとったグラフをつくり，積分して平均熱伝達率 h を求める．流れが層流の場合には，加熱板の全長 l に対する平均熱伝達率は，最終端の点 l における局所熱伝達率の値の2倍になるはずである（図4.38）．

(5) ヌセルト数 Nu とレイノルズ数 Re の関係

(4)で求めた平均熱伝達率より Nu，また先に測定した平均流速より Re を求める．

$$\mathrm{Nu} = \frac{hl}{\lambda} \tag{4.56}$$

$$\mathrm{Re} = \frac{u_\infty l}{\nu} \tag{4.57}$$

λ：熱伝導率 [W/mK]
ν：流体の動粘性係数 [m^2/s]
l：熱板の代表長さ [m]
u_∞：平均流速 [m/s]

強制対流熱伝達では一般に $\mathrm{Nu} = f(\mathrm{Re}, \mathrm{Pr})$ の関係があり，プラントル数 Pr を一定と考えると次式が成り立つ．

$$\mathrm{Nu} = c\mathrm{Re}^n \tag{4.58}$$

グラフより定数 c，指数 n を求め，実験式を導くことができる（図4.39）．

4.7 温水ボイラの性能試験

Key word   ボイラ，燃料，発熱量，ボイラ効率，燃焼効率

4.7.1 目的

各種燃料の燃焼に伴って発生する熱エネルギを，熱交換部を通して水に供給し，温水を得るボイラの定常運転時における性能試験を行い，燃焼効率・伝熱効率・ボイラ効率・排熱損失を求め，あわせて燃焼排出ガス分析も行う．

本実験は作動流体としての蒸気あるいは温水を得るボイラの基本的知識，たとえば燃料の発熱量，燃焼エネルギの水への伝熱，燃焼に伴う排出ガスの分析について学習する．その目的で蒸気ボイラより操作が安全で容易な，立て形温水ボイラについて性能試験を行う．

4.7.2 解説

給水ポンプ・蒸気ボイラ・蒸気タービン・復水器からなる蒸気原動機は，作動流体として蒸気だけを使用した原動機である．しかし近年ガスタービンの排熱を利用した排熱蒸気タービンとして，ガスタービンと蒸気タービンの複合サイクルを基にした原動機も数多く見られるようになった．また，排熱を利用したボイラには，蒸気の代りに温水を作動流体として使用する温水ボイラもあり，工場の暖房・厨房だけでなく温室栽培の熱源としても利用されている．

温水ボイラは蒸気ボイラの伝熱特性とは若干異なり，熱負荷，熱応力などが小さい．また燃焼あるいは給水の制限装置も単純化されているが，その構造は基本的に蒸気ボイラの場合と同様に分類できる．ボイラの構造から分類した種類は丸ボイラ，水管ボイラ，特殊ボイラに大別される．丸ボイラはさらにドラム形・炉筒形・煙筒形に細別され，水管ボイラは自然循環形・強制循環形・貫流形に細別される．現在温水ボイラとしては立て形，炉筒煙管形が大多数を占めている．しかし性能の面では，ボイラ胴体表面からの放熱量の少ない分だけ蒸気ボイラに比べ温水ボイラは若干よくなる．たとえば，ボイラ効率では同形の蒸気ボイラに比べ3～6％高くなる．

各種蒸気ボイラの代表的な性能一覧を表4.1に示す．一方，蒸気ボイラ用燃料としては固体燃料（石炭・亜炭・コークスなど），液体燃料（重油），気体燃料（石炭転換ガス・天然ガス・石油ガスなど）があるが，温水ボイラ用燃料としては液体燃料（灯油・軽油・重油），気体燃料（天然ガス・石油ガス）などが使用される．主な燃料の発熱量を表4.2に示す．

4.7.3 実験装置および方法

(1) 実験装置

実験装置の概要を図4.40に示す．水道水はオーバーフロー付き水タンク①から，給水ポンプ②，積算形流量計③を経てボイラ本体④に給水される．燃料は燃料タンク⑤から積算形流量計⑥を経て歯車ポンプ⑦に入り，加圧された後バーナ部⑧で空

表4.1 各種ボイラの性能

ボイラの種類	最高使用圧力[MPa]	ボイラ効率
立てボイラ	0.35	45～60
炉筒ボイラ	0.35	55～75
煙管ボイラ	1.0	55～75
炉筒煙管ボイラ	1.5	75～88
水管ボイラ	8.0	80～91
大形放射ボイラ	35	85～92
過給ボイラ	10	85～90

表4.2 石油系燃料の平均低発熱量

種類	発熱量 [kJ/kg]
灯油	43500
軽油	43100
A重油	42700
B重油	41400
C重油	40800

気と混合し，点火装置⑨によって燃焼させられる．空気は吸入ダクト⑩からオリフィス流量計⑪を経てシロッコ形ファン⑫に入り，加圧された後バーナ部で燃料と混合する．ボイラで発生した温水はボイラ上部の温水出口⑬からオリフィス形流量計⑭を経て排出される．温度測定箇所は燃料タンク⑤内，空気吸い込みダクト⑩内，給水タンク①内，湯室⑮内，煙道入口⑯の計5箇所，圧力測定箇所は送油用歯車ポンプ⑦下流，給水用加圧ポンプ②下流，湯室⑮の計3箇所，排気ガス分析用ガス検出穴は煙道入口⑯，燃焼室側壁⑰の計2箇所である．なお使用燃料はA重油系とし，その発熱量は比重測定から算定する（JIS B 8222）．また温水の温度範囲は60〜80℃とする．

(2) **実験方法**

圧力計，安全弁，水道水のボイラ温水出口からの流出，給水配管系を十分に点検し，異常のないことを確認してから運転を始める．温水の流出量・温度・圧力が安定したなら次の項目について測定し，表4.3のように整理する．

- 燃料系：体積流量 Q_{fv} [m³/s]，温度 T_f [K]，圧力 p_f [Pa]，低位発熱量 H_ℓ [kJ/kg]
- 空気系：体積流量 Q_{av}，温度 T_a
- 給水系：体積流量 Q_{wv}，温度 T_w，圧力 P_w
- 温水系：体積流量 Q_{bv}，温度 T_b，圧力 P_b
- 煙道ガス系：ガス温度 T_e，体積流量 Q_{ev}
- ガス分析：NO，NO₂，HC，CO，CO₂

測定が終了したなら空気過剰率あるいは給水量の条件を変え，上気項目について測定を繰り返し行う．

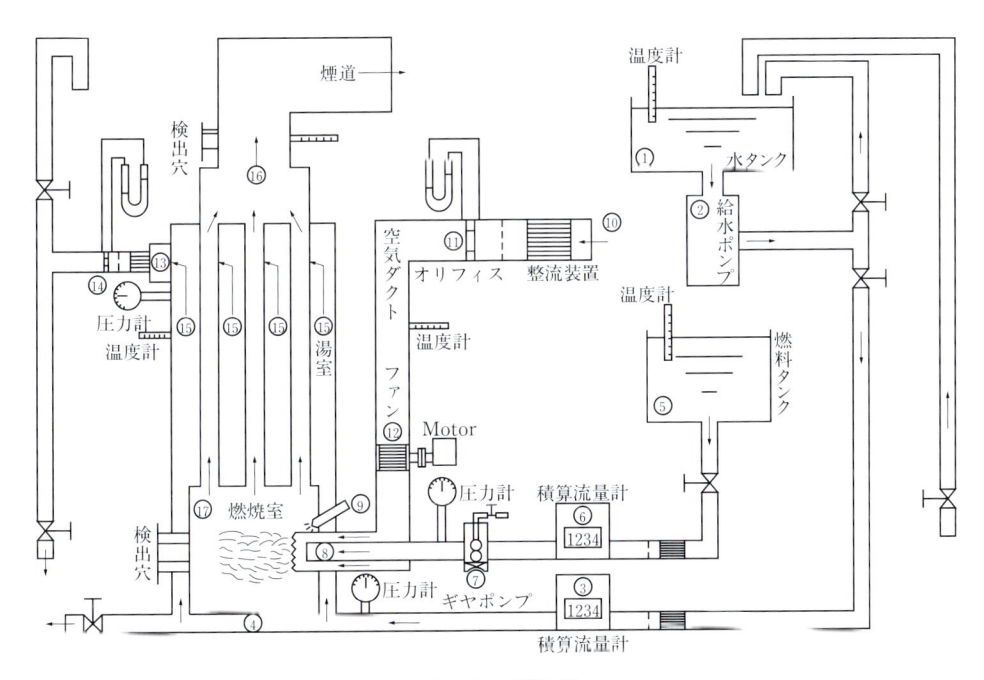

図4.40 実験装置

表4．3 ボイラの性能成績

	空気系			燃料系				給水系				温水系				煙道ガス系			ガス分析				
	Q_{av} [m³/s]	Q_{am} [kg/s]	T_a [K]	Q_{fv} [m³/s]	Q_{fm} [kg/s]	T_f [K]	P_f [Pa]	Q_{wv} [m³/s]	Q_{wm} [kg/s]	T_w [K]	P_w [Pa]	Q_{bv} [m³/s]	Q_{bm} [kg/s]	T_b [K]	P_b [Pa]	Q_{ev} [m³/s]	Q_{em} [kg/s]	T_e [K]	NO [ppm]	NO₂	HC	CO [%]	CO₂ [%]
空気過剰率 λ																							

4.7.4 結果および考察

(1) 実験条件ごとに下記項目について計算する．

(a) 空気密度 ρ_a

$$\rho_a = P_a/(R T_a) = 1.013 \times 10^2/(287.03 \times 10^{-3} T_a) \quad [\text{kg/m}^3] \quad (4.59)$$

ここで，R：空気の気体定数 [kJ/kgK] である．

(b) 各種質量流量 Q_{am}，Q_{fm}，Q_{wm}

$$Q_m = Q_v \times \rho$$

ここで，Q_m：質量流量 [kg/s]，Q_v：体積流量 [m³/s]，ρ：各種流体の密度 [kg/m³] である．

(c) 空燃比 R_{af}

$$R_{af} = Q_{am}/Q_{fm}$$

(d) 空気過剰率

燃料の燃焼反応式は A 重油の組成に近い $n\text{-}C_{15}H_{32}$（正ペンタデカン）を例にとって表す．$n\text{-}C_{15}H_{32}$ と空気の理論混合比における熱解離を考慮しない場合の燃焼反応式は次のように示される．

$$C_{15}H_{32} + 23O_2 + 23 \times 3.76 N_2$$
$$\rightarrow 15CO_2 + 16H_2O + 86.48N_2$$

ここで，3.76＝（空気中における N_2 の体積割合）／（空気中における O_2 の体積割合）＝0.79/0.21 である．したがって，理論混合比における空燃比 $(R_{af})_{th}$ は 14.90 となる．

空気過剰率 λ は次のように定義する．

$$\lambda = \frac{\text{実際に燃料を燃焼している際の空燃比}}{C_{15}H_{32}\text{と空気の理論混合比における空燃比}}$$
$$= R_{af}/(R_{af})_{th} = R_{af}/14.90$$

空気過剰率の別名として空気比 m が使われる場合もある．重油燃焼の場合のボイラでは $\lambda = 1.1 \sim 1.3$ が適当である．

(e) 発熱量

・ 元素分析法：元素分析の結果，燃料 1 kg 中に含まれる各元素の質量を C（炭素），H（水素），O（酸素），S（硫黄），W（水分）[kg] とすると，発熱量は次の式から求まる．

$$H_l = 4.185 \times [8100 \times C + 28800\{H-(O/8)\} + 2200 \times S - 600\{W + (9/8)O\}] \quad [\text{kJ/kg}]$$

$$H_u = H_l + 4.185 \times \{600(W + 9H)\} \quad [\text{kJ/kg}]$$

H_u：高位発熱量

・ 比重測定法：JIS B 8222 を参照．

(f) 燃焼効率 η_c

低位発熱量から不完全燃焼と未燃分による損失を差し引いた正味発熱量の割合である．

$$CO + \frac{1}{2}O_2 = CO_2 \cdots 10100 \quad [\text{kJ/kg}] \quad (4.60)$$
$$HC + \frac{5}{4}O_2 = \frac{1}{2}H_2O + CO_2 \cdots 40500 \quad [\text{kJ/kg}] \quad (4.61)$$

CO，HC のガス分析結果と式 (4.60)，式 (4.61) から減少熱量 H_{cl} を求める．すなわち

$$\eta_c = 1 - (H_{cl}/H_l)$$

(g) 伝熱効率 η_h

正味発熱量のうち水に吸収される発熱量の割合が伝熱面の伝熱効率で，次のように表される．

$$\eta_h = \eta_b/\eta_c$$

(h) ボイラ効率 η_b

$$\eta_b = Q_{wm}(h_{w2} - h_{w1})/(Q_{fm} H_l)$$
$$\fallingdotseq Q_{wm}(C_{pb} T_b - C_{pw} T_w)/(Q_{fm} H_l)$$

ここで，h_{w1}：給水のエンタルピ [kJ/kg]，h_{w2}：発生温水のエンタルピ [kJ/kg]，C_{pb}：温水の定圧比熱 [kJ/kgK]，C_{pw}：水の定圧比熱 [kJ/kgK] である．

(i) 排熱損失 η_l

$$\eta_l = Q_{em} C_{pe}(T_e - T_r)/(Q_{fm} H_l)$$

ここで，C_{pe}：煙道ガスの定圧比熱 [kJ/kgK]，$Q_{em} = Q_{am} + Q_{fm}$，T_r：室温 [K] である．

(2) 性能曲線の描き方

縦軸に燃焼効率，伝熱効率，ボイラ効率，排熱損失および各種ガス分析結果をとり，横軸に空気過剰率をとる．

(3) 考察

(a) 燃焼効率，伝熱効率，ボイラ効率，排熱損失に対する空気過剰率および給水量の影響を検討せよ．

(b) 使用したボイラの各種効率・損失を同形あるいは他のタイプのボイラのものと比較せよ．

(c) NO，NO_2，HC，CO，CO_2 の排出濃度に対する空気過剰率の影響を検討せよ．

4.8 燃焼排出ガスの分析

Key word　燃焼ガス，ガス分析，NO_x，CO，HC

4.8.1 目的

ボイラ，火花点火機関，ディーゼル機関，ガスタービンなどの熱機関は石油，天然ガス，石炭などの燃料の燃焼により発生する熱エネルギを利用している．このような燃料の燃焼により，燃焼器内では燃焼生成物である水(H_2O)，炭酸ガス(CO_2)のほか，燃焼用空気の酸素と窒素とが反応して窒素酸化物(NO_x)が生成し，燃焼条件によっては燃焼が完全に終了せずに一酸化炭素(CO)，未燃焼炭化水素(HC)，すすなどが環境汚染物質として大気中に排出される．さらに，燃料中に不純物として含まれている窒素化合物や硫黄，硫黄化合物からも窒素酸化物や硫黄酸化物(SO_x)が生成し，バナジウムなどの重金属も酸化物となって排出される．なお最近では，二酸化炭素(CO_2)も地球温暖化問題の主原因物質として問題視されている．

本実験では，できるだけ不純物を含まない液体燃料を用い，これらの熱機関から排出される燃焼ガスを分析し，環境汚染物質の生成が熱機関，燃料，燃焼条件などによりどのように影響されるかを調べると同時に分析操作の熟達を目的とする．

4.8.2 解説

(1) 環境汚染物質の生成機構

ここでは，不純物を含まない燃料を使用した際，燃焼過程で生成する環境汚染物質の生成機構について解説する．

　(a)　窒素酸化物(NO_x)

窒素酸化物(NO_x)とはNO(一酸化窒素)とNO_2(二酸化窒素)との総称であり，航空用ガスタービン燃焼器など一部の燃焼器を除いては，燃焼器から排出されるNO_xのほとんどがNOである．燃料中に窒素化合物が含まれていない場合，燃焼用空気中のN_2とO_2とが高温燃焼ガス中で反応してNOが生成する．NOには火炎内で急速に生成するprompt NOと火炎後流でゆっくりと生成するthermal NOとがある．通常の燃焼器の燃焼条件（当量比 $\phi < 1$）では，この火炎後流でのthermal NOの生成が主たる原因である．燃焼器内の高温度下では，空気中のN_2とO_2とが解離してNとOになり

$$O + N_2 = NO + N$$
$$N + O_2 = NO + O$$
$$N + OH = NO + H$$

の反応によって火炎後流でNOは生成する．このNOの生成量は燃焼温度が高ければ高いほど，その高温下に長く滞留していればいるほど大きくなる．同じ燃焼温度ならば，O_2濃度が高いほど大きくなる．また，その生成量は圧力が高くなるほど大きくなる．

　(b)　一酸化炭素(CO)

燃焼過程で生成するCOは，$CO + OH = CO_2 + H$の反応によってCO_2へと酸化される．しかし，十分な温度と酸素がない条件下ではこの反応は進まず，COのまま排出される．

　(c)　未燃炭化水素(HC)

燃焼機器内の冷却壁面での火炎の消炎，あるいは酸素不足状態での燃焼により炭化水素が十分に酸化されない場合，炭化水素燃料は分解，部分酸化されて未燃炭化水素HCとして排出される．

　(c)　すす

工業炉などではふく射による伝熱を促進するために燃焼過程ですすが生成しやすい条件で燃焼させ，その後酸化してすすの排出を抑制している．ディーゼル機関などでは，すすの排出が問題となっているが，今のところその生成，酸化反応機構は明かになっていない．酸素不足状態の燃焼では，炉からのすすの排出も大きい．

図4.41に火花点火機関から排出されるNO，HC，CO濃度と空燃比A/F（当量比 ϕ）との関係を示す[7]．

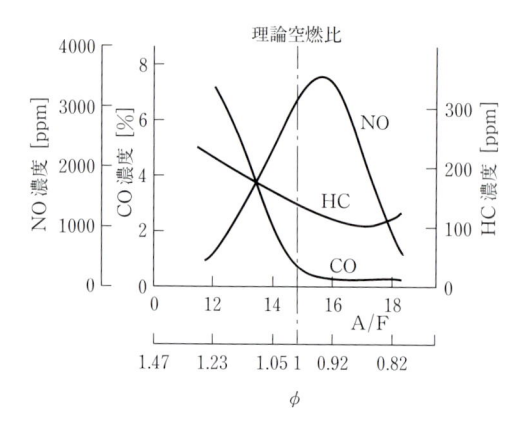

図 4.41 当量比による排出ガス濃度変化
[日本機械学会，文献 [7] より転載]

(2) 分析方法の原理

燃焼排出ガスを分析する場合，ステンレス製あるいはガラス製（石英製）プローブを燃焼器内あるいは排気ダクト内に挿入して燃焼ガスをサンプリングし，分析計へと導入する方法と自動車排気ガスのサンプリングのように，テールパイプから直接採取あるいは空気で希釈して採取する方法（CVS 法）とがある．各種燃焼排出ガスの分析方法は JIS で定められており，化学分析法と機器分析法とがある．

ここでは，通常用いられている機器分析法の原理について記述する．燃焼ガス中の成分化学種の濃度を知るためには既知の濃度のスパンガスを用いて分析計を校正する必要があり，スパンガスの濃度は対象としている排出ガス濃度に近いものを用意する．

(a) NO_x

NO_x の分析には化学発光分析計（CLD 法，ケミルミ法）が用いられる．NO がオゾン（O_3）と反応すると，電子状態の励起した NO_2^* が生成する．この NO_2^* が基底状態の NO_2 に遷移する際放出する光（化学発光という）を光電子増倍管で検出して NO の濃度を測定する．したがって，NO_2 の分析に際しては反応管の上流で，採取ガスは NO_2 を NO に変換するコンバータ（還元剤）に導かれ，NO に還元されてから反応管に導入されるようになっている．

(b) CO および CO_2

CO および CO_2 の分析には非分散形赤外分析計（NDIR 法）が用いられる．CO，CO_2 が赤外領域にそれぞれに固有の波長の吸収帯を持っていることを利用したもので，赤外光を試料ガスを導入した試料セルと吸収のないガスを導入した基準

セルとに照射し，検出器でこの 2 つのセルを通過した赤外線の光量の差を測定する．検出器としてはコンデンサマイクロフォンが使用されている．

(c) HC

HC の分析には炭化水素が水素炎でイオン化されることを利用した水素炎イオン化分析計（FID 法）が用いられる．HC には種々な炭化水素が含まれているが，燃焼排出物の分析では一般に個々の炭化水素成分に分離して分析することは少なく，HC 全体としてその濃度が求められる．この場合，各成分に分離して分析していないことを示すために，HC は THC（全炭化水素）と呼ばれる．等価換算のための標準の炭化水素としては，プロパン（自動車用排出ガス分析のときは n-ヘキサン）が用いられる．

(d) すす

すすの分析にはろ過器を備えた吸収ノズルを燃焼器あるいはダクト内に挿入し，ろ過補集し，そのろ紙の汚染度を透過光で測定する方法（ボッシュの方法）が用いられる．

(e) O_2

排出ガス中の O_2 は環境汚染物質ではないが，その O_2 濃度から空気比が推定されるために，O_2 が分析される．O_2 の分析には O_2 が他のガスに比較して強い常磁性であることを利用した磁気式分析計が用いられる．また，内燃機関では理論混合比のごく近傍で HC，CO，NO_x の 3 成分を三元触媒を使用して同時に低減できるので，混合比制御のために排出ガス中の残存 O_2 濃度を O_2 センサを用いて測定する．O_2 センサは酸化ジルコニウム（ジルコニア，ZrO_2）が酸素濃度（分圧）に応じて酸素イオンを伝導し，起電力を生ずることを利用したものである（ジルコニア方式）．

4.8.3 分析装置および方法

(1) 分析装置

本実験では以上の各分析計を 1 つにまとめた分析装置を使用し，家庭温水暖房用ボイラからの排出ガスを分析する（4.7 節を参照）．本分析装置は NO，NO_2，CO，CO_2，THC 分析の同時測定が可能なように，分析系がユニット化されている．サンプリングは排気ダクトにステンレスプローブを挿入して行うが，保温に留意する必要が有る．図 4.42 に分析系の概略図を示す．

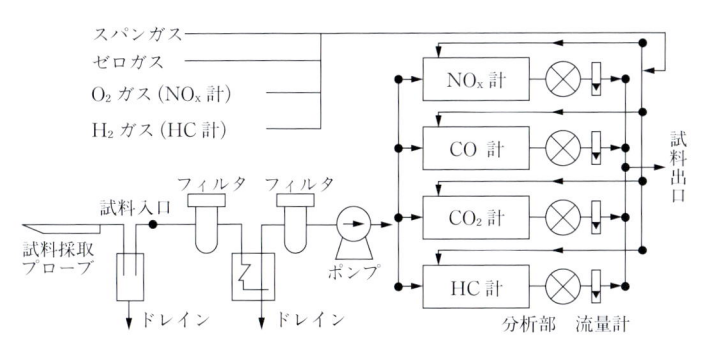

図4.42 分析計概略図

(2) **分析方法**
(i) 分析装置の電源を分析開始約1時間前に投入し，CLD計のコンバータを所定の温度に加熱し，反応管を減圧する．
(ii) 酸素，水素ガス，ゼロガス（窒素ガス），スパンガスの流量を調整する．
(iii) CLD計のオゾン発生装置，FID計の水素炎の電源を投入する．
(iv) 各分析部にゼロガス（窒素ガス）とスパンガスを流し，分析計の目盛りを校正する．
(v) サンプリングを開始し，順次成分化学種の分析を行う．
(vi) 分析終了後，各分析部にゼロガスを流し残留採取ガスをパージする．
(vii) 各分析計電源，主電源を切る．

(3) **注意事項**
(i) プローブから分析計導入口までの配管は排出汚染物質が管壁に吸着しないような材料（テフロン管）が望ましい．
(ii) 燃焼ガス導入の途中にはフィルタ，冷却装置を置き，燃焼ガス中のすす，水分を除去する．

4.8.4 結果および考察

4.7.4項の結果および考察を参照

5章　機械力学

　自動車用ピストンエンジンの基本構成はピストン・クランク機構であり，ピストンに与えられた力が連接棒とクランクアームを介してクランク軸を回転させるトルクとなる．この力やトルクの他に，運動する部品の慣性力や慣性トルクまでを含めて部品に作用する力とその運動および振動について考えるのが機械力学である．そして完成した多くの機械・装置は制御機構を有しており，この制御機構がなくては機械は成り立たない．

　この章の構成はまず機構学のテーマとしてピストン・クランク機構およびカム機構の運動を取り上げている．これらの運動は変位，速度，加速度が時間の関数として明確に表される．この加速度に質量を乗ずれば力（慣性力）が計算され，運動と力の関係が理解され機械力学分野のテーマと関連づけられる．機械部品の回転運動を考えるとき，その重心位置を求めることは重要なことである．このことは機械部品の重心を回転の中心軸とする慣性モーメントを扱う場合が多いからである．また回転体に不つりあいが生じていると，これが原因となる振動が発生する．この回転軸系の振動は回転機械を扱う技術者には必須の知識である．よって回転軸系の不つりあい量の測定と回転軸に生じる危険速度の測定を行い関連知識を習得する．この他多くの機械に生じる振動問題を理解するために，基本的な自由振動と強制振動について解析と実験を行う．

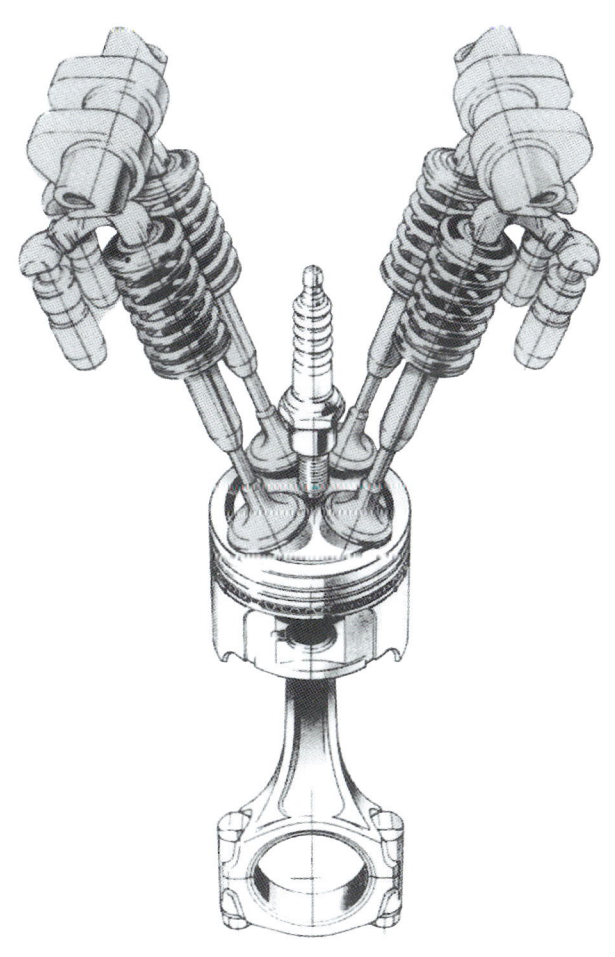

内燃機関の動弁機構

5.1 ピストン・クランク機構の運動とその測定

Key word 　機構の力学，スライダ・クランク機構，ピストン・クランク機構，ピストンの直線運動

5.1.1 目的

ピストン・クランク機構は往復運動形の内燃機関をはじめとして往復ポンプ，往復空気圧縮機などに幅広く用いられている．この機構においてピストンは往復運動を行い，クランクの回転角に対してつねに変動を繰り返している．

本実験ではクランクが等速度回転している場合のピストンの運動を解析的に求めるとともに，実際にこれらを測定して解析より得られた値（理論値）と測定より得られた値（実験値）とを比較検討する．

5.1.2 ピストン・クランク機構とその運動

ピストン・クランク機構は図5.1に示すようなスライダ・クランク機構において，リンクAを固定したときに得られる往復スライダ・クランク機構と同様である．機構の基本構成は次のようになっている．リンクBはクランク，リンクCは連接（結）棒，Dはスライダである．ピストン・クランク機構ではスライダをピストンに置き換えただけである．そしてここにおける運動はピストンの変位，速度，加速度を扱うものである．なお，内燃機関においてはピストンの直線運動をクランクの回転運動に変え，クランクシャフトが回転するようになっている．

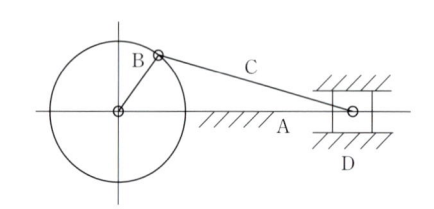

図5.1　スライダ・クランク機構

5.1.3 ピストンの運動

ピストンの運動の詳細な解析は機構学および機械力学などの書籍に記載されているので，ここでは結果のみを扱うことにする．

(1) ピストン変位

図5.2においてピストンの変位を表す原点をP_0としたとき，ピストンの位置xはクランク角θの関数として次のように表される．

$$x = (r+l) - r\left\{\cos\theta + \frac{1}{\lambda}(1-\lambda^2\sin^2\theta)^{1/2}\right\} \tag{5.1}$$

ただし，r：クランクの長さ（クランク半径），l：連接棒の長さ，θ：クランク角度，ϕ：∠CPO，$\lambda = r/l$である．

あるいは式(5.1)は2項定理により級数展開してλの高次の項を省略すると，次のように簡略化された式となる．

$$x = r\left\{(1-\cos\theta) + \frac{\lambda}{4}(1-\cos 2\theta)\right\} \tag{5.2}$$

(2) ピストン速度

ピストンの速度は変位の式(5.1)または(5.2)を時間tで微分すれば得られることは容易にわかる．しかしxはtの関数の形をしていないが，クランク角θはtの関数（$\theta = \omega t$）であるから微分

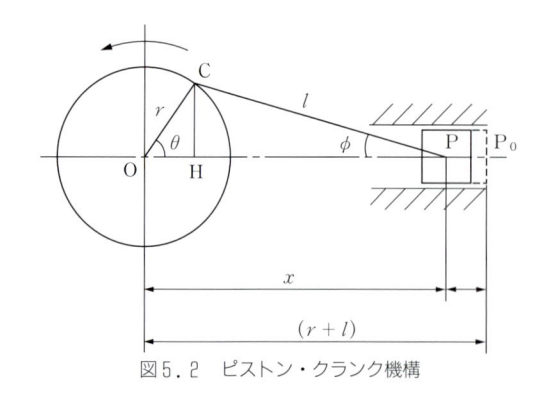

図5.2　ピストン・クランク機構

可能であり次のようになる．

式(5.1)より
$$v = \omega r\left\{\sin\theta + \frac{\lambda\sin\theta\cos\theta}{2(1-\lambda^2\sin^2\theta)^{1/2}}\right\} \quad (5.3)$$

式(5.2)より
$$v = \omega r\left(\sin\theta + \frac{\lambda}{2}\sin 2\theta\right) \quad (5.4)$$

(3) ピストンの加速度

ピストンの加速度は式(5.3)および(5.4)を時間 t で微分すれば得られる．

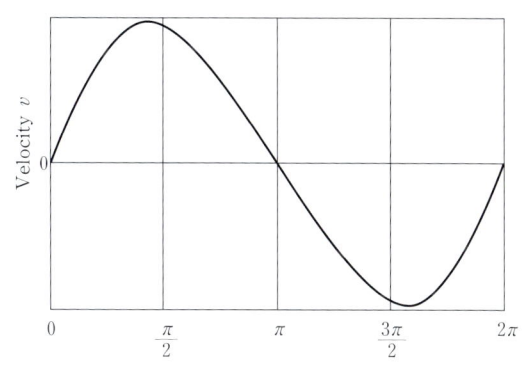

式(5.3)より
$$a = \omega^2 r\left\{\cos\theta + \lambda\frac{\cos 2\theta + \lambda^2\sin^4\theta}{(1-\lambda^2\sin 2\theta)^{3/2}}\right\}$$
$$+ \frac{d\omega}{dt}r\left\{\sin\theta + \frac{\lambda\sin 2\theta}{2(1-\lambda^2\sin^2\theta)^{1/2}}\right\}$$
$$(5.5)$$

式(5.4)より
$$a = \omega^2 r(\cos\theta + \lambda\cos 2\theta) \quad (5.6)$$

式(5.5)の右辺第1項は求心（向心）加速度を表し，{ }の中はそのクランク角 θ あるいは時間による変動分である．右辺第2項は接線加速度を表し，{ }の中はそのクランク角 θ あるいは時間による変動分である．クランクが等速回転しているときは $(d\omega/dt) = 0$ となる．そして $\lambda^2 \fallingdotseq 0$ とすると式(5.5)より式(5.6)が得られる．

ピストンの運動の解析結果をクランクが1回転する間の変動を解析解の式(5.1)，(5.3)および(5.6)をグラフ化した図を図5.3に示してある．

5.1.4 実験装置および方法

(1) ピストン変位の機械的測定

図5.4のような測定装置において，上死点をクランク角 $\theta = 0$ とし，またそのときのピストン位置を $x = 0$ として時計方向回りにクランク角 θ をとり，それぞれのクランク角に対するピストン変位をスケールより読み取る．そしてクランク角 θ とピストン変位 x との関係をグラフに描き，解析結果とそれぞれ比較検討してみる．また $\lambda = r/l$ の値を変えて測定してみよ．

(2) 変位，速度，加速度の電気的測定

　(a) 測定装置（図5.5）

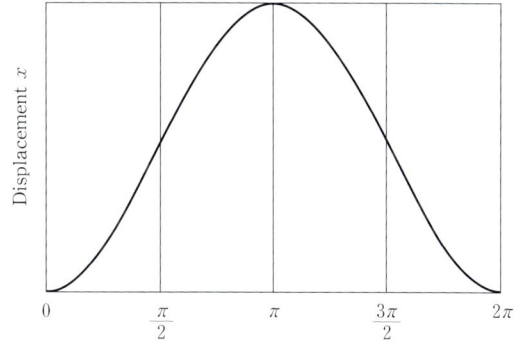

図5.3　変位，速度，加速度線図

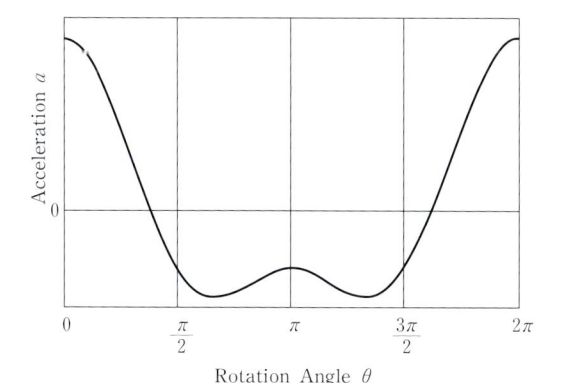

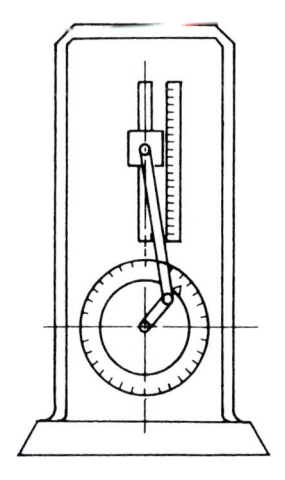

図5.4　変位測定装置

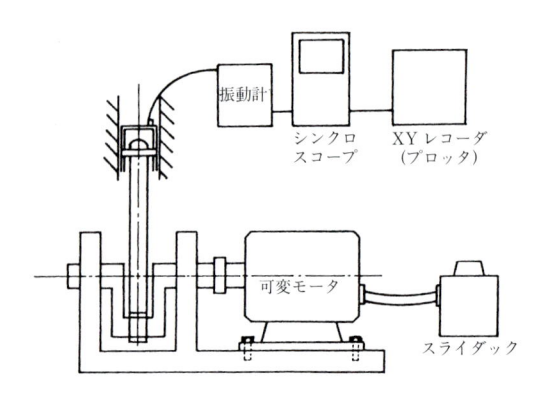

図 5.5 加速度, 速度, 変位測定装置

- 可変速モータ：電圧で回転速度がコントロールできるものが容易である.
- 振動計および加速度ピックアップ：振動計は積分回路を有するもので加速度より速度, 変位が測定できること. そしてピストンのストロークは振動計の測定範囲内にあること.
- オシロスコープ：メモリ機能を有し, XY レコーダまたはプロッタ出力のあるものが望ましい.
- XY レコーダまたはプロッタ：オシロスコープの画面の記録に用いる. 出力波形は各種のレコーダに描かせてもよい.
- 回転計：回転パルス信号がオシロスコープに入力されるものであればさらによい.

(a) 加速度の測定（概略）
 (ⅰ) 加速度ピックアップをピストン上面に取り付ける.
 (ⅱ) 振動計を加速度測定に合わせる.
 (ⅲ) スライダックにより回転数を目的の回転数にする.
 (ⅳ) オシロスコープを調整する.
 (ⅴ) ブラウン管上に目的に合った波形が得られたならば, メモリして XY レコーダまたはプロッタで波形を記録する.
 (ⅵ) 記録波形よりクランク角を決めて, このときの電圧より加速度を読み取る. ただし, あらかじめ出力電圧と加速度の校正グラフを求めておかなければならない.
 (ⅶ) (ⅵ)の結果を理論曲線のグラフ上にプロットする.

(b) 速度, 変位の測定

振動計を速度の測定および変位の測定に合わせれば, まったく加速度の測定と同様に行うことができる. ただし振動計の"出力電圧と速度"および"出力電圧と変位"の校正グラフを求めておく必要がある.

以上は非常に基本的な測定法であるが, 出力電圧波形をディジタル処理してパソコンを用いて再処理すれば, 測定の自動化を可能にすることができる.

5.1.5 結果および考察

(a) 解析結果のグラフ上に測定結果をプロットし, その結果を比較検討してみる.
(b) 測定上の誤差について考えてみよ.

5.2 カム機構の運動とその測定

Key word　　運動学，カム，カム線図

5.2.1 目的

カム機構としてよく知られているのは，ガソリンエンジンなどの吸気弁，排気弁の開閉に用いられている機構であろう．またこのほかにもカムは回転運動を直線運動や揺動運動に変換する機構として，多くの機械に用いられている．

本実験ではカムが等速度回転している場合，直線運動している従節の運動を解析的に求めるとともに，実際にカムの変位，速度，加速度を測定して，解析から得られた値（理論値）と測定によって得られた値（実験値）とを比較検討する．

5.2.2 カムの概説

原動節であるカムが回転運動（揺動運動，直線運動の場合もある）して，従動節に直線運動や揺動運動を伝達するのがカム機構である．カムの形状は従動節に伝達される直線運動や揺動運動の変位によって決定される．要求される運動が複雑な場合でもカムの輪郭が複雑になるだけで，リンク機構などと比較すると単純な機構となり，小さなスペースに納めることができる．

カムの運動は単純なものから複雑なものまで多種多様であるため，形状も多種多様である．しかし，カムを大きく分類すると，平板カムと立体カムに分けることができる．図5.6に代表的な平板カムの例が示してある．

5.2.3 カムの運動とカム線図

カムの運動はカム（原動節）が回転するとき従動節の変位，速度，加速度の変化をいい，カムが1回転する間に変位，速度，加速度がカムの回転角 θ あるいは時間とともに，どのような変化を示すかをグラフに表したものがカム線図である．カム線図には変位を表す変位線図（リフト線図）

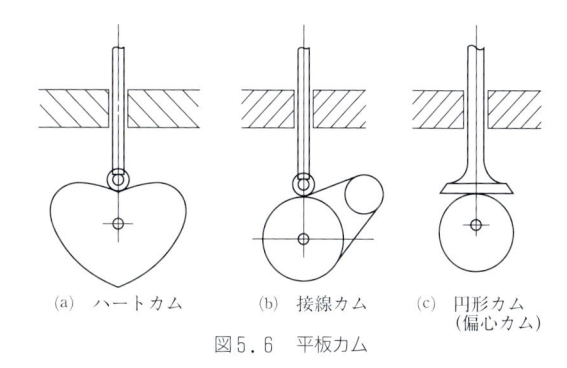

(a) ハートカム　　(b) 接線カム　　(c) 円形カム（偏心カム）

図5.6　平板カム

と速度を表す速度線図，そして加速度を表す加速度線図の3つがある．カム機構の運動はこのカム線図を見ればすべてわかるといってよい．

(1) 等速度カム

このカムは名称が示す通り，カムが等速度回転するとき従動節が等速直線運動するカムである．代表的な等速度カムの形状が図5.6(a)に示してある．これはカムの形からハートカム（heart cam）とよばれている．図5.7にはこのカムのカム線図が示してある．カム線図からわかるように

$$v = \text{const}$$

であるから加速度 a は0であり存在しない．

また変位 x は速度 v を積分した形になるので θ の1次式として表される．カムの最大変位を h とすると変位を表す式は

$$\left. \begin{array}{l} x = \dfrac{h}{\pi}\theta \quad (0 \leq \theta \leq \pi) \\ x = -\dfrac{h}{\pi}\theta + 2h = h(2 - \dfrac{1}{\pi}\theta) \\ \quad (\pi \leq \theta \leq 2\pi) \end{array} \right\} \quad (5.7)$$

となる．

(2) 等加速度カム

等加速度カムのカムの形状（輪郭）を図5.8に，そして図5.9にカム線図を示している．図5.9(c)の加速度線図のように一定の加速度 a を与えると，速度線図は同図(b)のように1次式で表される．速度が1次式で与えられるとリフト線図は2次式で

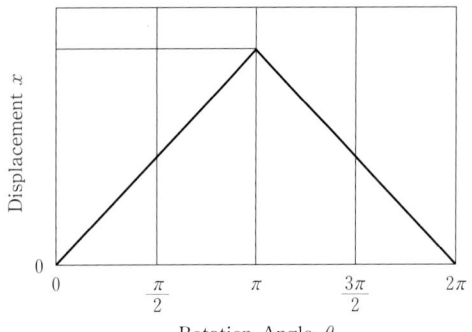

(a) 変位線図

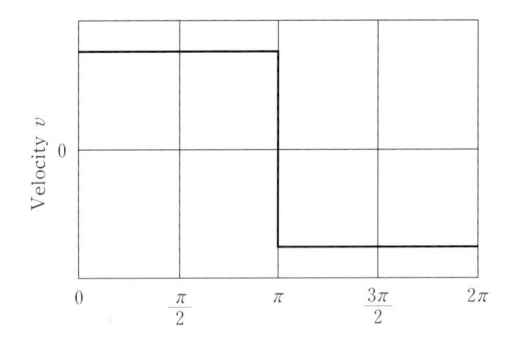

(b) 速度線図

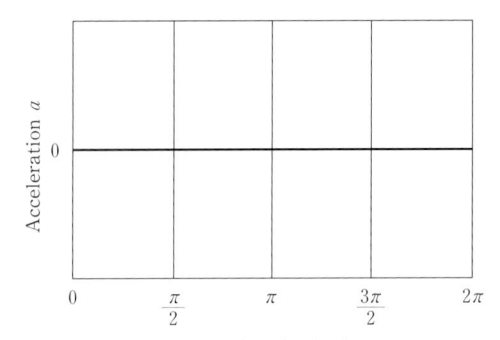

(c) 加速度線図

図 5.7 等速度カムのカム線図

表される．このリフト曲線は放物線の組合せになるので放物線リフト線図という．リフト曲線を次のような条件に基づいて速度，加速度を解析してみる．

変位の条件

$$\left.\begin{array}{ll} \theta = 0, 2\pi \text{ において} & x = 0 \\ \theta = \dfrac{\pi}{2}, \dfrac{3}{2}\pi \text{ において} & x = \dfrac{1}{2}h \\ \theta = \pi & x = h \\ & \text{（最大変位）} \end{array}\right\} \quad (5.8)$$

変位を表す式を θ の関数として次のように置く．ただし k, k' は定数である．

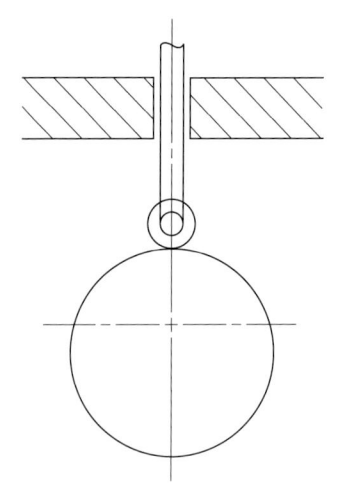

図 5.8 等加速度カム

$$\left.\begin{array}{ll} x_1 = k\theta^2 & \left(0 \leq \theta \leq \dfrac{\pi}{2}\right) \\ x_2 = h - k'(\pi - \theta)^2 & \left(\dfrac{\pi}{2} \leq \theta \leq \dfrac{3}{2}\pi\right) \\ x_3 = k(\theta - 2\pi)^2 & \left(\dfrac{3}{2}\pi \leq \theta \leq 2\pi\right) \end{array}\right\} (5.9)$$

式(5.8)を用いて式(5.9)の k および k' を求めると（中略）

$$k = k' = \frac{2}{\pi^2}h$$

(a) 変位

$$\left.\begin{array}{l} x_1 = \dfrac{2h}{\pi^2}\theta^2, \quad x_2 = h - \dfrac{2h}{\pi^2}(\pi - \theta)^2 \\ x_3 = \dfrac{2h}{\pi^2}(\theta - 2\pi)^2 \end{array}\right\} (5.10)$$

となる．速度，加速度は式(5.10)を時間で微分すれば得られる．

(b) 速度

$$\left.\begin{array}{l} v_1 = \dfrac{4h}{\pi^2}\omega\theta, \quad v_2 = \dfrac{4h}{\pi^2}\omega(\pi - \theta) \\ v_3 = \dfrac{4h}{\pi^2}\omega(\theta - 2\pi) \end{array}\right\} (5.11)$$

(c) 加速度

$$\left.\begin{array}{l} a_1 = \dfrac{4h}{\pi^2}\omega^2, \quad a_2 = -\dfrac{4h}{\pi^2}\omega^2 \\ a_3 = \dfrac{4h}{\pi^2}\omega^2 \end{array}\right\} (5.12)$$

以上のように解析された式(5.11)は1次式，式(5.12)は定数となり加速度一定であることがわかる．

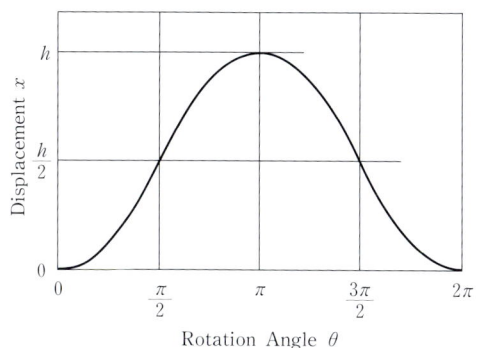

図5.9 等加速度カム線図 (a) 変位線図 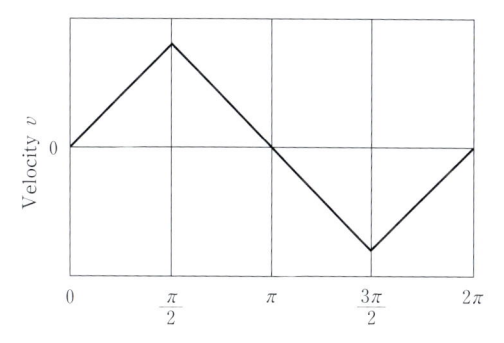 (b) 速度線図 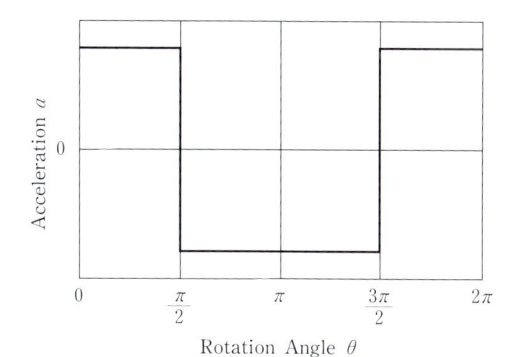 (c) 加速度線図

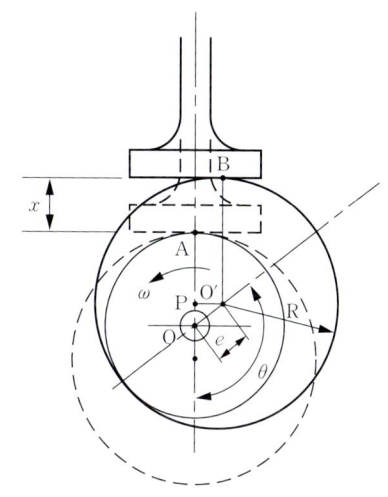

図5.10 円形カム（偏心カム）

(3) 単振動カム（偏心カム）

偏心カムは図5.10に示してあるように，円板の中心から e だけ偏心した点Oを回転の中心としたカムである．このカムの従動節は単振動を行うのが特徴である．以下この運動を解析してみる．

(a) 変位

円板の中心をO′，半径を R，偏心量を e とし，その位置をOとする．カムはOを中心として回転し従動節が最下位にきたとき

$$\mathrm{OA} = (R - e)$$

である．この位置を $x = 0$ として，カムが θ だけ回転したときの従動節の位置を x で表すと

$$x = \mathrm{OP} + \mathrm{O'B} - \mathrm{OA} = e(1 - \cos\theta) \tag{5.13}$$

となる．速度，加速度はこの式(5.13)を微分すると得られる．

(b) 速度

$$v = \frac{dx}{dt} = \frac{dx}{d\theta}\frac{d\theta}{dt} = e\omega\sin\theta \tag{5.14}$$

(c) 加速度

$$a = \frac{dv}{dt} = \frac{dv}{d\theta}\frac{d\theta}{dt} = e\omega^2\cos\theta \tag{5.15}$$

式(5.13), (5.14), (5.15)をカム線図として図5.11に示す．

5.2.4 実験装置および方法

(1) **カム変位の機械的測定**

図5.12にようなカム装置の従動節の上端にダイヤルゲージを取り付ける．従動節の最下位を $x = 0$，回転角 $\theta = 0$ とする．この位置よりカムを10°〜20°ごとに回転し，そのときの変位をダイヤルゲージより読み取る．この結果を θ–x 線図（変位（リフト）線図）として描く．

(2) **加速度，速度，変位の電気的測定**

(a) 測定装置（図5.12）
- 可変速モータ：電圧で回転速度が調節できるものが容易である．
- 振動計および加速度ピックアップ：カムの最大変位が振動計の測定範囲内にあること．そして，振動計は積分回路を有するもので，加速度より速度，変位が測定できること．
- オシロスコープ：メモリ機能を有し，レコ

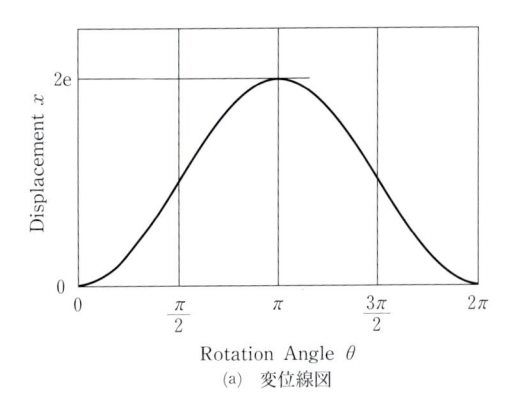

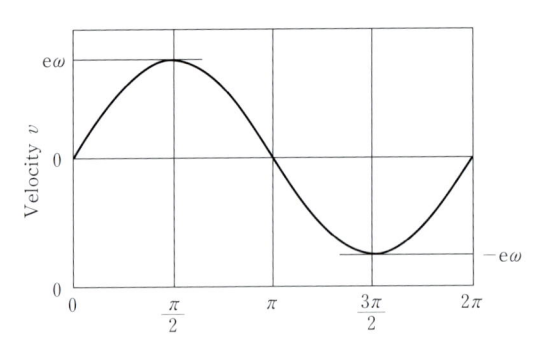

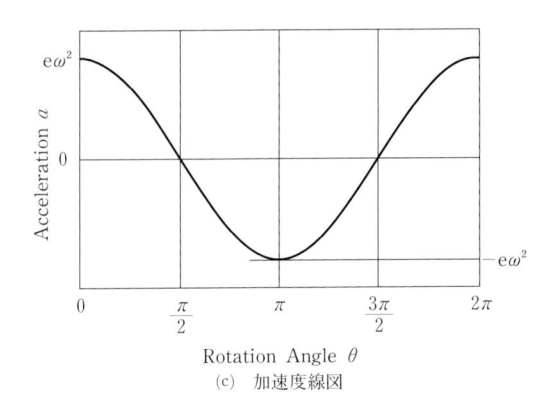

図5.11 単振動カムのカム線図

(a) 変位線図
(b) 速度線図
(c) 加速度線図

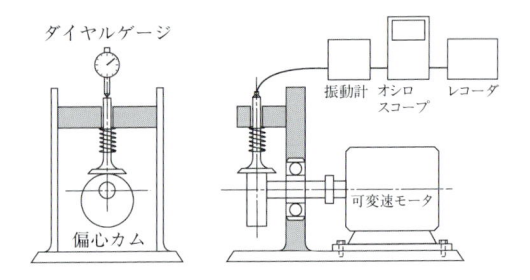

図5.12 加速度,速度,変位測定装置

に取り付ける.
(ii) 振動計を加速度測定に合わせる.
(iii) スライダックにより回転数を目的の回転数にする.
(iv) オシロスコープを調整する.
(v) ブラウン管上に目的に合った波形が得られたならば,メモリしてレコーダで波形を記録する.
(vi) 記録波形よりクランク角を決めて,このときの電圧より加速度を読み取る.ただし,あらかじめ出力電圧と加速度の校正グラフを求めておかなければならない.
(vii) (vi)の結果を理論曲線のグラフ上にプロットする.

(c) 速度,変位の測定

積分回路のある振動計ならば振動計を速度の測定および変位の測定に合わせれば,まったく加速度の測定と同様に行うことができる.ただし,あらかじめ振動計の"出力電圧と速度"および"出力電圧と変位"の校正グラフを求めておく必要がある.

以上は非常に基本的な測定法であるが,出力電圧波形をディジタル処理してパソコンを用いて再処理すれば,測定の自動化を可能にすることができる.

5.2.5 結果および考察

(a) 理論カム線図を描き,この中に測定値をプロットし,理論曲線と比較検討してみよ.
(b) 測定の精度,誤差などについて検討してみよ.

―ダへ波形を出力できるものが望ましい.
・各種のレコーダ:オシロスコープの波形を記録する.
・回転計:回転パルス信号が出力され,オシロスコープに入力されるものであればよりよい.

(b) 加速度の測定(概略)
(i) 加速度ピックアップをカムの従動節の上端

5.3 物体の重心および慣性モーメントの測定

Key word 重心,モーメントのつりあい,慣性モーメント,回転の運動方程式

5.3.1 目的

回転体の重心位置およびその慣性モーメントを求めることは,重心を回転軸とする回転運動やトルクを理解する上で欠くことのできない問題である.

本測定では2～3の物体の重心位置の測定と慣性モーメントの測定を行い,これらの値をあらかじめ計算より求めた重心および慣性モーメントの値と比較検討する.また複雑な形状で計算が困難な物体に対しては測定のみを行い,重心および慣性モーメントの理解を深める.

5.3.2 物体の重心とその位置

図5.13に示すような一般的な物体の重心の位置Gについて考える.この物体の全重量をWとして,これをいくつかの小さい部分に分け,それぞれの重量を$w_1, w_2, w_3 \cdots$とする.重心の位置Gを(x_G, y_G)とし,各分力$(w_1, w_2, w_3 \cdots)$のモーメントの和は合力Wのモーメントに等しい(バリニオンの定理)という定理から原点0の回りのモーメントを考えると,重心のx座標x_Gは

$$x_G = \frac{1}{W}(w_1 x_1 + w_2 x_2 + w_3 x_3 + \cdots)$$
$$= \frac{1}{W}\sum w_i x_i = \frac{1}{W}\int x dW \quad (5.16)$$

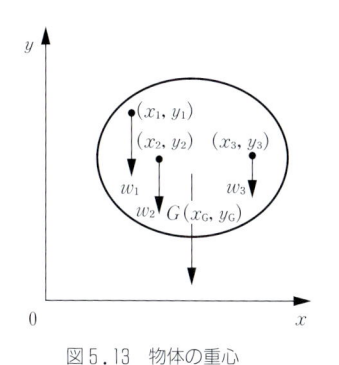

と表される.重心のy座標y_Gは,図5.13を反時計方向に90°回転させて考えると,x座標を求めたときと同様に計算される.

$$y_G = \frac{1}{W}(w_1 y_1 + w_2 y_2 + w_3 y_3 + \cdots)$$
$$= \frac{1}{W}\sum w_i y_i = \frac{1}{W}\int y dW \quad (5.17)$$

5.3.3 平板の重心(図心)と棒状物体の重心

厚さが一定で密度も一定な平板の重心位置を求めよう.この平板の重量は面積に比例することから,式(5.16)と式(5.17)の重量を面積に置き換えることができて(図5.14)次のようになる.

$$x_G = \frac{1}{S}(s_1 x_1 + s_2 x_2 + s_3 x_3 + \cdots)$$
$$= \frac{1}{S}\int x dS \quad (5.18)$$
$$y_G = \frac{1}{S}(s_1 y_1 + s_2 y_2 + s_3 y_3 + \cdots)$$
$$= \frac{1}{S}\int y dS \quad (5.19)$$

同様に,棒状物体では重量は長さに比例するから式(5.16),(5.17)の重量を長さに置き換えることができて(図5.15)次のようになる.

$$x_G = \frac{1}{L}\int x dL, \quad y_G = \frac{1}{L}\int y dL \quad (5.20)$$

幾何学的に簡単な形状をした平板のように,重心位置が計算で求められるものはその値を使用す

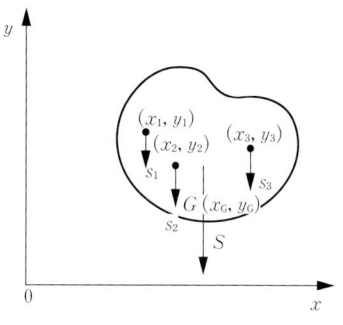

図5.13 物体の重心

図5.14 平板の重心

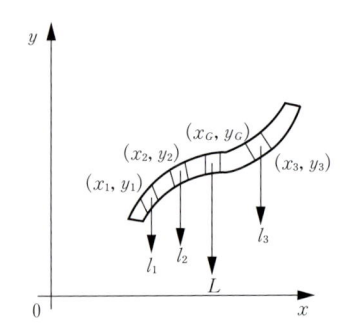

図5.15 棒状物体の重心

ればよいが，形状が複雑なものは，計算で求めるのが困難な場合がある．そのような場合には，次に示すような測定方法によって実測することとなる．

5.3.4 重心位置の測定法

(1) 軸対称形物体の重心

例として連接棒の場合を考えてみよう．図5.16のように連接棒の対称軸 OO' が水平になるようにして，ばねばかりで小端部 A と大端部 B の重量を測定する．A の重量を W_A，B の重量を W_B とすると連接棒全体の重量 W は

$$W = W_A + W_B$$

となる．次に図5.17のように l_A, l_B および l を用いて重心位置 G を求めると，重力による力のモーメントのつりあいにより

$$l_A + l_B = l, \quad W_A l_A = W_B l_B$$

となり，これらから

$$l_A = \frac{W_B}{W} l, \quad l_B = \frac{W_A}{W} l \tag{5.21}$$

となって対称軸上の重心位置 G が求まる．

(2) 平板の重心

物体の重心はただ1つだけしか存在しない．したがって，たとえば図5.18のような平板の場合，点 A を糸で吊せばその糸の延長上のどこかに重心が存在する．次に他の点 B を糸で吊せばその糸の延長上に重心がある．この延長線の交点が重心である．

(3) 立体の重心

ここでは立体の重心位置の測定方法の一例を考えてみる．図5.19(a)に示すように，まず車体が水平になっている状態で位置A，Bの重量 W_1, W_2 を測定する．車体の全重量 W は

$$W = W_1 + W_2$$

である．車軸間の距離を l とし，前輪の点 A まわりのモーメントを考えると

$$x_G W = l W_2$$

$$\therefore \quad x_G = \frac{W_2}{W} l = \frac{W}{(W_1 + W_2)} l \tag{5.22}$$

となり，x_G が求まる．

次に図5.19(b)のように，車体を θ 傾けて点 A と点 B の重量を測定するとともに B での減量分 ΔW を求める．傾いたときの点 A まわりのモーメントを考える．点 A に対する全重量 W の腕の長さ AF および点 B に対する重量 $(W_2 - \Delta W)$ の腕の長さ AH は

$$AF = AD - FD = (x_G \cos\theta - y_G \sin\theta)$$

$$AH = l \cos\theta$$

であり，モーメントのつりあいより

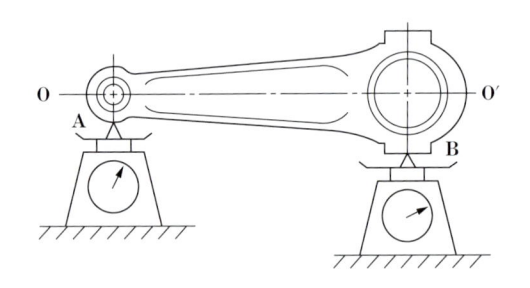

図5.16 軸対称形物体の重心の測定

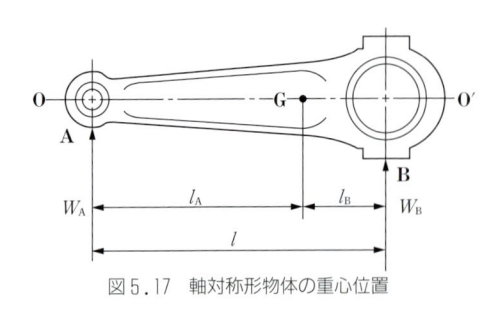

図5.17 軸対称形物体の重心位置

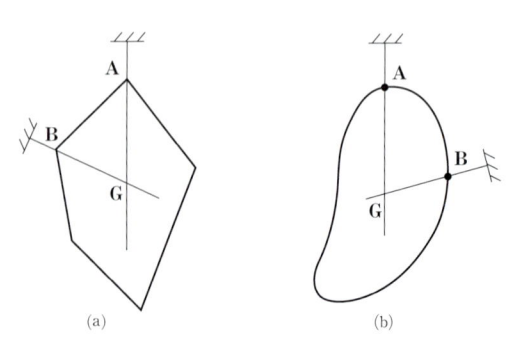

図5.18 平板の重心の測定

(a)

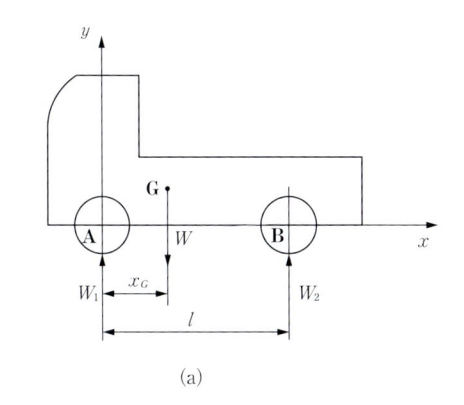

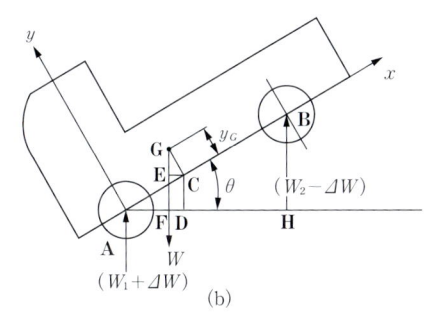

(b)

図 5.19 立体の重心の測定

$$W(x_G\cos\theta - y_G\sin\theta) = (W_2 - \Delta W)l\cos\theta$$
$$\therefore \quad y_G = \frac{\Delta W}{W}l\cot\theta \qquad (5.23)$$

となり, y_G が求まる.

さらに, 左右方向の重心位置を測定する必要がある. 方法を考えてみよ.

5.3.5 重心位置の測定

(1) **軸対称形物体の重心**

上皿ばねばかり, またはばねばかりを 2 つ用意して, 図 5.16 のような方法で測定してみよ.

(2) **平板の重心**

重心位置が計算できる物体を用意して重心位置を計算するとともに, 糸で吊して重心を求めてみよ.

(3) **立体の重心**

上皿ばねばかりを 2 つ用意して, 模型車体のような立体を用いて, 図 5.19 のような考え方に基づいて重心位置を求めてみよ. また載荷した場合も測定してみよ.

5.3.6 結果および考察

(a) 重心位置の計算可能なものは計算と測定値を比較検討してみよ.

(b) 重心位置の高さと物体の安定性について考えてみよ.

5.3.7 物体の慣性モーメント

剛体が, ある固定軸まわりに回転する運動を考えてみる. 図 5.20 のようにある剛体が固定軸 OO′ を回転軸として角加速度 α で回転しているものとする. この物体の OO′ 軸から r_i 離れた位置にある微小質量 m_i を考える. この m_i もやはり角加速度 α で回転しており, このとき m_i の円周方向の加速度 (接線加速度) は $r_i\alpha$ の大きさである. そして円周方向に作用する力 (円周力) を f_i とすると

$$f_i = m_i(r_i\alpha)$$

となる. f_i による OO′ 軸まわりの回転のモーメント (トルク) は

$$m_i(r_i\alpha)r_i = f_i r_i$$

これを剛体全体で考えると

$$\sum(m_i r_i^2)\alpha = \sum f_i r_i \qquad (5.24)$$

式 (5.24) の右辺の $\sum f_i r_i$ は物体に作用するトルクの総和で, 外部から作用するトルク T に等しい. また左辺の $\sum(m_i r_i^2)$ は積分の形で表すと $\int r^2 dm$ となり, これを I と置くと

$$I = \int r^2 dm \qquad (5.25)$$

この I は OO′ 軸回りに回転運動する剛体の慣性を表す量で, 慣性モーメントという.

式 (5.24) を T と I を用いて表すと

$$T = I\alpha \qquad (5.26)$$

この式 (5.26) を回転体の運動方程式または角運動

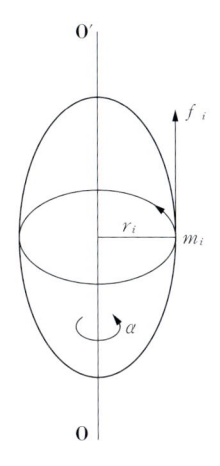

図 5.20 慣性モーメント

方程式という.

慣性モーメントは,剛体の全質量を M とすると

$$I = MK^2, \quad K = \sqrt{I/M} \tag{5.27}$$

と書ける.この K は剛体の全質量が一点に集中したと仮定したときの回転軸からその集中質量までの距離で,これを回転半径という.

5.3.8 慣性モーメントの測定方法

(1) 振子による方法

図5.21(a), (b)に示すように,(a)では物体の端部Oを回転の中心として振子運動を行うようにしている.(b)では糸の先に物体を取り付けて振子としている.このような振子を物理振子という.物体の重心をG,O点回りの慣性モーメントを I とし,回転の中心OからGまでの距離を l とすると,物体の角運動方程式(トルクの動的つりあいの式)は次のようになる.

$$I\ddot{\theta} = -mgl\sin\theta \tag{5.28}$$

ここで $\ddot{\theta}$ は角加速度で,$\ddot{\theta} = \dfrac{d\omega}{dt} = \dfrac{d^2\theta}{dt^2}$ である.

振子の振れ角 θ を小さく($\theta \leqq$ 約15°)すると,$\sin\theta = \theta$(ただし θ はradian)の近似式が成り立つので,式(5.28)は

$$I\ddot{\theta} + mgl\theta = 0 \tag{5.29}$$

となる.この式より振子の角振動数(ω)および振動数(f)は

$$\omega = \sqrt{mgl/I}$$
$$f = \frac{1}{2\pi}\omega = \frac{1}{2\pi}\sqrt{mgl/I}$$

と表され,この式より I を求めると

$$I = \frac{mgl}{4\pi^2 f^2} = \frac{mgl}{4\pi^2}\tau^2 \tag{5.30}$$

となる.ただし,τ は振子の周期で振動数の逆数($\tau = 1/f$)である.

以上より振子の振動の周期を測定することにより,O点回りの慣性モーメントを求めることができる.この結果を用いて重心回りの慣性モーメントを求めるには,慣性モーメントに関する2つの定理のうち平行軸の定理を用いればよい.

(2) 2本の糸で物体を吊す方法

棒状物体の慣性モーメントの測定方法には,図5.22に示しているように2本の糸で棒の両端を吊す方法がある.この方法においては物体を水平平面内で微小振動させ,そのときの振動周期を測定し,その周期から慣性モーメントを求めることができる.

図5.22(a)において,棒AA′を細い糸OA,O′A′で水平になるように吊す.棒の静止位置をAA′とし,棒を ϕ 回転してその位置をBB′とする.このとき糸OAは θ だけ傾いてOBの位置となる.図(b)は図(a)を右方から見た図である.このとき静止位置にある糸の張力 T_0 は

$$T_0 = mg/2$$

棒が ϕ だけ回転したときのOBの張力 T は

$$T = \frac{T_0}{\cos\theta} = \frac{mg}{2\cos\theta} \tag{5.31}$$

となる.また棒が静止位置方向に戻ろうとする復元力 H は

$$H = T\sin\theta = \frac{mg\sin\theta}{2\cos\theta} \tag{5.32}$$

となる.弧ABの長さを ϕ と θ で表すと次式となる.

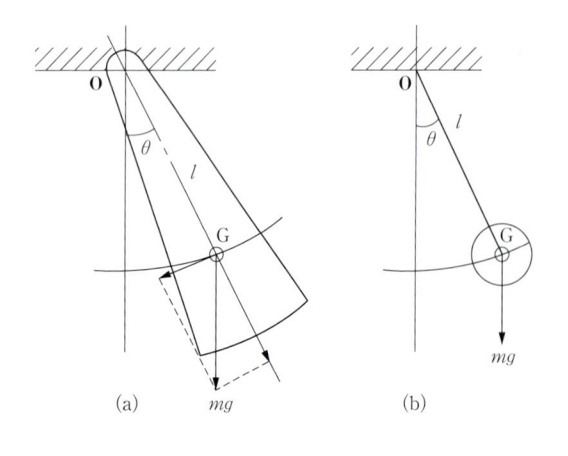

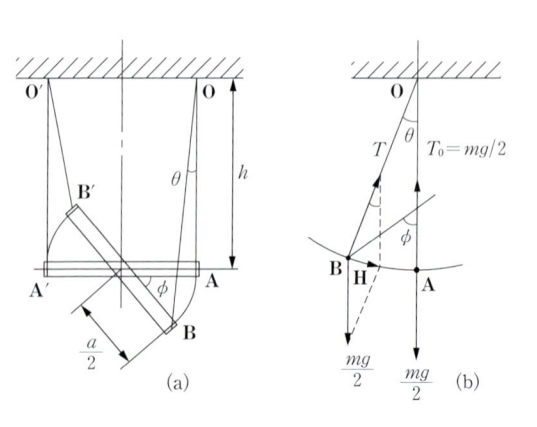

図5.21 振子による測定

図5.22 2本糸吊法による測定

$$\mathrm{AB} = \frac{a}{2}\phi = h\theta, \quad \therefore \theta = \frac{a}{2h}\phi \tag{5.33}$$

ただし h は糸の長さ，a は棒の長さである．

ここで，ϕ，θ は微小角であると仮定しているので，近似式を用いると式(5.32)は

$$H \cong \frac{mg}{2}\left(\frac{a}{2h}\right)\phi$$

となり，棒の復元トルクは Ha であるから，棒の角運動方程式は次式となる．

$$I\ddot{\phi} + \left(\frac{mga^2}{4h}\right)\phi = 0 \tag{5.34}$$

ただし，I は棒の慣性モーメントであり，$\ddot{\phi}$ は角加速度である．

式(5.34)は ϕ に関する2階の線形微分方程式であり，これより棒の角振動数 ω と振動数 f は

$$\omega = \sqrt{\frac{mga^2}{4hI}}, \quad f = \frac{1}{2\pi}\cdot\frac{a}{2}\sqrt{\frac{mg}{hI}}$$

周期 τ は

$$\tau = \frac{1}{f} = \frac{4\pi}{a}\sqrt{\frac{h}{mg}I} \tag{5.35}$$

式(5.35)より慣性モーメント I を求めると

$$I = \frac{mga^2\tau^2}{16\pi^2 h} \tag{5.36}$$

周期 τ を計測することにより，式(5.36)から慣性モーメント I が計算される．

5.3.9 慣性モーメントの測定

(1) 振子法による測定

図5.23に示すようないろいろな形状の測定物を用意する．ただし形状は慣性モーメントおよび重心位置が容易に計算できるものが望ましい．測定はこれらの物体を一平面内に微小角度（往復角30°以内）で振らせ，そのときの一周期の時間を測定する．ただし回転の中心が点Oになるようにくふうすること．

周期 τ の測定
(i) ストップウオッチ
何周期かをストップウオッチで測定して一周期の時間を求める．これを何回か行い，その平均値を求めるとよい．
(ii) 光電式方法
測定物に小さな穴をあけ，光が通過したときの信号をフォトトランジスタなどでキャッチして，オシロスコープ等を用いて周期を求める．あるいは測定物に小さな反射板を貼付けて，反射光を信号として利用する方法もある．

(2) 糸吊り法

丸棒のような細長い物体を用意して，図5.22(a)のようにセットして微小回転振動を与える．このとき棒が前後左右にゆれないように注意する必要がある．そしてストップウオッチなどを用いて回転振動周期を測定する．

次に円板または矩形板を用意して，図5.24のように細い糸を用いて3～4本で平板を水平に吊す．この平板に微小回転振動を与え，その回転振動周期を測定する．このときの慣性モーメントの計算式は，2本吊りの場合を参考にして各自で求めてみよ．

5.3.10 結果および考察

(1) 振子法

振子法によって周期 τ が求まったならば，式(5.30)により慣性モーメントを計算する．そして慣性モーメントに関する平行軸の定理を用いて重心Gを通る軸に関する慣性モーメント求め，理論的に計算された値と比較検討してみよ．

(2) 糸吊り法

振子法と同様に理論的に計算した値と比較検討してみよ．

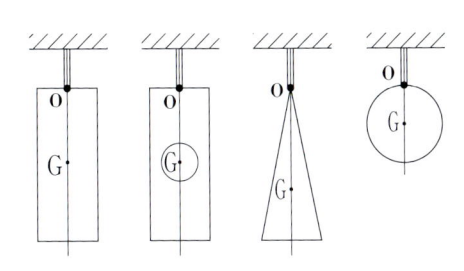

図5.23 振子法による平板の慣性モーメントの測定

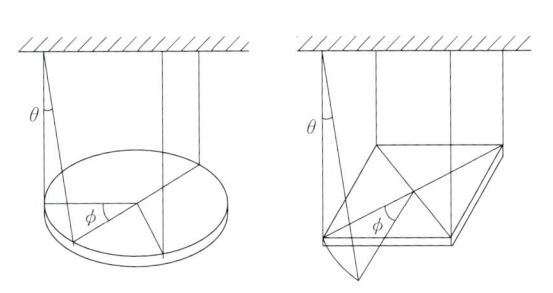

図5.24 3本吊り，4本吊りによる方法

5.4　1自由度系の振動実験

Key word　　減衰自由振動，減衰比，強制振動，固有振動数，共振

5.4.1　目的

地震による振動，音波による空気振動，交流や電気信号のような電気的振動，機械が運転されているときのさまざまな振動など，振動現象は非常に多種多様である．本実験では機械振動モデルの最も基本的な1自由度系の振動について理論的に解析するとともに実験を行い，振動の特性を理解する．自由振動では粘性減衰力のある場合を考え，強制振動では変位励振の共振現象について理解する．

5.4.2　減衰自由振動

図5.25は1自由度系の減衰のあるときの振動モデルである．このモデルで質量 m の振動は，減衰器による粘性減衰力の作用で振幅が徐々に減少してやがて停止する．このような振動を減衰自由振動という．物体の運動方程式は

$$m\ddot{x} = -c\dot{x} - kx \tag{5.37}$$

となる．この右辺即ち外力は，速度に比例する速度と逆向きの減衰力（$-c\dot{x}$）と，変位に比例する変位と逆向きの復元力（ばね力；$-kx$）であり，c は減衰器の粘性減衰定数，k はばね定数である．そして式(5.37)の右辺を移項して m で割ると

$$\ddot{x} + \frac{c}{m}\dot{x} + \frac{k}{m}x = 0 \tag{5.38}$$

となる．ここで，

$$\omega_n{}^2 = k/m$$
($\omega_n = \sqrt{k/m}$：固有角振動数)

$$2\zeta\omega_n = \frac{c}{m}$$

$$\zeta = \frac{c}{2m\omega_n} = \frac{c}{2\sqrt{mk}} = \frac{c}{c_c}：減衰比,$$

ただし，c_c は臨界減衰定数である．

と置くと，式(5.38)は次式のようになる．

$$\ddot{x} + 2\zeta\omega_n\dot{x} + \omega_n{}^2 x = 0 \tag{5.39}$$

式(5.39)は，定数係数を持つ2階の線形常微分方程式であるから解くことができる．その基本解を

$$x = De^{\lambda t}$$

と置き，式(5.39)に代入すると次式となる．

$$\lambda^2 + 2\zeta\omega_n\lambda + \omega_n{}^2 = 0 \tag{5.40}$$

式(5.40)は特性方程式であり，その解は

$$\binom{\lambda_1}{\lambda_2} = -\zeta\omega_n \pm \omega_n\sqrt{\zeta^2 - 1}$$

$$= -\zeta\omega_n \pm i\omega_d \tag{5.41}$$

ただし，

$$i = \sqrt{-1}, \quad \omega_d = \omega_n\sqrt{1 - \zeta^2} \tag{5.42}$$

である．特に ω_d を粘性減衰振動系の固有角振動数という．

通常現れる減衰振動現象は特性方程式の解が虚数解となるときで，$\zeta < 1$ の場合に生ずるので，この場合について解析を進める．式(5.39)の一般解は未定定数 A，B あるいは C，ϕ を用いると

$$x = \exp(-\zeta\omega_n t)(A\sin\omega_d t + B\cos\omega_d t) \tag{5.43}$$

$$= \exp(-\zeta\omega_n t)\, C\cos(\omega_d t - \phi) \tag{5.44}$$

のようになり，未定定数 A，B，C，ϕ（初期位相）は系の初期条件より決定される．初期条件を次のように与えた場合の振動について考えてみよう．

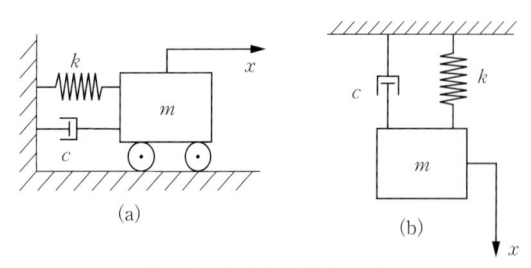

図5.25　減衰自由振動モデル

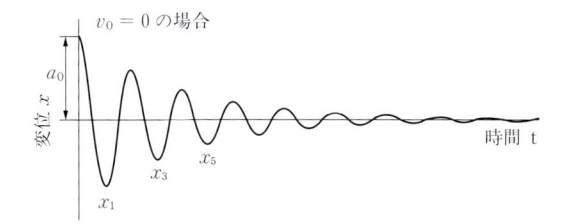

図5.26 減衰波形

$t = 0$ （振動開始時刻）
$x = a_0$ （初期変位）
$\dot{x} = v_0$ （初速度）

この初期条件は図5.25において，振動(運動)開始時に，物体 m を長さ a_0 だけ引張って，さらに，初速度 v_0 を与えて振動させた場合である．この条件より式(5.43)の定数 A，B は次のように求まる．

$$A = \frac{v_0 + a_0 \zeta \omega_n}{\omega_d}, \quad B = a_0 \tag{5.45}$$

そして定数 C と初期位相 ϕ は

$$C = \sqrt{A^2 + B^2} = \sqrt{a_0^2 + (v_0 + a_0 \zeta \omega_n / \omega_d)^2} \tag{5.46}$$

$$\phi = \tan^{-1}\left(\frac{A}{B}\right) = \tan^{-1}\frac{v_0 + a_0 \zeta \omega_n}{a_0 \omega_d} \tag{5.47}$$

となり，式(5.46)，(5.47)を式(5.44)に代入すれば変位 x を表す式が得られる．この式(5.44)または式(5.43)において，$v_0 = 0$ の場合を横軸に時間をとってグラフとして表すと図5.26になる．式(5.44)の右辺で，振幅を表す $\exp(-\zeta \omega_n t) C$ は時間とともに指数関数的に減少する．そして固有角振動数 ω_d は式(5.42)から減衰のない場合の ω_n より小さくなる．

図5.26の粘性減衰振動において，1サイクルの間に減衰する振幅比は

$$\frac{x_1}{x_3} = \frac{x_3}{x_5} = \cdots = \frac{x_n}{x_{n+2}}$$
$$= \exp\frac{(2\pi\zeta)}{\sqrt{1-\zeta^2}} = \text{const.} \tag{5.48}$$

のように一定となる．この自然対数をとると

$$\log_e\left[\exp\frac{(2\pi\zeta)}{\sqrt{1-\zeta^2}}\right] = \frac{2\pi\zeta}{\sqrt{1-\zeta^2}} \equiv \delta$$

となり，この δ を対数減衰率という．

5.4.3 1自由度系の強制振動

図5.27は粘性減衰力のあるときの強制振動の振

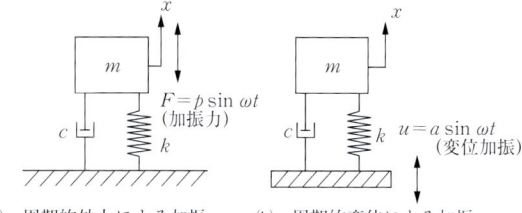

図5.27 強制振動モデル
(a) 周期的外力による加振
(b) 周期的変位による加振

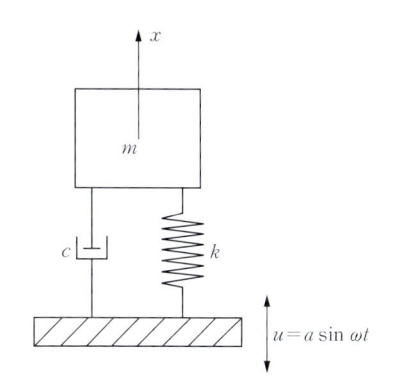

図5.28 変位による加振モデル

動モデルを示している．この図5.27(a)は物体 m 自体に周期的な力 $F = p \sin(\omega t)$ を加えて振動させる場合である．同図(b)は周期的な変位 $u = a \sin(\omega t)$ が系の支持台に与えられて物体 m が加振される場合で，地震によって機械や建物が加振される場合を考えるとよい．

本実験においては後者(b)の振動モデルの解析と測定を行うことにする．モデル(a)については各自の勉強に委ねることにする．

5.4.4 変位による強制振動

振動解析上の座標系として図5.28のように，ばねと減衰器の上にある物体 m が，静つりあい状態にあるときの m の重心を原点にとり，図のように x 軸とする．そして支持台を加振する強制変位を u とし，この結果生ずる物体 m の変位を x とする．この変位は振動系の外部の不動点から見た物体の変位，つまり絶対変位である．また，ばね定数を k，粘性減衰定数を c とするのは従来通りである．物体の運動方程式を求めるにあたり次の量を決める．まず支持台から m を見たときの m の変位，つまり支持台に対する物体 m の相対変位を x_u とすると

$$x_u = x - u \tag{5.49}$$

と表される．そして，この変位によって物体 m

に作用するばね力 F_k は
$$F_k = -k(x-u)$$
となる．また減衰器による粘性減衰力 F_d は支持台に対する物体 m の相対速度に比例する力であるから，相対速度を $\dot{x}_u$ とすると
$$\dot{x}_u = \dot{x} - \dot{u} \tag{5.50}$$
となり，式(5.50)を用いて減衰力 F_d を求めると
$$F_d = -c(\dot{x} - \dot{u})$$
となる．以上のばね力 F_k と減衰力 F_d が物体 m に作用する外力であり，運動方程式は次のようになる．
$$m\ddot{x} = -c(\dot{x}-\dot{u}) - k(x-u) \tag{5.51}$$
ここで，式(5.49)を式(5.51)へ代入して整理すると次式が得られる．
$$m\ddot{x}_u + c\dot{x}_u + kx_u = -m\ddot{u} \tag{5.52}$$
また，周期的強制変位 u を次式のように与える．
$$u = a\sin\omega t$$
ただし，a は強制変位の振幅である．そして式(5.50)より支持台の加速度 $\ddot{u}$ は
$$\ddot{u} = -a\omega^2 \sin\omega t \tag{5.53}$$
となり式(5.53)を(5.52)に代入すると物体の運動方程式は
$$m\ddot{x}_u + c\dot{x}_u + kx_u = ma\omega^2 \sin\omega t \tag{5.54}$$
となる．この式の両辺を m で割り，ω_n, ζ を用いて整理すると式(5.54)は
$$\ddot{x}_u + 2\zeta\omega_n \dot{x} + \omega_n^2 x = a\omega^2 \sin\omega t \tag{5.55}$$
となる．式(5.55)の運動方程式は定数係数を持つ非同次の2階の線形常微分方程式である．このような非同次の微分方程式の一般解は，式(5.55)の右辺を0とおいた同時方程式の一般解と，非同次方程式の任意の特解の1つとの和で与えられる．解の求め方は参考文献に譲るとして，ここでは結果のみを以下に示す．

(1) **物体 m の絶対変位 $x(= x_u + u)$**

x は調和振動しているものと仮定して次のように置く．
$$x = A\sin(\omega t - \alpha) \tag{5.56}$$
ただし，A は絶対変位の振幅，α は加振振動と m の絶対振動の位相角であり，それぞれ
$$A = \frac{a\sqrt{4\zeta^2(\omega/\omega_n)^2 + 1}}{\sqrt{\{1-(\omega/\omega_n)^2\}^2 + \{2\zeta(\omega/\omega_n)\}^2}} \tag{5.57}$$
$$\alpha = \tan^{-1}\left\{\frac{2\zeta(\omega/\omega_n)^3}{1-(\omega/\omega_n)^2 + \{2\zeta(\omega/\omega_n)\}^2}\right\} \tag{5.58}$$
である．ここで，a：加振振幅，$\zeta = c/c_c$：減衰比，ω：加振角振動数，ω_n：系の固有角振動数である．

(2) **物体 m の相対変位 $x_u(= x - u)$**
$$x_u = A_u \sin(\omega t - \beta) \tag{5.59}$$
ただし，A_u は相対変位の振幅，β は加振振動と m の相対振動の位相角であり，それぞれ
$$A_u = \frac{a(\omega/\omega_n)^2}{\sqrt{\{1-(\omega/\omega_n)^2\}^2 + \{2\zeta(\omega/\omega_n)\}^2}} \tag{5.60}$$
$$\beta = \tan^{-1}\frac{2\zeta(\omega/\omega_n)}{1-(\omega/\omega_n)^2} \tag{5.61}$$
である．

以上の解析結果をグラフに表したものが図5.29と図5.30である．

図5.29は式(5.57)から得られる絶対変位のグラフであり，縦軸に絶対変位の倍率 A/a をとり，横軸に振動数比 ω/ω_n をとっている．そしてパラメータとして減衰比 ζ の大きさを変えて何本かの共振曲線を描いている．$\omega/\omega_n = \sqrt{2}$ のとき，ζ のいかんにかかわらず $A/a = 1$ となっている．図5.30は式(5.60)から得られる相対変位のグラフ

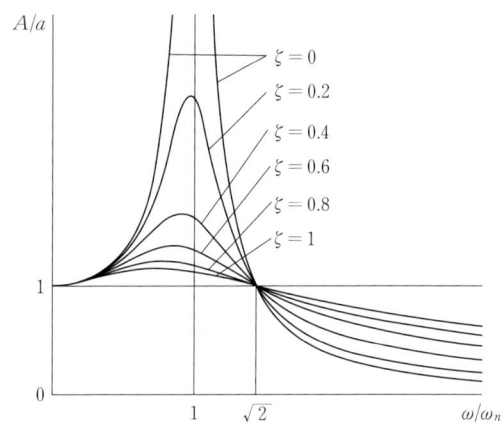

図5.29 変位加振による絶対変位の共振曲線

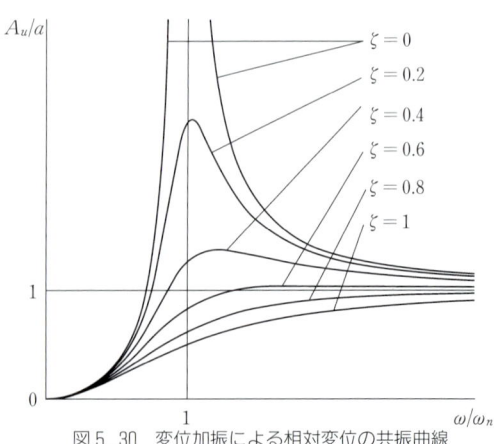

図5.30 変位加振による相対変位の共振曲線

であり，縦軸に相対変位の倍率 A_u/a をとり，横軸に ω/ω_n をとって ζ をパラメータとしている．

5.4.5 実験装置および方法

(1) **減衰のある自由振動の場合**

(a) 実験装置（図5.31）

振動計の測定可能な範囲内にあるような質量とばね定数でなければならない．

- 振動計：変位振動が測定できるものが望ましい．
- オシロスコープまたはシンクロスコープ：メモリ機能を有し，表示装置に波形が出力されるものがよい．
- 各種のレコーダ：減衰波形の記録．

(b) 実験方法

(i) 適当な減衰波形が得られるようなばねおよび質量の物体を選定する．

(ii) 物体 m に微小振動を与え，その減衰振動波形を測定する．

(iii) 減衰波形を記録する．

(iv) 粘性減衰力には m の空気抵抗も含まれているので，m の空気抵抗を変える工夫をして減衰波形の違いを実験してみよ．

(c) 減衰波形の処理と計算

物体に初期変位あるいは初速度を与えると図5.32のような減衰波形がみられる．この波形および計算より次の諸量を求める．

(i) 減衰自由振動の周期 T_d，振動数 f_d および角振動数 ω_d

(ii) ばね定数
ばね定数はあらかじめ測定するか，振動数から逆算する．または両者より求めてその値を比較してみよ．

(iii) 減衰比 ζ

(iv) 粘性減衰定数 c および臨界減衰定数 c_c

(v) 対数減衰率 δ

(d) 減衰比の求め方

図5.32のように複振幅 $h_1, h_2, h_3, \cdots h_n$ を計り図5.33を描く．

図5.33より θ を求めると次式の関係から減衰比 ζ を計算することができる．

$$\tan\theta = \exp\left(\frac{\pi\zeta}{\sqrt{1-\zeta^2}}\right) \tag{5.62}$$

実験装置の質量 m と接触する部分の摩擦力により，図5.33の b が生じる．この b より摩擦減衰力を求めることができる．

(2) **強制振動の場合**

(a) 実験装置（図5.34）

- 加振装置：加振機，発振機，増幅器，周波数カウンタ
- 測定装置：加速度ピックアップおよび振動計，オシロスコープまたはシンクロスコープ，各種のレコーダ

(b) 実験方法

2～3種類のばねおよび質量の物体を用意し，変位による強制振動の絶対変位の共振曲線（図5.29）を求める．

(i) あらかじめ振動装置の質量 m，ばねの定数 k，減衰定数 c，臨界減衰定数 c_c，固有角振動数 ω_n または固有振動数 f_n を測定あるいは計算しておく（自由振動の実験を参考にせよ）．

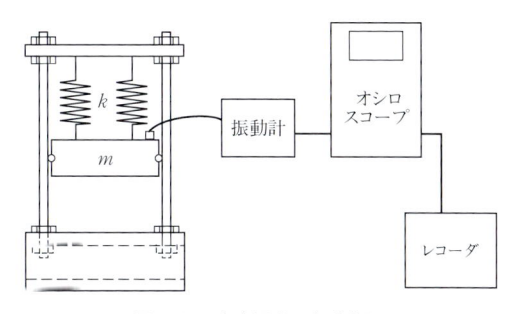

図5.31 自由振動の実験装置

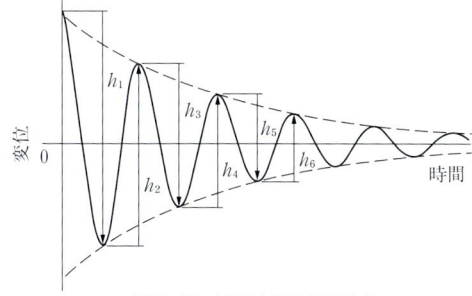

図5.32 減衰波形の処理方法

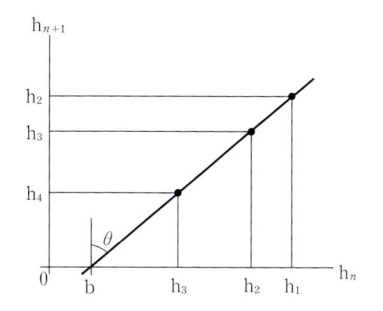

図5.33 減衰比の求め方

(ii) 発信器を用いて加振器を作動させ，振動装置を加振させる．このとき，加振振動数を周波数カウンタで読みとる．

(iii) オシロスコープあるいはシンクロスコープの波形より，そのときの振動数に対する変位振幅を読みとる．ただし波形より変位に換算できるように，前もって校正グラフをつくっておく必要がある．

(iv) 加振振動数を系統的に変化させ，その時々の振幅を測定し，共振曲線を描く．

(v) 減衰比（$\zeta = c/c_c = c/2\sqrt{mk}$）を 2～3 種類変えて共振曲線を描く．$\zeta$ は m あるいは k を変えることによっても異った ζ が得られる．または m に作用する空気抵抗を変える工夫をしてもよい．

5.4.6 結果および考察

(a) 自由振動の実験方法により減衰比 ζ を求め，この ζ を用いた理論共振曲線を描く．

(b) 実験より求めた共振曲線と(a)の共振曲線を比較検討してみよ．

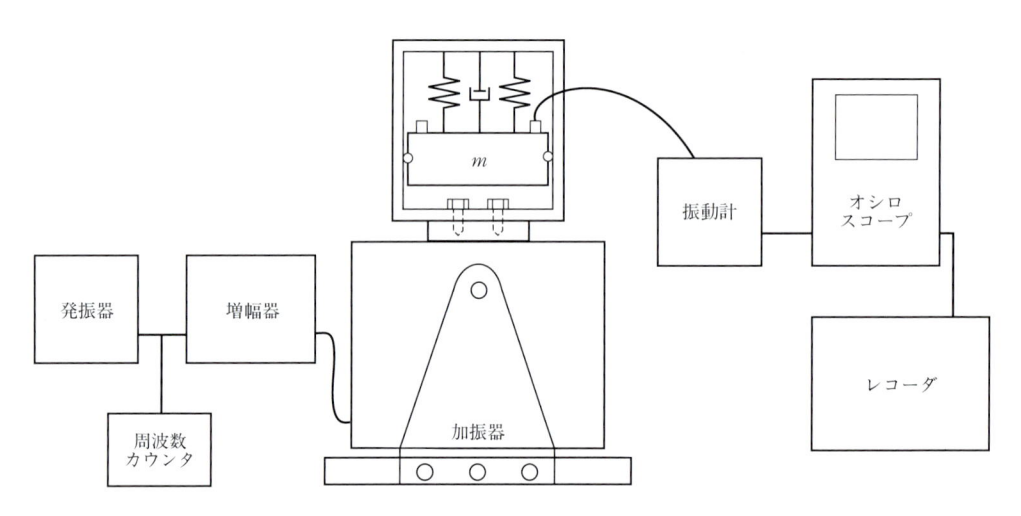

図 5.34 強制振動の実験装置

5.5 ロータの動不つりあいの測定とつりあわせ

Key word　ロータ，不つりあい，つりあわせ

5.5.1 目的

蒸気タービン，ガスタービン，軸流圧縮機，ターボ過給機のロータをはじめ，内燃機関のクランクシャフト，自動車のタイヤなどの回転体は材料の不均質，工作上の誤差，あるいは設計上の都合などにより質量分布が必ずしも軸対称とはなっていない．そのために，回転にともない遠心力が生じ，軸，軸受，支持台などに周期的な力や周期的なモーメントを及ぼし，振動，騒音，材料疲労あるいは材料結合部のゆるみなどの原因となる．本実験ではこれらの不つりあい質量の大きさ，その軸方向での位置，その断面での角位置（位相），および半径位置を測定し，それらを修正面に換算して，対称分布になるようにつりあわせ試験を行う．

5.5.2 動不つりあいの解説

回転体（以下ロータという）は基本的には軸を持ち，軸の2つのジャーナル部分がそれぞれ軸受で支えられる．そしてロータはロータの幅の狭い場合と広い場合とによって，不つりあいの測定とつりあわせ（修正）の方法が異なる．以下に，分けて説明する．

(1) ロータの幅の狭い場合

一般に剛体系の不つりあいは，力の不つりあいとモーメントの不つりあいを考えねばならないが，ロータの幅の狭い場合は，図5.35に示すように幅の狭い軸付円板であるので，力の不つりあいだけを考えればよい．いま，図5.36に示すように，ロータの質量 m，軸心Oからの重心Gのずれ，すなわち偏重心（質量偏心ともいう）e，回転の角速度 ω のとき，e から半径方向に $F = me\omega^2$ の遠心力が生じ，これも回転する．すなわち，軸受に周期的な影響を及ぼす．$U = me$ はロータに固有な量で不つりあい量といい，$F = U\omega^2$ と表せる．この不つりあいをつり合わせるには図5.37のように，2本の水平並行レール，ナイフエッジの上にロータの軸部分を乗せて，ロータの任意の角位置から転がすと，GがOの真下になって停止する．したがって，試行的にGと反対の角位置に質量 m' を取り付け，その大きさと半径上の位置を変えることによって，任意の角位置から転がしたときにでたらめな角位置で停止するようになれば，つりあわせがとれたことになる．このよ

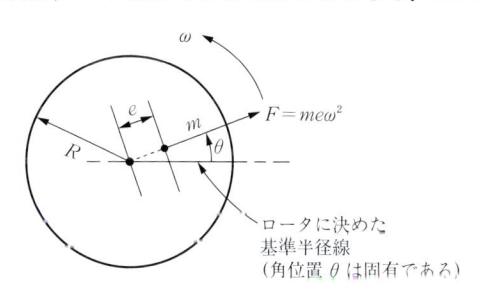

図5.36 重心位置と角位置

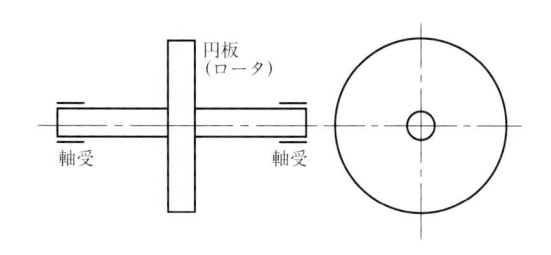

図5.35 回転軸とロータ

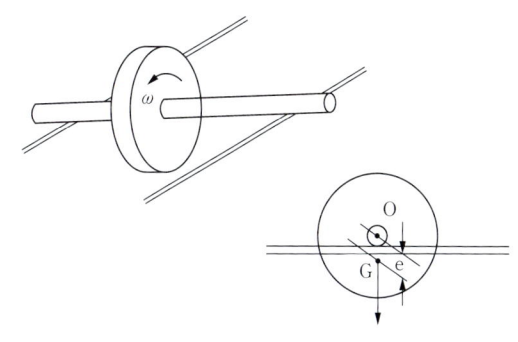

図5.37 静つりあわせ

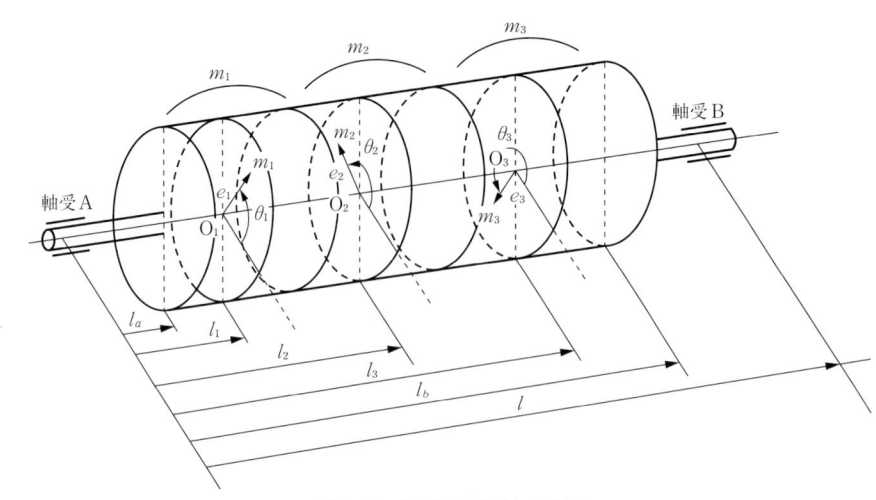

図5.38 修正面の質量と角位置

うな不つりあいを静不つりあいといい，このつりあわせを"静つりあわせ"という．

(2) ロータの幅が広い場合

この場合は不つりあい力と不つりあいモーメントが存在する．図5.38のように幅広のロータを軸に直角な3個の円板（一般には n 個）に分け，それぞれに不つりあい $U_1 = m_1 e_1$, $U_2 = m_2 e_2$, $U_3 = m_3 e_3$ があれば遠心力はそれぞれ $m_1 e_1 \omega^2$, $m_2 e_2 \omega^2$, $m_3 e_3 \omega^2$ となり，不つりあい合力 $F (F_x, F_y)$ は

$$F_x = m_1 e_1 \omega^2 \cos \theta_1 + m_2 e_2 \omega^2 \cos \theta_2 + m_3 e_3 \omega^2 \cos \theta_3$$
$$F_y = m_1 e_1 \omega^2 \sin \theta_1 + m_2 e_2 \omega^2 \sin \theta_2 + m_3 e_3 \omega^2 \sin \theta_3 \quad (5.63)$$

となり，合成力の角位置を θ とすれば

$$F = \sqrt{F_x^2 + F_y^2}, \quad \theta = \tan^{-1}\left(\frac{F_y}{F_x}\right) \quad (5.64)$$

となる．次に軸受の一端Aについての不つりあいモーメント $M (M_x, M_y)$ は

$$M_x = m_1 e_1 \omega^2 l_1 \cos \theta_1 + m_2 e_2 \omega^2 l_2 \cos \theta_2 + m_3 e_3 \omega^2 l_3 \cos \theta_3$$
$$M_y = m_1 e_1 \omega^2 l_1 \sin \theta_1 + m_2 e_2 \omega^2 l_2 \sin \theta_2 + m_3 e_3 \omega^2 l_3 \sin \theta_3 \quad (5.65)$$

となり，合モーメントの角位置を θ' とすれば

$$M = \sqrt{M_x^2 + M_y^2}, \quad \theta' = \tan^{-1}\left(\frac{M_y}{M_x}\right) \quad (5.66)$$

となる．ここで一般には $\theta \neq \theta'$ であり，F と M とは同一方向ではない．したがって，1つの質量をつりあわせるだけでは不十分で，少なくとも2つの修正面で2つの質量でつり合わせる必要

がある．ロータの軸に直角で適当な2つの断面をあらかじめ修正面として定め，図5.38のように l_a, l_b をとり，その修正面上で e_a, e_b の位置にそれぞれ修正質量を取り付けてつり合わせるとすれば，つりあわせのためには，m_a, m_b および θ_a, θ_b を決めればよい．これによって完全につり合わせることができる．この方法を2面つりあわせ（修正）法という．このとき力のつりあいは

$$\left.\begin{array}{l} m_1 e_1 \omega^2 \cos \theta_1 + m_2 e_2 \omega^2 \cos \theta_2 \\ \quad + m_3 e_3 \omega^2 \cos \theta_3 + m_a e_a \omega^2 \cos \theta_a \\ \quad + m_b e_b \omega^2 \cos \theta_b = 0 \\ m_1 e_1 \omega^2 \sin \theta_1 + m_2 e_2 \omega^2 \sin \theta_2 \\ \quad + m_3 e_3 \omega^2 \sin \theta_3 + m_a e_a \omega^2 \sin \theta_a \\ \quad + m_b e_b \omega^2 \sin \theta_b = 0 \end{array}\right\} \quad (5.67)$$

となり，また軸受端 A に関するモーメントのつりあいは

$$\left.\begin{array}{l} m_1 e_1 \omega^2 l_1 \cos \theta_1 + m_2 e_2 \omega^2 l_2 \cos \theta_2 \\ \quad + m_3 e_3 \omega^2 l_3 \cos \theta_3 \\ \quad + m_a e_a \omega^2 l_a \cos \theta_a \\ \quad + m_b e_b \omega^2 l_b \cos \theta_b = 0 \\ m_1 e_1 \omega^2 l_1 \sin \theta_1 + m_2 e_2 \omega^2 l_2 \sin \theta_2 \\ \quad + m_3 e_3 \omega^2 l_3 \sin \theta_3 \\ \quad + m_a e_a \omega^2 l_a \sin \theta_a \\ \quad + m_b e_b \omega^2 l_b \sin \theta_b = 0 \end{array}\right\} \quad (5.68)$$

となる．前記のように l_a, l_b を定めておき，e_a, e_b を設定すれば，m_a, m_b, θ_a, θ_b の計4個の未知数に対し方程式は4個であるので，これらの未知量が決定できる．このようなつりあわせを"動つりあわせ"といい，これを実行するには動つりあい試験機により動不つりあいの諸量を測定

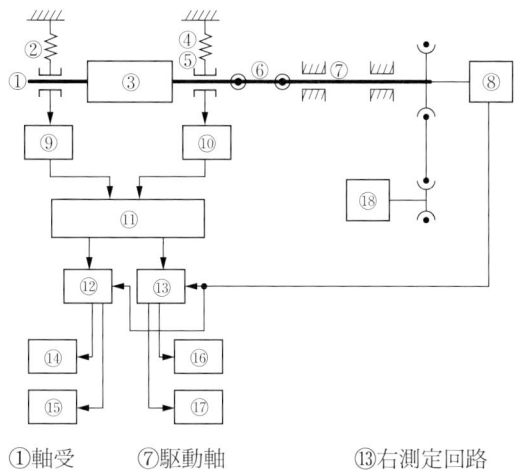

① 軸受　　　⑦ 駆動軸　　　　⑬ 右測定回路
② ばね　　　⑧ 角度基準発生器　⑭ 左角度指示計
③ ロータ　　⑨ ピックアップ（左）⑮ 左量指示計
④ ばね　　　⑩ ピックアップ（右）⑯ 右角度指示計
⑤ 軸受　　　⑪ 修正面分離回路　⑰ 右量指示計
⑥ 自在継手　⑫ 左測定回路　　　⑱ モータ

図5.39　動つりあい試験機の構成

し，それに基づいてつりあわせをとる．

　図5.39は動つりあい試験機の構成の一例を示している．これは横形（水平形）［縦形（垂直形）もある］機であり，図5.39に示すように，ばねで支えられた2つの軸受上にロータを取り付け，電動機によって所要回転数まで上昇し，このとき軸受部で振動を測定する．そして2つの修正面での不つりあいを求めて，つりあわせを行う．この場合，2面交互つりあわせ法，2面同時つりあわせ法とがあるが，現在では後者が多く用いられている．

(a) ハードタイプとソフトタイプ

　動つりあい試験機は，試験回転角速度 ω とロータ系を含む試験機の固有角振動数 ω_n との関係によってハード，ソフト2つのタイプに分けられる．横形動つりあい試験機はロータが鉛直面内で回転するとき，2自由度の振動をするよう製作されているが，1自由度系として簡単化して考える．質量 m のロータに不つりあい $U = me$ があり，これがばね定数 k，減衰係数 c，ならびに軸受などのばね上質量 m_o を持ち，角速度 ω で回転すると，軸受の水平方向の変位 x について運動方程式は

$$(m + m_o)\ddot{x} + c\dot{x} + kx = U\omega^2 \cos\omega t \tag{5.69}$$

となり，$(m' = m + m_o,\ \omega_0^2 = k/m',\ 2\zeta\omega_0 = c/m')$ と置くと，上式は

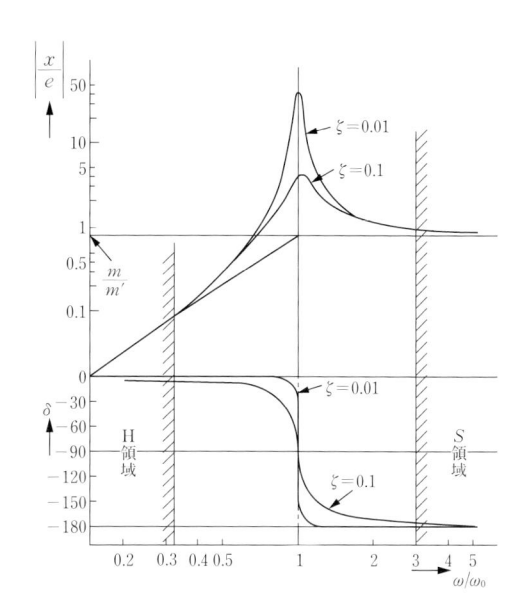

$$\ddot{x} + 2\zeta\omega_0\dot{x} + \omega_0^2 x = \frac{m}{m'}e\omega^2\cos\omega t \tag{5.70}$$

となる．この式の解は

$$x = \frac{(\omega/\omega_0)^2}{\sqrt{\{1-(\omega/\omega_0)^2\}^2 + 4\zeta^2(\omega/\omega_0)^2}}$$
$$\times \frac{m}{m'}e\cos(\omega t + \delta) \tag{5.71}$$

$$\tan\delta = \frac{2\zeta(\omega/\omega_0)}{(\omega/\omega_0)^2 - 1} \tag{5.72}$$

となる．上式より $x/e - \omega/\omega_0$，$\delta - \omega/\omega_0$ の関係を減衰比 ζ をパラメータとして図示すると図5.40のようになる．これらの図からわかるように試験機としては特性が平らな S 領域か H 領域か，いずれかを使う必要がある．また平らな領域が広いためには ζ（したがって c）が小さいことが条件になる．使用回転数が非常に高い場合は S 領域で，$\omega/\omega_0 \gg 1$ となり，式(5.71)，(5.72)より

$$x = -\frac{m}{m'}e\cos\omega t \tag{5.73}$$

で，変位は偏心量 e に比例する．このように機械系の固有振動数を試験回転数に比べて非常に低く（1/2〜1/3）とってある試験機をソフトタイプ（soft type）といい，逆に固有振動数が試験回転数に比べて非常に高い場合は H 領域で $\omega/\omega_0 \ll 1$ となり，式(5.71)，(5.72)より

$$x = \frac{f}{k}\cos\omega t \tag{5.74}$$

となり，変位は遠心力 f に比例する．このように固有振動数が試験回転数に比べて非常に高く

図5.40　変位と位相曲線

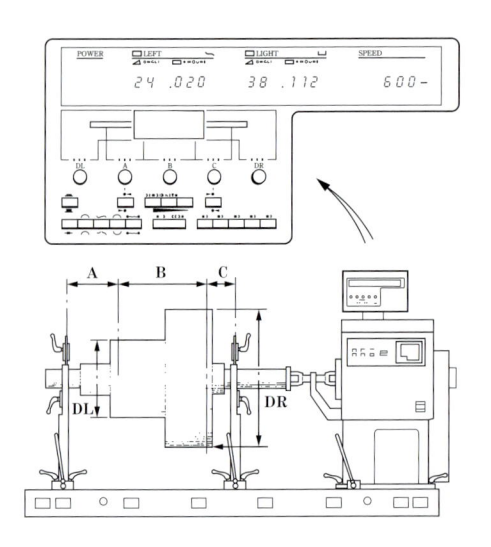

汎用ハードタイプ動つりあい試験機の一例を略図の図5.41に示す．前記のように，不つりあいロータをつりあい試験機の2つの軸受にて支持し，回転させると，軸受は振動するので，これらをピックアップで検出する．ピックアップは図5.42に示すような可動線輪形が多く使われるが，コンデンサ形も使われる．可動線輪形ピックアップは振動速度を測定するので，積分回路を経て変位に変え，これを電気出力にして，さらに修正面分離回路を通り，左右それぞれの修正面における不つりあい諸量［不つりあい質量，不つりあい角位置（位相）］としてメータに指示させる．

図5.41 動つりあい試験機の一例

図5.42 振動検出用ピックアップ

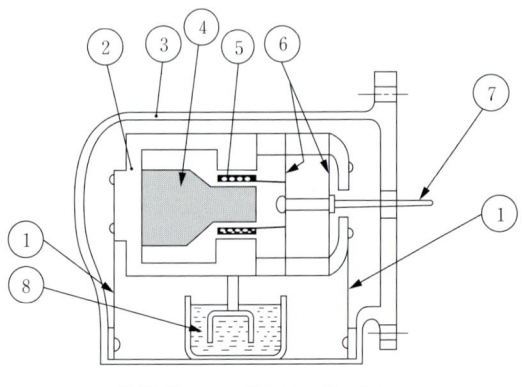

① 板ばね　⑤ ムビングコイル
② 内部ケース　⑥ ダイヤフラム
③ 外部ケース　⑦ 連結棒
④ 永久磁石　⑧ ダンパ(油)

(2～3倍)にとってあるものをハードタイプ(hard type)という．現在はハードタイプが使われることが多い．

(b) 不つりあい測定機構

5.5.3 実験装置および方法

ロータの動不つりあいの測定とつりあわせには，例えば図5.41に示すような専用の動つりあい試験機を用いる．実験の方法や手順は試験機ごとに定められているので，付属の取扱い説明書に従って行うこと．なお，動つりあい試験はロータが高速回転して危険を伴うため，取扱説明書の指示に従って注意深く操作することが重要である．

5.5.4 結果および考察

(a) 回転機器のつりあい良さの等級について調べてみよ．
(b) 修正されたロータはどのくらいのつりあい良さが得られたか．
(c) ロータのアンバランスの生ずる原因にはどんなものがあるか．

[謝辞]　本テーマは大部分を㈱明石製作所の諸資料により編集したもので，同社のご好意に御礼申し上げます．

5.6　回転軸系の振動と危険速度の測定

Key word　　回転機械，回転軸の振動，ふれまわり，危険速度，Rayleigh 法

5.6.1　目的

ガスタービンやターボ過給機のような回転機械において回転体が高速で回転すると，回転軸系はその固有振動数で共振して，ふれまわり現象を生ずる．このときの軸の回転数を危険速度といい軸系の設計においてはこれを知らなければならない．本実験では回転軸の中央に1つのロータがあるもっとも基礎的な回転軸系の危険速度を理論的に求めるとともに実験でも測定し，危険速度について一層の理解を深める．

5.6.2　回転軸の危険速度

図5.43のような真直の軸に円盤（ロータ）が中央に取り付けてある最も基本的な回転体について考えてみる．これが回転し，この回転体の横振動の固有振動数に等しい回転振動数（回転速度）に達すると急に振幅が大きくなる．これは回転によって生ずる遠心力が強制力として作用して共振現象を起こすためである．この回転速度のことを回転体の危険速度という．回転機械をこの速度で使用することは避けなければならない．

図5.43において，回転体は細い軸と円板とからできていて，円板は軸受間の中央に取り付けてある．軸受間の距離を l とし座標系は軸方向に x 軸，軸に鉛直下方向に y 軸，軸に垂直水平方向に z 軸をとる．原点Oは円盤の厚さの中心を通り回転軸線（x 軸）と平面 yz の垂直に交わる点をとる．この O_{xyz} 座標系は固定座標軸である．軸にたわみはなく完全に垂直ならば軸心（S点）と原点Oとは一致する．このように正確につくられ，円盤も均質な材料で完全にできていれば円盤の重心GもS点と一致する．しかし製作誤差等によりO, S, G点は一致しないのが一般的である．図5.44のように偏心 $\varepsilon = \overline{GS}$ 軸のたわみ $\delta = \overline{OS}$ とする．このロータが回転すると重心に遠心力が働き軸は全体として曲げを受ける．そして

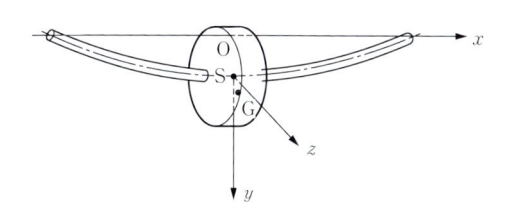

図5.44　回転軸の変形

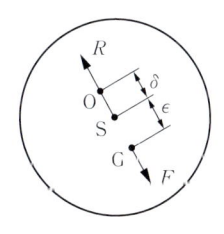

図5.45　危険速度以下のふれまわりの軸心Sと重心Gの位置関係

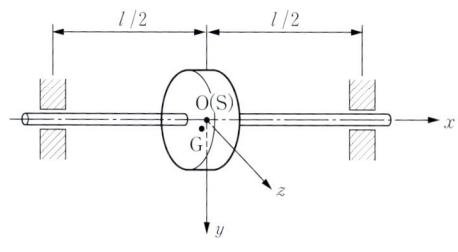

図5.43　回転軸モデル

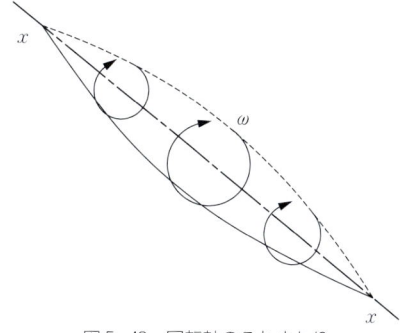

図5.46　回転軸のふれまわり

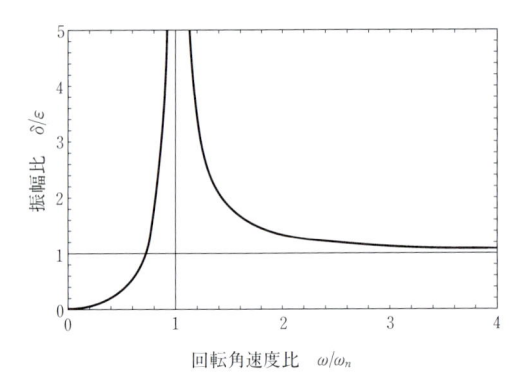

図5.47 ふれまわり振幅比(δ/ε)と回転角速度比(ω/ω_n)

軸心は原点からδだけずれて回転する．このたわみにより軸は円盤に次式のような復元力Rを与えてこれを引き戻そうとする．

$$R = (48EI/l^3)\delta \quad (5.75)$$

ここで，$48EI/l^3$は両端支持はりのばね定数である．

定常状態で回転していれば遠心力とこの復元力とはつりあわなくてはならないのでO，S，Gの3点は一直線上に並ぶ（図5.45）．そうすると遠心力Fは円盤の質量をmとすると

$$F = m(\delta + \varepsilon)\omega^2 \quad (5.76)$$

で表される．ただしωは回転体の角振動数である．

式(5.75)のばね定数を$k = 48EI/l^3$と置き，FとRがつり合うから

$$k\delta = m(\delta + \varepsilon)\omega^2 \quad (5.77)$$

式(5.77)より軸のたわみδは

$$\delta = \frac{m\varepsilon\omega^2}{k - m\omega^2} = \frac{(\omega/\omega_n)^2 \varepsilon}{1-(\omega/\omega_n)^2} \quad (5.78)$$

となり，この式を無次元化して

$$\frac{\delta}{\varepsilon} = \frac{(\omega/\omega_n)^2}{1-(\omega/\omega_n)^2} \quad (5.79)$$

と表すことができる．ただしω_nは回転体の横振動の固有角振動数である．

$$\omega_n = \sqrt{k/m} \quad (5.80)$$

横軸に無次元回転数$n/n_n=(\omega/\omega_n)$，縦軸に(δ/ε)をとり，式(5.79)をグラフに表すと図5.47のようになる．図からもわかるように，$\omega/\omega_n = 1$，つまり回転体が軸の固有角振動数ω_nで回転すると振幅は無限大となる．このことから，$n_c = 60 \times (\omega_n/2\pi)$を回転軸のふれまわりの危険速度といい，式(5.79)からもわかるような回転軸のふれまわり危険速度はその横振動の固有振動数に等しいということになる．

5.6.3 回転軸の危険速度の計算

回転軸の危険速度の計算法はRayleigh法をはじめ多くの計算法が確立されている．ここではかなり厳密解に近い近似解法として用いられるRayleigh法で危険速度を求めてみる．Rayleigh法は振動中の弾性軸（あるいは"はり"）のたわみ曲線を仮定し，そのたわみ曲線に基づく運動エネルギの最大値と弾性軸のひずみエネルギの最大値を等しいと置いて固有振動数を計算するものである．このとき仮定するたわみ曲線が厳密解におけるたわみ曲線と一致していれば，その固有振動数は厳密解の振動数と一致する．

(1) たわみ曲線としてはりの曲げたわみ曲線を仮定する場合

曲げ剛性EI，断面積A，密度ρが一様な両端支持のはり（軸）の中央に質量mのロータが取り付けてある系（図5.48）の固有角振動数を求めてみる．はりのたわみ曲線の方程式は$M = -EI \times (d^2y/dx^2)$であり支持はりは次の境界条件を有する．

$$(y)_{x=0} = 0, \quad (y)_{x=l} = 0$$
$$(d^2y/dx^2)_{x=0} = 0, \quad (d^2y/dx^2)_{x=l} = 0 \quad (5.81)$$

図5.48の左半分（$0 \leq x \leq l/2$）において境界条件を満足するたわみ曲線の式は

$$y = y_0\left(3\frac{x}{l} - \frac{4x^3}{l^3}\right) \quad (5.82)$$

$$y_0 = Fl^3/48EI$$

（Fははりの中央に作用する力）

である．x位置の変位を$y\sin\omega t$とすれば（ω：角振動数，t：時間），その点の速度はこれを微分して$y\omega\cos\omega t$となり，系の運動エネルギの最大値は

$$T_{\max} = \frac{m}{2}y_0^2\omega^2 + \frac{\rho A}{2}2\int_0^{l/2}(y\omega)^2 dx$$
$$= \frac{y_0^2\omega^2}{2}(m + 0.486m_b) \quad (5.83)$$

ここで$m_b = \rho A l$である．ただしρははりの密度，Aは断面積，lは長さである．一方，はりの

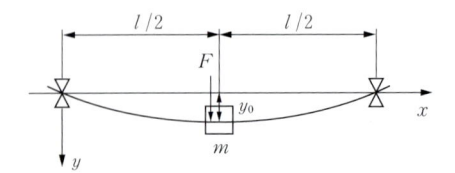

図5.48 回転軸のたわみ

曲げひずみエネルギーの最大値は

$$V_{\max} = \frac{EI}{2}\int_0^l \left(\frac{d^2y}{dx^2}\right)^2 dx = \frac{1}{2}\cdot\frac{48EI}{l^3}y_0^2 \tag{5.84}$$

となる．ただし E ははりの縦弾性係数，I は断面 2 次モーメントである．式(5.83)と(5.84)を等しいと置き，ω を求めると

$$\omega = \sqrt{\frac{48EI}{(m+0.486m_b)l^3}} \tag{5.85}$$

となる．

(2) たわみ曲線として三角関数曲線を仮定する場合

たわみ曲線として

$$y = y_0\{\sin(\pi/l)x\} \quad (0 \leq x \leq l) \tag{5.86}$$

を仮定して考える．運動エネルギの最大値とひずみエネルギの最大値はそれぞれ

$$T_{\max} = \frac{m}{2}y_0^2\omega^2 + \frac{\rho A}{2}\int_0^l \left\{\omega y_0(\sin\frac{\pi}{l}x)\right\}^2 dx$$
$$= \frac{y_0^2\omega^2}{2}\left(m+\frac{m_b}{2}\right) \tag{5.87}$$

$$V_{\max} = \frac{EI}{2}\int_0^l \left\{\frac{d^2}{dx^2}\left(\omega y_0\sin\frac{\pi}{l}x\right)\right\}^2$$
$$= \frac{1}{2}\cdot\frac{\pi^4 EI}{2l^3}y_0^2$$
$$= \frac{1}{2}\cdot\frac{48.7EI}{l^3}y_0^2 \tag{5.88}$$

$T_{\max} = V_{max}$ より

$$\omega = \sqrt{\frac{48.7EI}{(m+0.5m_b)l^3}} \tag{5.89}$$

式(5.85)，(5.89)から軸の質量の約半分を軸の中央に加えればよい．また，この式(5.85)，(5.89)の ω が回転軸の危険速度を表す角振動数 (ω_c) である．危険速度 n_c は

$$n_c = \frac{60}{2\pi}\omega_c \quad [\text{rpm}] \tag{5.90}$$

となる．

5.6.4 実験装置および方法

(1) 実験装置 （図5.49）
　①：供試ロータおよび回転軸
　②：ボールベアリング（ピロー型203J）
　③：フレキシブルカップリング
　④：可変速モータ
　⑤：スライダック

(2) 測定装置

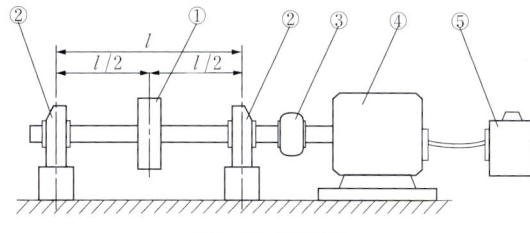

図5.49 実験装置

・ディジタル回転計（光電式）
・振動計（非接触変位計）
・各種のレコーダ

(3) 実験方法

(a) 非接触変位計を校正し，校正グラフまたは表をつくる（取り扱い説明書参照）．実験時変位計とロータの間隔は2.5～3 mmにセットする．

(b) モータの回転数の制御はスライダックによる電圧で制御できる．低電圧域では回転数が不安定な場合もある．

(c) 回転数の読み取り
・ディジタル回転計なので回転数 [rpm] を直読できる．ただし変動がはげしいときは参考値とする．
・回転計のパルス信号を各種のレコーダに記録してこれより正確な回転数を読み取る．

(d) 回転軸の振動数，振幅は各種のレコーダの記録波形より読み取る．

(e) 記録のとり方
・モータを低回転から徐々に上昇させ，危険速度を越えるまでの範囲で100回転ごとくらいに波形の記録をとる．ただし危険速度付近はこまかにとってみる．
・同様に高速域から低速に向かって記録をとってみくもよい．この方がモータの回転が安定する場合がある．

(f) 実験上の注意
・実験中は回転軸と直角方向に人がいないこと．
・記録をとる前に現時点の状態で危険速度が越えられるか確認をすること．
・共振回転数付近で長時間運転しないこと（この領域ではすばやく記録をとること）．

5.6.5 結果および考察

(a) Rayleigh法により供試ロータの危険速度

を計算せよ.

(b) 各種のレコーダの記録より共振曲線を描け.横軸は回転数 [rpm],縦軸は変位(片振幅)とせよ.

(c) 計算結果と記録結果とを比較検討せよ.

6章 メカトロニクス

　コンピュータの性能の驚異的な発達により，これまでの機械の多くにコンピュータが搭載されソフトウェアで制御されるようになってきている．さらに，ヒューマノイド型ロボットに代表されるような，これまで不可能と思われてきた機械システムが出現しはじめている．機構設計を行う機械技術者はコンピュータ，および機械とコンピュータとのインターフェイスに対する十分な知識と経験が求められているのである．これらの知識体系を総称してメカトロニクスという和製英語が使われているが，メカトロニクスは第二次大戦（1945年）以降にそれぞれの工学分野（コンピュータ工学，電気・電子工学，制御工学，機械工学）で培われてきた技術を統合した体系であると考えられる．したがってメカトロニクスの基礎知識は，それぞれの分野の基礎知識ということになる．

　本章では，メカトロニクスに必須の電気・電子工学分野の基礎知識および制御工学の基礎知識についての実験をまず行う．さらに，コンピュータ，駆動回路，センサーおよび機械を組み合わせた制御システムの制御実験およびロボットの制御実験を行う．

　第1節はアクティブ素子（電圧・電流増幅が可能な素子）としてトランジスタの基礎とトランジスタを集積して作られた素子であるオペアンプ（Operational Amplifier）についての実験である．この知識はセンサーからの信号を処理するために必要となる．続いて第2節では論理回路素子についての実験を扱う．論理回路を理解することは，コンピュータの基本アーキテクチャを理解する上での基礎となる．第3節はサーボ機構の応答特性の実験である．ビームの上に載せられたボールの位置をコンピュータでリアルタイムで制御する実験であり，PID制御の意味について体得する．第4節では実際に多くの産業分野で使用されている産業用ロボットを動かす実験である．コンピュータでプログラムを組み，ロボットに作業を行わせる．第5節は車体のアクティブ制振実験である．車に取り付けられた変位センサーからの信号をもとに車体の応答特性を調節し，なるべく路面の振動が車体に伝わらないような制御システムを構築し，実験を行う．

SONY Qrio
http://www.sony.co.jp/SonyInfo/QRIO/top_nf.html

6.1 アナログ回路

Key word オペアンプ, トランジスタ, IC

6.1.1 目的

電子回路の基礎になっているのはトランジスタである．この章では，バイポーラトランジスタを使用した増幅回路例の動作を考えることによって，トランジスタ回路の基本特性を理解する．またオペアンプは多数のトランジスタを集積化したアナログICであるが，理想的な増幅器として扱えるため，きわめて便利な素子として広く利用されているものである．オペアンプについても，簡単な基本回路によって使い方を学ぶことにする．

6.1.2 トランジスタ

(1) トランジスタの基礎

図6.1はバイポーラトランジスタのシンボル記号と外観の一例である．ベース(B)に流れる微少なベース電流 I_B の変化によって，コレクタ(C)・エミッタ(E)間に流れるコレクタ電流 I_C を制御することができる．この制御（増幅）動作は，ベース電流が流れないためコレクタ電流も流れない遮断状態と，ベース電流が増加してもコレクタ電流が増加しない飽和状態と，両者の中間の，コレクタ電流がベース電流に比例的に変化する活性状態の3つに区別される．遮断と飽和状態はディジタル回路で使用されるが，アナログ回路では主として活性状態が対象になる．

ベース・エミッタ間電圧 V_{BE} とベース電流 I_B の関係は，図6.2に示すように，V_{BE} が約 0.6V 以上になると，I_B が急速に増大する特性がある．V_{BE} が約 0.6V 以下が遮断状態であり，活性状態，飽和状態にあるトランジスタ回路では，V_{BE} は 0.6〜0.7V になっているとして扱うことができる．

(2) 光電流の増幅

(a) 実験回路

図6.3はフォトトランジスタ Tr_1 の光電流を増幅する回路で，増幅用トランジスタ Tr_2 のエミッタが接地されたエミッタ接地回路の一例である．フォトトランジスタでは，普通のトランジスタのベース電流に相当するのは入射光照度で，入射光照度によってコレクタ・エミッタ間電流，すなわち光電流が制御される．測定する光電流が流れている状態で，Tr_2 が活性状態になるように，ベース・エミッタ間電圧 V_{BE} を 0.6V 以上にする条件と，暗電流では遮断状態になる条件から，フォトトランジスタの負荷抵抗 R_1 は次式のように選定される．光電流を I_p，暗電流を I_{p0} とすれば

$$R_1 I_p > 0.6\text{V}, \quad R_1 I_{p0} < 0.6\text{V}$$

(b) 課題

(i) トランジスタの型名（2SC1817など）の付け方を説明せよ．

(ii) 図6.3の回路を組み立て，フォトトランジスタの入射光を変えながら，光電流 I_p と

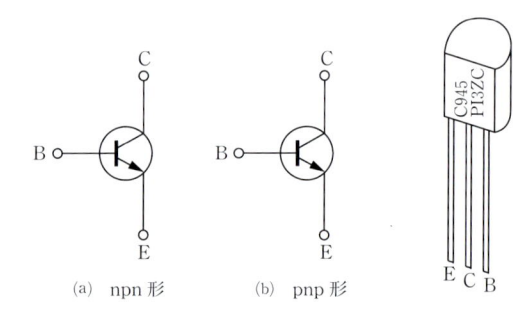

(a) npn 形 (b) pnp 形

図6.1 バイポーラトランジスタの記号と外観

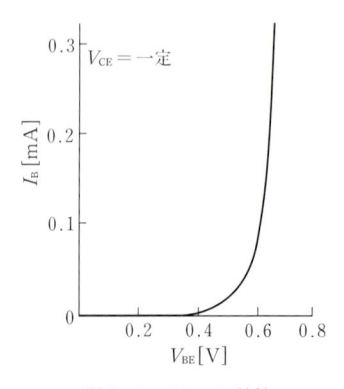

図6.2 V_{BE} - I_B 特性

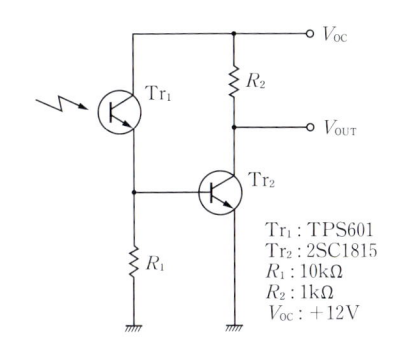

図 6.3 光電流増幅回路

　ベース電流 I_B ベース・エミッタ間電圧 V_{BE}，出力電圧 V_{out} の間の関係を調べよ．
(iii) フォトトランジスタと負荷抵抗 R_1 を入れ替えると出力特性はどのように変わるか．

(3) **電力増幅**

(a) 実験回路

　トランジスタはエミッタ以外の電極を接地しても使用され，接地の仕方によってそれぞれ異った特性が得られる．

　図6.4は，オペアンプ（6.1.3項参照）の出力を増幅する回路で，コレクタが接地されているものである．負荷にかかる電圧が正負になりうるので，双方向サーボ増幅器とよばれ，サーボモータの駆動などに利用される．この回路は一種のエミッタフォロワでもある．

　オペアンプの入力電圧 V_1 は増幅され V_0 になるが，このままでは大きな電流を流すことができない．そこで，オペアンプの出力は，A点から右の回路で電流増幅される．上側の回路には npn 形トランジスタ Tr_1 が，下側の回路ではこれと相補的な（コンプリメンタリ）*pnp 形トランジスタ Tr_2 が使用され，対称的な構造になっている．オペアンプの出力端子 A とトランジスタのベースの間にはダイオード D_1 あるいは D_2 が挿入されている．

　ダイオードの端子間の電圧・電流特性はトランジスタのベース・エミッタ間のそれと類似である．したがって，V_0 が正の場合，上側の回路で，A点から出てダイオードを通って増加した電圧分（約 0.6 V）が npn 形トランジスタのベース・エミッタ間で低下し，結局エミッタ端子 B の電圧は，A点の電圧 V_0 とほぼ等しくなる．V_0 が負の場合も，同様にしてB点の電圧はA点とほぼ等しくなる．したがって，負荷抵抗 R_L に流れる電流 I_L は V_0/R_L となり，V_0 に比例した大きな電流が得られる．

　I_L の最大値は，電源電圧 V_{cc} に対しほぼ V_{cc}/R_L であり，トランジスタはこれ以上の電流を流せるものでなければならない．

(b) 課題
(i) 図6.4の回路を組み立て，V_1 に加えた正負に変化する信号によって負荷電流 I_L がいかに変わるかを測定せよ．特に零線をよぎるところを注意せよ．
(ii) ダイオード D_1，D_2 がない場合，出力電流はどのような変化をするか考えよ．

6.1.3 オペアンプ（演算増幅器）

(1) **オペアンプの基礎**

　図6.5にオペアンプのシンボル記号と，DIP形の一品種（μA741）のピン接続図を示す．オペアンプは，2つの入力端子すなわち反転端子（−）と非反転端子（＋）の間の電圧 V_s が，開ループ状態では μ 倍に増幅される増幅器であるが（$V_2 = \mu(V_1^+ - V_1^-)$，$\mu \gg 0$），一般に負帰還で使用され，理想化していえば以下に要約されるような著しい特徴を持っている．

・開ループ増幅度（オペアンプ自体の増幅

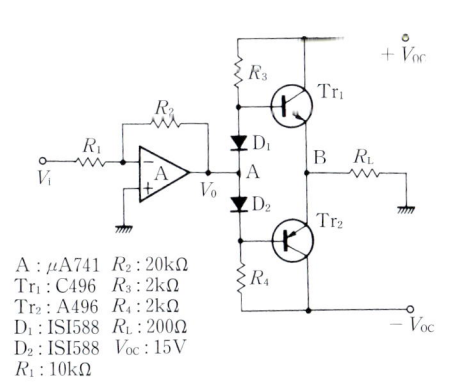

図 6.4 双方向サーボ増幅器

A：μA741　R_2：20kΩ
Tr_1：C496　R_3：2kΩ
Tr_2：A496　R_4：2kΩ
D_1：ISI588　R_L：200Ω
D_2：ISI588　V_{OC}：15V
R_1：10kΩ

＊）電流，電圧極性が逆である以外すべての電気的特性が等しい一組の pnp 形，npn 形トランジスタを相補的（コンプリメンタリ）トランジスタという．

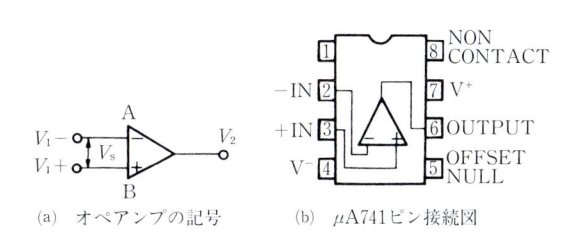

(a) オペアンプの記号　　(b) μA741ピン接続図

図 6.5 オペアンプの記号とピン接続図

度）μ は無限大
- 入力インピーダンスは無限大
- 出力インピーダンスは零

これらの性格から，反転端子 A と非反転端子 B とは同じ電圧にあり，しかも両者の間のインピーダンスは無限大であることが示される．両端子が同じ電圧であることをイマジナリショートという．非反転端子を接地した場合は，A 点はアース電位となる．このことをイマジナリアース（仮想接地）という．現在のオペアンプは，通常の使い方の場合ほとんど理想的なオペアンプとして扱えるので，上に述べた性質を使って比較的簡単に回路を解析することができる．

(2) オペアンプの基本回路

(a) 実験回路

図6.6(a)は，反転増幅といわれるオペアンプの最も基本的な回路で，入力電圧を V_1，出力電圧を V_0 とすれば，増幅度は外付の抵抗 R_2, R_1 の比だけで決まり，以下の関係がある．

$$V_2/V_1 = -R_2/R_1 \tag{6.1}$$

以下の回路図では電源端子 4，7 とオフセット調節用可変抵抗の端子 1，5 は省略してある．

図6.6(b)は加算回路で，次の関係がある．

$$V_0 = -\{(R/R_1)V_1 + (R/R_2)V_2 + (R/R_3)V_3\} \tag{6.2}$$

図6.6(c)は積分回路で，次の関係がある．

$$V_0(t) = -\frac{1}{CR}\int_0^t V_1(t)dt \tag{6.3}$$

(b) 課題

(i) 理想オペアンプの基本特性から，式(6.1)〜(6.3)を導け．

(ii) 図6.6の各回路を組み立て，正弦波入力電圧に対する出力電圧を観測せよ．

(iii) 図6.6(a)の増幅回路と図6.6(c)の集積回路における周波数特性を測定せよ．

(3) 発振回路

(a) 実験回路

オペアンプの応用回路の一例として，図6.7に示す方形波，三角波発生回路をあげる．オペアンプ A_1 は正帰還されており，−端子（接地）より+端子の電圧が少しでも大きくなると，B 点の出力電圧は正の飽和電圧になり，逆の場合は負の飽和値になる．A 点の電圧 V_R は，B 点とオペアンプ A_2 の出力点 C の電圧を R_1 と R_2 の比で分割したものであり，C 点の電圧 V_0 は飽和電圧 V_s を，オペアンプ A_2 で積分したものである．いま V_s が正であるとすると，V_0 は時間とともに直線的に減少（式(6.3)の符号に注意）するので，V_R は増加していき，零を通過した瞬間から V_s は負に転じる．以下同様な過程で，ある時間の後に V_s は正に転換する．このようにして，B 点からは方形波，C 点からはそれを積分した三角波が観察される．周期 T は次式で与えられる．

$$T = 4CR(R_2/R_1)$$

(b) 課題

(i) 図6.7の回路を組み立て，各部の波形を観察せよ．

(ii) 周期 T の式を誘導せよ．

(iii) 上記以外のオペアンプ応用回路一例を組み立て，特性を観察せよ．

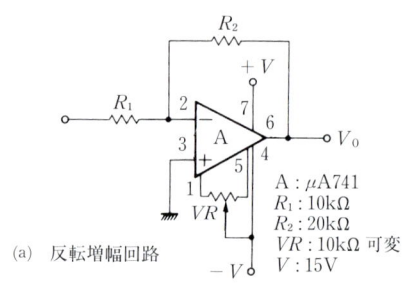

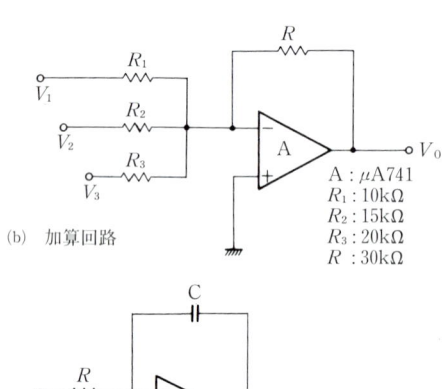

図6.6 オペアンプ基本回路

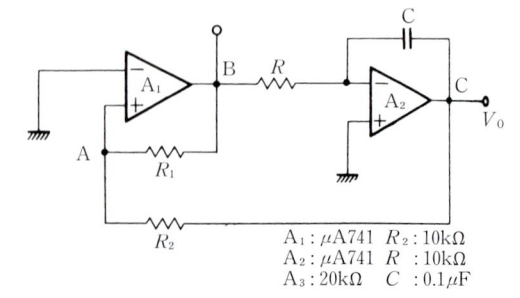

図6.7 方形波・三角波発生回路

6.2 ディジタル回路

Key word　論理回路，ディジタルIC，2進数

6.2.1 目的

産業用ロボットなどに代表されるメカトロニクス機器の動作信号処理を行う上で，ディジタル回路技術は極めて重要なウエイトを占めており，その知識の修得はすべての機械技術者にとって必修のことと考えられる．ここでは，ディジタル回路に多く用いられているC-MOSICを利用してNANDゲートの基本特性を実験的に調べ，その動作，性能を理解することを目的とする．

6.2.2 ディジタル回路に用いられる基本論理回路

メカトロニクス機器の電気系には，一般にアナログ回路においては1本の配線で送られる信号は時間とともに変化し，不定であるのに対し，ディジタル回路では，1本の配線は"0"か"1"のどちらかの信号しか扱わない．したがって，論理判断を行うのに非常に便利であり，実際には大部分がディジタル回路である．

さて，ディジタル回路で用いられる2値信号"0"と"1"は，電圧レベルの高低によって決定され，正論理では電圧レベルがHIGHのとき"1"，LOWのとき"0"と定義される．表6.1に，ディジタル回路に用いられる基本論理回路のMIL記号と論理式並びに真理値表を示しておく．NOT回路は否定で，入出力値を反転させるもので，インバータともよばれている．AND回路は論理積を定義するもので，入力のすべてが"1"のとき出力が"1"となり，その他の入力状態では出力は"0"となる．OR回路は論理和であり，入力がすべて"0"のときに出力は"0"であり，入力のうち1つでも"1"があれば出力は"1"となる．NAND回路はAND回路の後にNOT

表6.1　ディジタル回路における基本論理回路

論理	MIL 記号	論理式	真理値表 A B C
NOT	$A \triangleright\!\circ\, C$	$C = \overline{A}$	0　1 1　0
AND	$\begin{matrix}A\\B\end{matrix}\!\!\!\supset\!\! C$	$C = A \cdot B$	0 0 0 0 1 0 1 0 0 1 1 1
OR	$\begin{matrix}A\\B\end{matrix}\!\!\!\supset\!\! C$	$C = A + B$	0 0 0 0 1 1 1 0 1 1 1 1
NAND	$\begin{matrix}A\\B\end{matrix}\!\!\!\supset\!\circ\, C$	$C = \overline{A \cdot B}$	0 0 1 0 1 1 1 0 1 1 1 0
NOR	$\begin{matrix}A\\B\end{matrix}\!\!\!\supset\!\circ\, C$	$C = \overline{A + B}$	0 0 1 0 1 0 1 0 0 1 1 0
EXCLUSIVE OR	$\begin{matrix}A\\B\end{matrix}\!\!\!\supset\!\circ\, C$	$C = \overline{A} \cdot B + A \cdot \overline{B}$	0 0 0 0 1 1 1 0 1 1 1 0

表6.2　2進数，10進数，16進数の関係

10進数	2進数	16進数
0	0	0
1	1	1
2	1 0	2
3	1 1	3
4	1 0 0	4
5	1 0 1	5
6	1 1 0	6
7	1 1 1	7
8	1 0 0 0	8
9	1 0 0 1	9
10	1 0 1 0	A
11	1 0 1 1	B
12	1 1 0 0	C
13	1 1 0 1	D
14	1 1 1 0	E
15	1 1 1 1	F

回路を組み合わせたもので，入力のすべてが"1"のときに出力が"0"となり，その他の入力状態では出力が"1"となるものである．NOR回路は，OR回路の後にNOT回路を組み合わせたもので，入力がすべて"0"のときは出力は"1"となり，その他の入力状態では出力は"0"となる．EXCLUSIVE OR回路は排他論理和で，入力のすべてが"0"あるいは"1"のとき出力は"0"となり，その他の入力状態では出力は"1"となる．以上のような基本論理回路を組み合わせることにより，メカトロニクス機器に高度な論理判断を行わせることができる．

ところで，上に述べたようにディジタル回路では"0"と"1"を組み合わせた2進法が使われるが，2進法は桁が多くなって不便であるので，普通は16進数表示を用いる．2進法と10進数および16進数の関係を表6.2に示しておく．これらの値は記憶しておくと便利である．

6.2.3 ディジタルIC

基本論理回路を内蔵するディジタルICの代表的なものとしては，現在TTL（トランジスタ・トランジスタ・ロジック）とC-MOSIC（コンプリメンタリ・モス）の2つが広く用いられている．

TTLには，ゲート回路を構成するNOT，NAND，ORなどの基本論理素子のほかに，フリップフロップ，レジスタ，カウンタ，デコーダなどがある．

ディジタル回路においては，すでに述べたように電圧のHIGHレベルとLOWレベルで信号の伝達を行うようになっているが，TTLではHIGHレベルとして$2.4 \sim 5.5V$の電圧が，LOWレベルとして$-0.6 \sim 0.4V$の電圧値がそれぞれ設定される．このようにTTLでは電源電圧が比較的せまい範囲に限られているので，使用に際して注意しなければならない．

C-MOSはpチャンネルとnチャンネルの電界効果トランジスタを組み合わせたものであり，TTLに比べて電源電圧が$0 \sim 16V$と広範囲であり，また消費電力は約1％と極めて少ないという特長を持っている．

図6.8はNAND回路を4組内蔵する最も広く用いられているC-MOSICの例を示したもので，TTL ICについても全く同じ機能を有するものが市販されている．図の14番ピンは電源用の端子を，7番ピンはアース接続端子をそれぞれ示している．いま1番と2番のピンに入力信号"0"か"1"を与えれば3番ピンがその出力端子となる．同様にして，たとえば8番ピンと9番のピンに入力し，10番ピンで出力を得ることもできる．なお，NAND以外の機能を有するディジタルICについてもその使い方は図6.8に示すものと基本的に同じである．

6.2.4 実験項目

(1) NAND回路を4組内蔵するC-MOSICを用いて図6.9に示すような回路を組み，スイッチA，Bを"開"または"閉"の状態にして出力端子Cにおける電位差をテスタによって測定せよ．この実験によって表6.1に示すNAND回路の真理実験表の真偽を確認せよ．さらに，他の入・出力端子についても同様な実験を行え．

(2) 実験(1)で用いたものと同じC-MOSICを用いて図6.10のような回路を組み，抵抗Rを$0 \sim 10k\Omega$まで変化させたときの入力電圧V_iと出力電圧V_0を測定し，図6.11に示すようなグラフを描け．

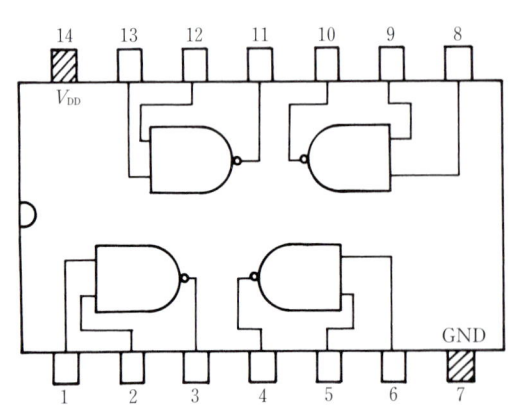

図6.8 ディジタルICの例

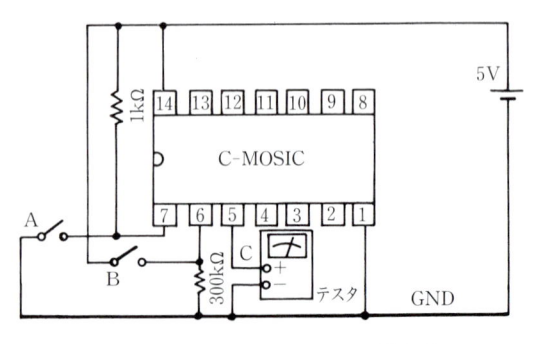

図6.9 NANDゲートの基礎特性実験

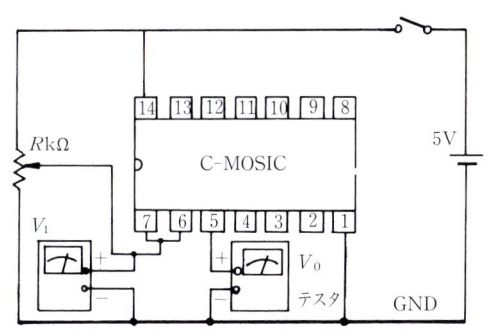

図 6.10 スレシホールド電圧の測定実験

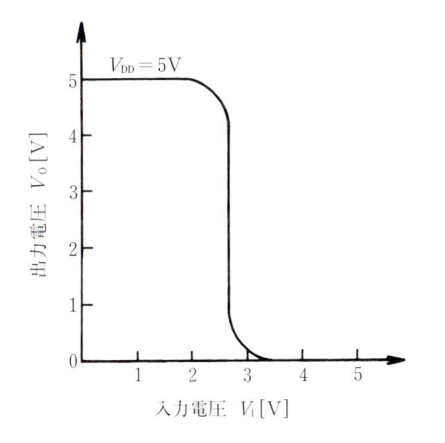

図 6.11 入力電圧と出力電圧の関係

6.2.5 課題

(a) 10進数から2進数へ変換するにはどのようにすればよいか考えよ．同様に2進数から16進数への変換についても考察せよ．

(b) 実験(2)で得られた結果から，出力電圧 V_o が反転するときの入力電圧 V_i の値，すなわちスレシホールド電圧の値を求めよ．また，その結果について考察せよ．

(c) フリップフロップ，レジスタ，カウンタ，デコーダはそれぞれどのような機能を持つディジタル IC であるか調査せよ．

6.3 サーボ機構の応答特性

Key word フィードバック制御，位置制御，PID 制御

6.3.1 実験目的

本実験はコンピュータを用いた機械制御の仕組みを理解することが目的である．教材の CE106 ボール・ビーム装置はビーム角およびビームに乗せられたボールの位置の制御を体得するためにつくられている．コントローラ CE122 はコンピュータからリアルタイムに制御信号を受信し，CE106 を駆動する．オペレータはコンピュータ画面上で自在に制御ループを組み，各パラメータ値を変えて制御性能を比較することができる．本実験では，とくに，現在もっとも広範に応用されている PID（比例・積分・微分）制御について学習することを目的とする．

6.3.2 実験装置

　　CE106 Ball & Beam 装置
　　CE122 ディジタルコントローラ
　　コンピュータ

図6.12に実験装置の結線を示す．図6.12のように配線されていることを確認せよ．

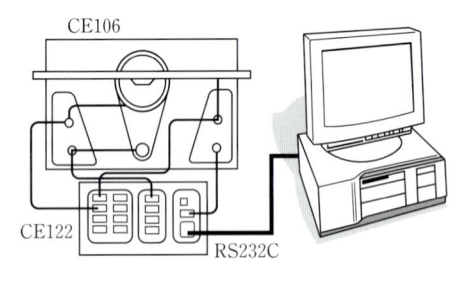

図 6.12　実験装置

6.3.3 PID 制御

(1)　**比例制御**（Proportional Control）

制御の目的は制御対象（機械の動きや薬品，食品の製造過程）の制御変数（モータの角度や薬品等の反応過程における温度など）を目標の値にい

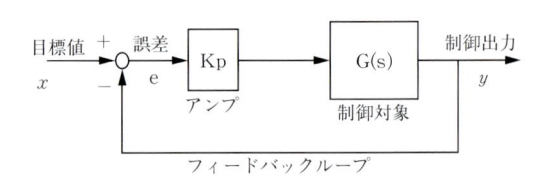

図 6.13　比例制御ブロック図

かにうまく調節するか，にある．図6.13にもっとも簡単な比例制御のブロック図を示す．制御コントローラは制御変数の目標値が与えられると，現在の制御変数の値（制御出力）と引き算をし，誤差 e を算出する．この誤差がアンプに入力されて Kp 倍される．この Kp を比例ゲインとよぶ．eKp の値が制御対象に入力され，制御対象が変化する．この簡単な制御方式はいくつかの問題があり，Kp を調節しても精度の高い制御を行うことができない．本実験では，この問題点をまず実体験する．

(2)　**PID 制御**

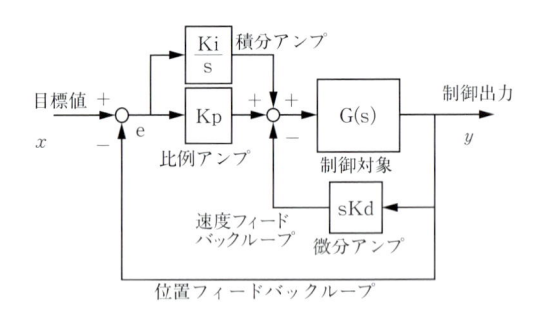

図 6.14　PID 制御ブロック図

図6.14に PID 制御方式のブロック図を示す．比例ゲイン Kp を調整できる比例アンプ，積分ゲイン Ki を調節できる積分アンプおよび，微分ゲイン Kd を調節できる微分アンプがある．積分アンプでは誤差 e の積分を行い，Ki をかけて制御対象への入力に加える．微分アンプでは制御出力 y の微分を行い，その値に Kd をかけて，制御対

象への入力から減じる．この3つのゲインKp, Ki, Kdをうまく調節して最適な制御性能を引き出そうというわけである．本実験ではこの3つのゲインを変化させ制御性能の違いを確認する．

6.3.4 実験方法

(1) ビームの角度制御

　Windows画面のCE2000のアイコンをクリックすると，図6.15のように，CE2000コントロールソフトウェアが立ち上がる．続いて次のようにビームの角度制御のブロック図をオープンする．
File　メニューをマウスの左ボタンでクリック，Open circuit　をクリック，
フォルダc：¥ce2000¥ce106をダブルクリック，
bangle.jctをダブルクリック

　図6.16のように，ビームの角度制御のためのブロック図が表示される．目標入力は関数発生器（Function Generator）から発生される0.1［Hz］周期の矩形波である．比例アンプ，積分アンプ，微分アンプのブロックがあり，それぞれ，比例ゲインKp，積分ゲインKi，微分ゲインKdを変えることができる．たとえば，カーソル（矢印）をマウスで比例アンプのブロックにおき，マウスの左ボタンをクリックしてみよう．そうすると，比例ブロックの設定画面が開き，Gainと書かれたコラムに数値を代入できようになっていることがわかる．ここにキーボードから数値を代入する．代入し終わったら，設定画面の下にある緑の✓マークをクリックする．

(a)比例制御（P制御）

　まず，比例制御のみでビームを駆動してみよう．積分ブロックおよび微分ブロックを開き，Gainをそれぞれゼロにする．比例ブロックを開き，Gainを0.5にする．続いて▶マーク（スタートボタン）をクリックするとビームが動きはじめる．同時に，画面上のチャートボックスに，目標入力の矩形波（赤）と制御出力であるビームの角度変化（青）が表示される．■（ストップボタン）

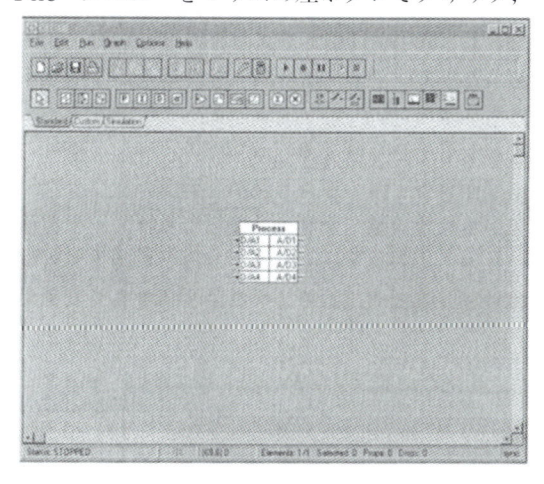

図6.15　CE2000立上げ画面

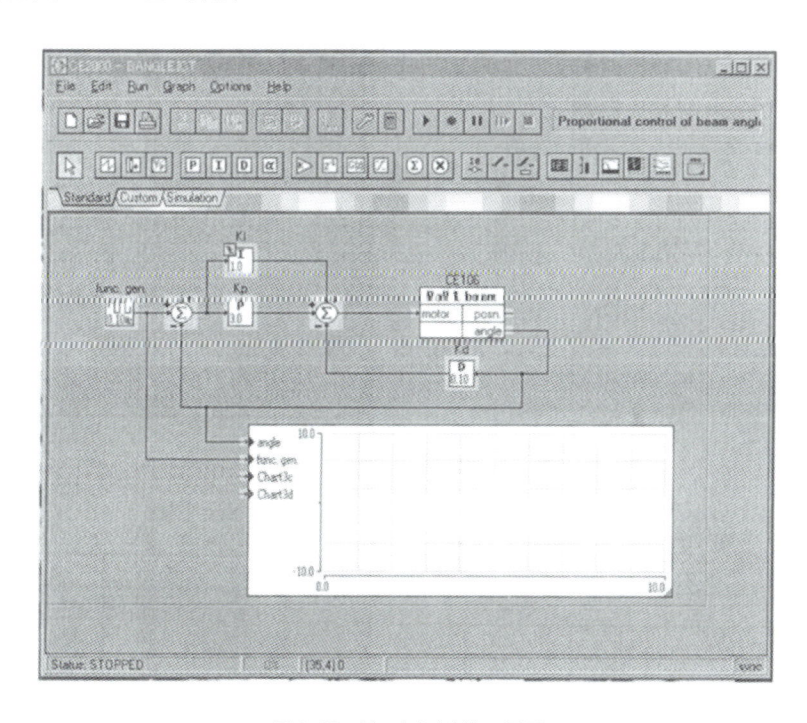

図6.16　ビーム角度制御　画面

をクリックしてビームを止める．今度は比例ゲインを4にして，同じようにスタートしてみよう．続いて，チャート画面に流れている矩形波（赤い線）が4［V］の時の中間の時刻に，赤丸のボタン●をクリックすると波形データの記録が開始される．約10秒間経過後ストップボタン■を押す．続いてスタートボタンより3つ左にある，Draw Graphボタンをクリックすると図6.17のように，今記録した波形が描画される．

カーソルはグラフ上では十字になっており，その中心の座標が右下に数字で示されている．この数字を読んで，図6.17に示した3つの値を測定せよ．
Sp［V］はオーバーシュートといい，矩形波のステップ高さ4［V］で割った値とせよ．tp［s］はビーム角が変化をはじめてからオーバーシュートが生じるまでの時間，Sd［V］は定常偏差とよばれているもので目標値と制御出力との定常的なずれをいう．Sdも4［V］で割ること．ts［s］は整定時間とよばれ，制御出力が変化を開始してから一定値に整定するまでの時間である．比例ゲインKpを表6.3のように変えて実験を行い，表6.3に結果を記入せよ．

(b) 比例・微分制御（PD制御）

次に速度フィードバックを加えて応答の変化を調べる．Kpを4にせよ．Kdを表6.4のように変えて，上と同じ値を測定し，表6.4に結果を記入せよ．

(c) 比例・積分・微分制御（PID制御）

さらに積分を加えた比例・積分・微分制御（PID制御）を行う．Kpを2, Kdを0.15とせよ．Kiを表6.5のように変え，上と同じ値を測定し，

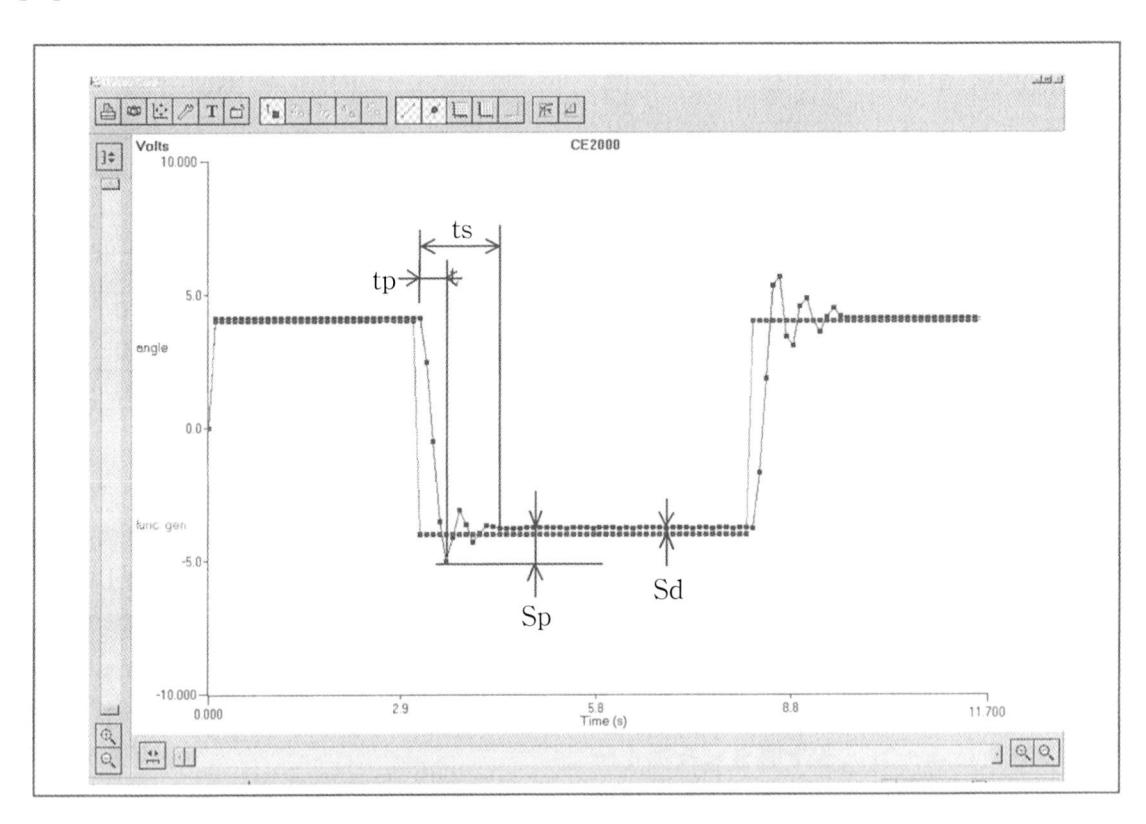

図6.17 ビーム角の角度制御結果

表6.3 ビーム角の比例制御結果

Kp	|Sp|/4	t p sec	|Sd|/4	t s sec
1.0				
2.0				
3.0				
4.0				
5.0				

表6.4 ビーム角の比例・微分制御結果

Kd	|Sp|/4	t p sec	|Sd|/4	t s sec
0.0				
0.1				
0.2				
0.3				
0.4				

表6.5 ビーム角の比例・積分・微分制御結果

Ki	|Sp|/4	t p sec	|Sd|/4	t s sec
0.0				
0.1				
0.2				
0.3				
0.4				

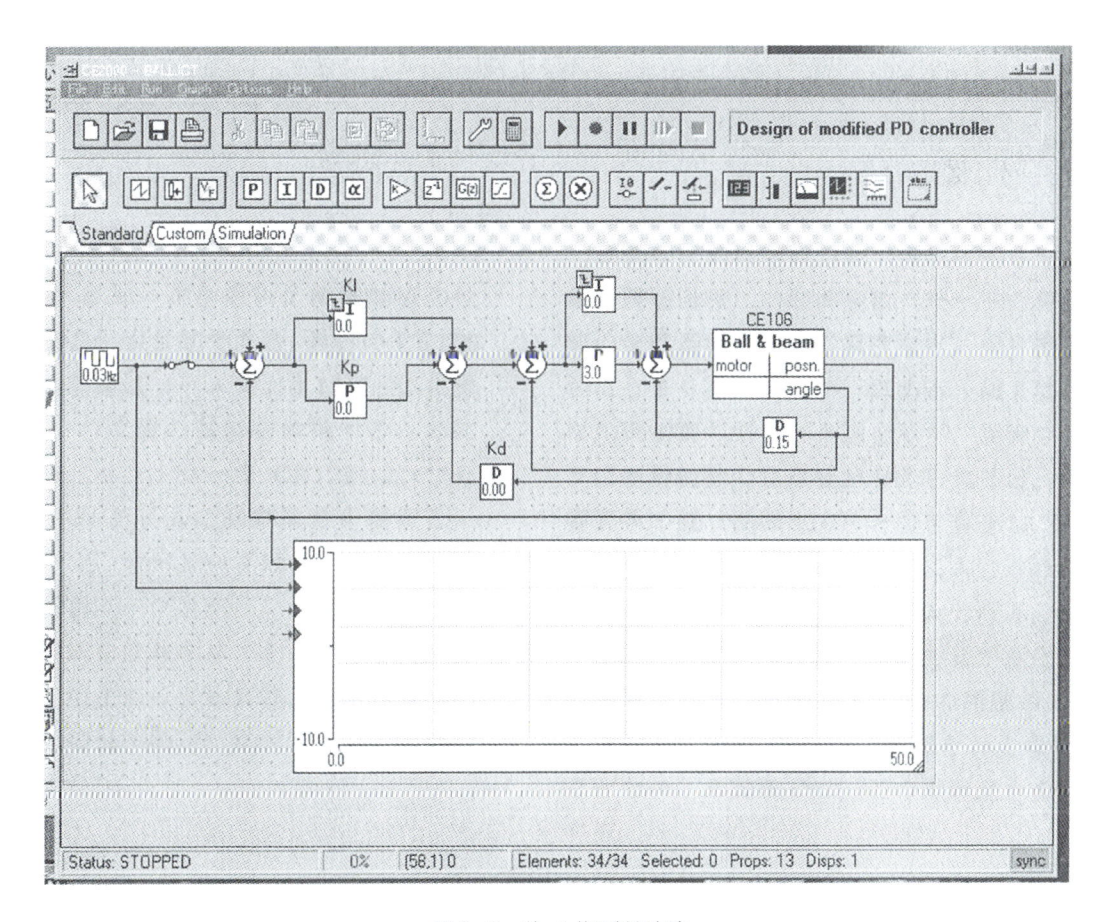

図6.18 ボール位置制御実験

表6.5に結果を記入せよ．

さて，これまでの実験でもっとも性能の良かった場合（オーバーシュートSpが少なく，定常偏差Sdが小さく，かつ整定時間tsが短い）のKp，Ki，Kdに設定して，再度波形を描画せよ．このグラフをプリントするので担当教員に知らせよ．

(2) ボールの位置制御

次にビームの上の弦に鋼球をのせ，この鋼球の位置を制御する実験を行なう．ボールの位置制御のためのブロック線図を次のように開く．

Fileメニューをマウスの左ボタンでクリック，Open circuitをクリック，前の画面およびデータ

を保存するかどうか聞いてくるので No をクリック．

フォルダ c：¥ce2000¥ce106 をダブルクリック，ball.jct をダブルクリック，図6.18のような画面が現れる．このブロック図をみてわかるように，2重の PID 制御になっている．内側には，先に行ったビームの角度制御のための PID が組まれている．ただし，内側の Ki はゼロとしてある．外側の Kp，Ki，Kd はボールの位置制御のための PID ゲインであり，はじめはすべてゼロに設定してある．これらを変えて最も性能のよい PID 制御を実現せよ．ボールの目標点は，ビームの回転中心から15cm のところである．スタートボタンを押すと，ビームが大きく振動する場合がある．これは，積分ブロックの積分値に大きな値が残っているためかもしれない．その場合，積分ブロックの左上の小さなマーク ⏻ をクリックすることでゼロにリセットされ，振動がおさまる．

それでも振動が続く場合は，ゲインの設定値が悪いのである．もっとも性能がよい状態が実現できたと判断したら，担当教員にしらせよ．その波形をプリントする．

6.3.5 考察

(1) 表6.3，表6.4，表6.5の結果の図を作成せよ．
(2) 比例ゲイン Kp を変えると制御結果にどのような変化が現れたか．また，それはなぜだと思うか．
(3) 速度ゲイン Kd を変えると制御結果にどのような変化が現れたか．また，それはなぜだと思うか．
(4) 積分ゲイン Ki を変えると制御結果にどのような変化が現れたか．また，それはなぜだと思うか．

6.4 パソコンによるロボット制御

Key word 産業用ロボット，コンピュータ制御，プログラム作成

6.4.1 実験目的

　生産工程における産業用ロボットの使用は，今日，とくに日本において顕著であり，製造物の搬送，組み立て，加工，検査の多くの工程が，ロボットの導入により自動化されつつある．本実験では，生産現場で実際に使用されている5軸マニピュレータ (MOVEMASTER RV-M2，三菱電機(株))をパソコンで駆動・制御する作業を実習し，その実際を体験することが目的である．

6.4.2 トレーニング

(1) サポートソフトの起動

　"パソコンサポートソフト"と書かれたディスケットをパソコンのAドライブに，"プログラムディスク"と書かれたディスケットをBドライブにそれぞれ差し込み，パソコンの電源をONする．しばらくたつと以下の画面が表示される．

```
======初期立ち上げ======
ロボットおよびドライブユニットの初期立ち上げ
の説明を行いますか？  Y・はい  N・いいえ
```

　[→]キーで[Nいいえ]を選択し，[↵]キーを押す．

(2) 原点出し

画面選択メニューが表示されるから，[↓]で[3．選択実行]を反転させ，[↵]キーを押す．すると以下の選択実行ウィンドウが開く．

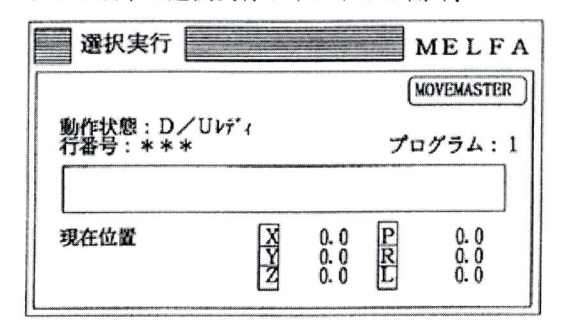

```
=====選択実行=====         MELFA
                          [MOVEMASTER]
動作状態：D/Uレディ
行番号：＊＊＊            プログラム：1

現在位置  X  0.0   P  0.0
          Y  0.0   R  0.0
          Z  0.0   L  0.0
```

[f・8]キーを押すと，ダイレクト実行画面が表示される．
ここで，矢印キーにより，[NT原点出し]コマンドを選択し，[↵]キーを押す．

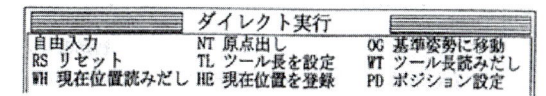

```
=====ダイレクト実行=====
自由入力      NT 原点出し     OG 基準姿勢に移動
RS リセット   TL ツール長を設定 WT ツール長読みだし
WH 現在位置読みだし HE 現在位置を登録 PD ポジション設定
```

確認のメッセージが表示されるから，[Y・はい]を選択し，[↵]キーを押す．するとロボットが動きだし，原点姿勢に復帰する．
　[ESC]キーを2回押してウィンドウを消去する．

(3) 練習プログラムの作成

　(a) [画面選択]メニューの[1．編集1]を選択する．すると以下の[ファイル]メニューが表示されるが，[ESC]キーを押し，[プログラム編集1]の編集ウィンドウに入る．ここで以下のプログラムを作成しよう．

```
=====プログラム編集1=====
            <挿入>  [
10 NT
12 SP 7
14 MO 1, C
16 MA 1, 2, C
18 GO
20 T1 20
22 GC
24 MO 1, C
26 MA 1, 3, C
28 MA 1, 4, C
30 MA 1, 3, C
32 NT
34 ED
PD 1, 100, 380, 300, -90, 0
PD 2, 0, 0, -200, 0, 0
PD 3, -200, 0, 0, 0, 0
PD 4, -200, 0, -200, 0, 0
```

【注意！！】
☆1行書いたら必ず[↵]キーを押して，その行を確定する．
☆もし，間違って打つと

```
┌──────アラーム発生──────┐
│構文が間違っています．      │
│【対策】正しい文法で入力してください│
│                        │
│いずれかのキーを押してください．│
└────────────────────┘
```

というメッセージがでるので，そのときは正しく修正する．

　(b) プログラムをドライブユニットに転送する．
・[f・5] キーを押し，[ファイル] メニューを出す．
・[4．ドライブユニットへの書き込み] を矢印キーで選択し，[↵] キーを押す．
・[ドライブユニットへの書き込み] メニューが出るので，[3．プログラム＋ポジションの書き込み] を選択し，[↵] キーを押す．
・[D/Uプログラム選択] 画面が出て，N1 の行が反転しているはずだから，そのまま [↵] キーを押す．
・行番号入力欄が表示されるから，開始行番号に "10"，終了番号に "34" と入力する．
・書き込みモードの選択画面が表示されるので，[N・新規] を選択し，[↵] キーを押す．
・確認メッセージが表示されるから，[Y・はい] を選択して [↵] キーを押す．
・書き込み開始ポジション入力欄が表示されるから，開始ポジション番号に "1"，終了ポジション番号に "4" と入力する．
・書き込みモードの選択画面が表示されるので，[N・新規] を選択し，[↵] キーを押す．
・確認メッセージが表示されるから，[Y・はい] を選択して [↵] キーを押す．

これで，プログラムとポジションがドライブユニットに転送されたので，いよいよこのプログラムを実行してみよう．

(4) **プログラムの実行**
・[f・1] キーを押すと [画面選択] メニューが表示されるので，[3．選択実行] を選択し [↵] キーを押す．
・[f・7] キーを押すと，[プログラム実行] メニューが表示されるので，[1．パソコン1ステップ] を選択し，[↵] キーを押す．
・プログラムの開始番号を聞いてくるので，"10 [↵]" と入力する．すると右側の [選択実行] 画面に現在実行中のコマンド（行番号10のコマンド）が表示され，そのコマンドが実行される．

・1ステップ実行が終了すると，[選択実行] 画面には次のコマンドが表示され，[プログラム実行] 画面では [1．パソコン1ステップ] が反転表示されているはずである．ここで [↵] を押すと，このコマンドが実行される．
・こうして，プログラムの上の行から下の行へ1ステップずつ実行していく．
・すべてのプログラム行が実行しおわったら，プログラムを連続して実行してみよう．
[プログラム実行] メニューの [4．D/U実行] を選択し，[↵] キーを押す．確認メッセージが出るので [Y・はい] を選択して [↵] キーを押すと連続実行が開始される．

(5) **プログラムの修正**
・[ESC] キーを押し，[画面選択] メニューを出す．
・[1．編集1] を選択し，[↵] キーを押すと編集画面に入り込むので，先に入力したプログラムを少し変えてみよう．
2行目の "12 SP 7" を "12 SP 10" に変更する．反転して点滅しているカーソルを "7" のところに矢印キーで移動し，[DEL] キーで "7" を削除し，続いて "10" と入力し，[↵] キーを押す．([↵] キーを押さないと，修正されない）．
・6.4.2(3)(b)で述べた手順で，修正したプログラムをドライブユニットに転送する．
・6.4.2(4)で述べた手順で，修正したプログラムを実行してみよう．

(6) **コマンドの検討**
　実行したプログラムの各コマンドの意味について，各テーブルにある『コマンド解説編』で拾って理解すること．

6.4.3 特殊キーの使用方法

プログラムを作成する上で使用する特殊キーを表6.6に示す．
編集ウィンドウで使用する特殊キーの機能は，表6.6に示す通り．
[①]＋[②] と記述したものは，[①] のキーを押しながら，[②] のキーを押すことを示す．

表6.6 特殊キーの機能

特殊キー	機能
⏎ リターンキー	このキーの入力により一行の入力が完了します。カーソルは次の行の先頭に移動します。
[ESC] エスケープキー	実行中の操作を中断します。
← → ↑ ↓ カーソル移動キー	カーソルを移動する時に使用します。←キーは一文字左に、→キーは一文字右に、↑キーは一つ前の行に、↓キーは次の行に移動します。画面の左端にカーソルがあるとき←キーを入力するとカーソルは移動しません。画面の右端にカーソルがあるとき→キーを入力するとカーソルのある行が左にスクロールし、←キーを入力すると右にスクロールします。カーソルが最上行にあるときに↑キーを入力すると画面がスクロールダウンし、最下行にあるときに↓キーを入力するとスクロールアップします。
[SHIFT]+← → シフト+カーソル移動キー	←キーの場合は行頭に、→キーの場合は行末にカーソルを移動します。
[INS] インサートキー	このキーを入力するとインサートモードとなり、カーソルのある文字とその前の文字の間に入力された文字を挿入します。もう一度[INS]キーを押すと上書きモードに変わります。
[DEL] デリートキー	このキーを入力すると、カーソル位置にある一文字を削除し、カーソルより右の文字列は一文字分左へ移動します。カーソル位置は変わりません。
[SHIFT]+[INS] シフト+インサートキー	プログラムの途中に行を挿入します。このキーを入力すると、カーソルのある行が一行空白となり、そこで入力した行は行番号あるいはポジション番号の昇順となる位置に挿入されます。
[SHIFT]+[DEL] シフト+デリートキー	カーソルのある行を一行全部削除します。
[BS] バックスペースキーまたは [CTRL]+[H] コントロール+Hキー	このキーを入力すると、カーソルの左の一文字を削除し、カーソルを含めた右側の文字列を一文字分左へ移動します。カーソルが行の左端にあるときは、カーソルの位置は変わらず、カーソル位置の文字を削除します。
[CTRL]+[E] コントロール+Eキー	カーソルの位置からその行の最後までを削除します。画面表示上のみの削除でメモリ内のデータは削除されません。削除した内容は内部メモリに記憶されます。
[CTRL]+[U] コントロール+Uキー	カーソルのある行を一行全部削除します。画面表示上のみの削除でメモリ内のデータは削除されません。削除した内容は内部メモリに記憶されます。
[CTRL]+[L] コントロール+Lキー	[CTRL]+[E]や[CTRL]+[U]で削除した文字列(内部メモリに記憶されている文字列)をカーソルのある位置に挿入します。
[ROLL・UP] ロールアップキー	画面のスクロールアップをします。
[ROLL・DOWN] ロールダウンキー	画面のスクロールダウンをします。

6.4.4 プログラム作成上の注意

(1) 行番号は小さい値から大きい値へと適当に間隔をおいてつけていく(1から999まで)。同じ行番号があってはならない。
(2) プログラムの最後のコマンドは"NT"(原点出し)にすること。
(3) 『コマンド解説編』で"※"のついているコマンド(たとえば"PD"コマンド等)は行番号をつけたプログラムとして実行することはできない。(ダイレクト実行はできる。)
(4) "PD"コマンドはトレーニングで打ち込んだように、行番号をつけずに、プログラムに続けて記入する。
(5) 作成したプログラムは実行する前に、必ずBドライブにさしてあるプログラム保存用ディスケットに保存すること。保存方法は以下の通り。

・[f・5]を押して[ファイル]メニューを出し、[2.ディスクへの書き込み]を選択して[⏎]キーを押す。すると"ファイル名"を聞いてくるので以下のようにファイル名を入力し[⏎]キーを押す。

B:Y学生番号
(グループの誰の学生番号でもよい)
"コメント"は記入しなくてもよい。

6.4.5 実行時エラーについて

(1) エラーモードⅡ

コマンドを実行する前に、アラームが鳴り、以下のエラーメッセージがでることがある。

```
━━━━━━━ アラーム発生 ━━━━━━━
ドライブユニットにエラーモードⅡが発生しています
対策　ドライブユニットをリセットして下さい。
D/Uをリセットしますか?　Y・はい　N・いいえ
```

この場合、"Y・はい"を選択し、[⏎]キーを押せばアラームが鳴り止む。
このエラーは以下の原因による。
・ロボットの可動範囲を超える位置をパラメータとして与えた場合。
・定義されていないポジションに移動させるコマンドがある場合。
従って、プログラムを修正し、再度実行を試みる。

図6.19 ハンドルの座標系

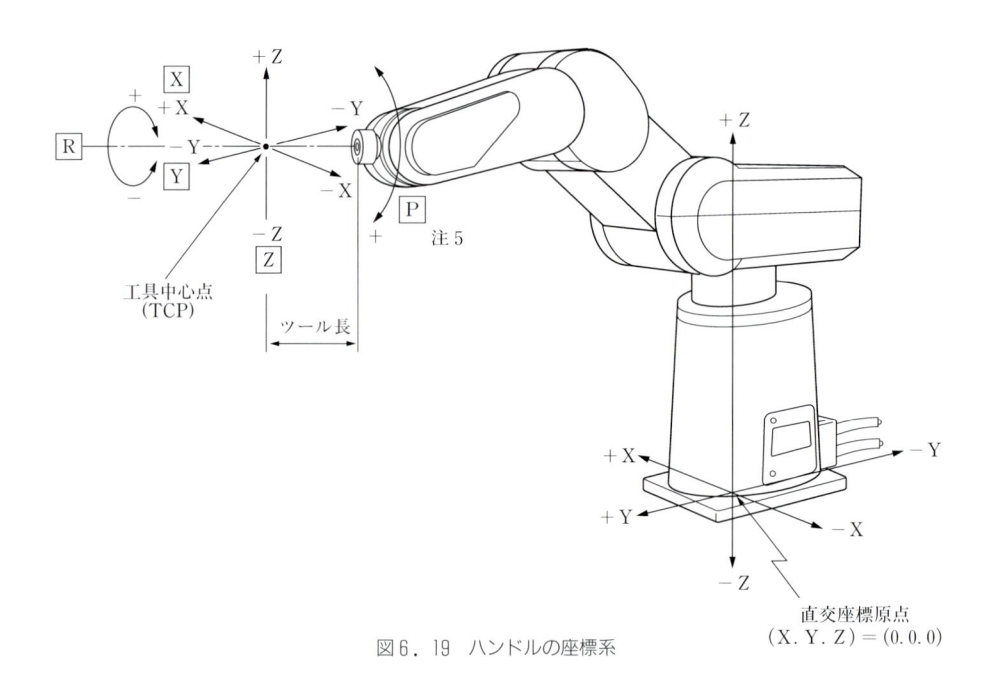

(2) エラーモードⅠ

エラーモードⅠがでたら，TAを呼んで対処してもらえ．

6.4.6 ロボットハンドの座標

図6.19に示すように，ロボットハンドの移動と回転として，X軸，Y軸，Z軸，ピッチ角，ロール角が設定されている．

6.4.7 報告書

報告書には以下の内容が必ず含まれていなければならない．
1．実習目的
2．装置
3．実習方法
4．実習結果
どのような動作をロボットにおこなわせたか．
(作成したプログラムを貼り付けること)
5．研究調査（下記参照）．参考にした本や文献，HP等は必ず"参考文献"として示すこと．
6．感想
以下の課題のどれか2つを選び，調査・研究し，報告せよ．
① MOVEMASTER RV-M2は図6.20のような自由度構成をもっている．5つの回転角度により，手先の位置および方向が決まる．5つの回転軸を

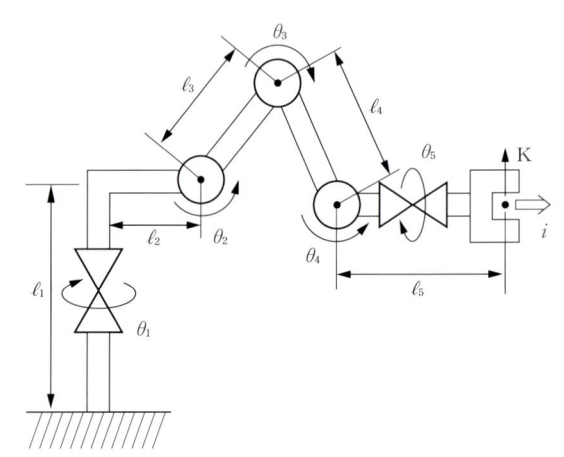

図6.20 MOVEMASTER RV-M2 自由度構成

もつことから，5軸ロボットである，といういい方をする．他の産業用ロボットの自由度構成を調べよ．
②マニピュレータの手先を任意の位置におき，任意の方向に向けるには，最低6つの自由度が必要である．これはなぜかについて説明せよ．
③人間の腕（肩，肘，手首）の自由度には冗長な自由度がある．これについて説明せよ．また，人間は冗長な自由度がなぜ必要なのかについて考察せよ．
④ RV-M2の各軸を駆動するモータには，ハーモニックギアという減速機が用いられている．これについて調査し，説明せよ．

6.5 パソコンによる振動制御

Key word センサ，アクチュエータ，インターフェイス，制御，コンピュータハードウェア

6.5.1 はじめに

(1) メカトロニクスと機械の知能化

メカトロニクス (mechatronics) とは，機械 (mechanics) または機構 (mechanism) と電子 (electronics) を結合させた和製英語である．メカトロニクスは単に機械技術と電子技術が結合した物ではなく，図6.21のようにセンサ，アクチュエータ，コンピュータやインターフェース技術などのハードウェアと，情報処理などのソフトウェア技術，さらには制御工学などを包括した総合技術である．

SONY の AIBO や HONDA の ASIMO にはじまった商品化された知的なロボット達も，このメカトロニクス技術のひとつの成果であるといえよう．一方，図6.22のようにわれわれの学習対象の中心である車両における知能化も急速に進んでいる．いずれは自動運転による車に乗って通勤，通学する日がやってくるであろう．このように，メカトロニクス技術はこれからの未来において不可欠な技術であると共に，その技術内容の発展スピードが極めて早いところが，他の分野と大きく異なるところである．本実験は，最先端技術の基礎を修得するという心がまえで取り組んで頂きたい．

(2) 実験の目的

本実験ではメカトロニクスの基礎について理解するため，ばね，ダンパを用いた1自由度システムを対象とした制御実験を行う．

メカトロニクスの基本要素であるセンサ，アクチュエータ，インターフェースを用いた制御システムの構成について学習し，ディジタル制御や制御理論のコンピュータへの実装方法などを制御系設計という視点から実習する．とくに，自動車に対するメカトロニクスの適用の一例として実験と数値シミュレーションを実施し，乗り心地，安定性などについても理解を深める．

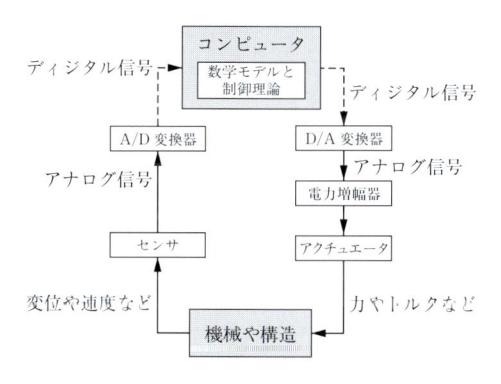

図 6.21 総合技術としてのメカトロニクス

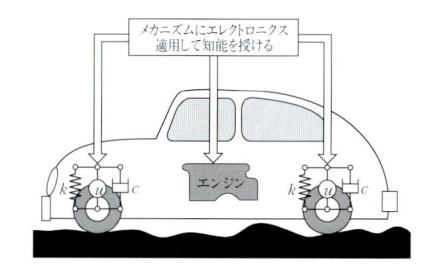

図 6.22 メカトロニクスによる車両の知能化

6.5.2 システムのデザイン

(1) メカトロニクスにおける数学モデル

本実験では，自動車の乗り心地などを考察するために，図6.23に示すような1自由度系の振動モデルを考える（本書1自由度系の振動実験参照）．質量 m の運動方程式は

$$\frac{d^2x}{dt^2} + 2\zeta\omega_n \frac{dx}{dt} + \omega_n^2 x = 0 \tag{6.4}$$

と表せる．ここで，$\omega_n = \sqrt{k/m}$：固有角振動数 [rad/s]，$\zeta = \dfrac{c}{2\sqrt{mk}}$：減衰比である．

式(6.4)に $x = e^{st}$ を代入して得られる特性方程式

$$s^2 + 2\zeta\omega_n s + \omega_n^2 = 0 \tag{6.5}$$

より，特性根は

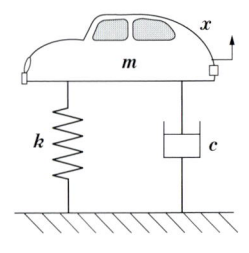

図6.23 1自由度振動モデル

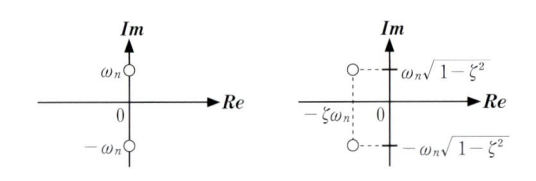

(a) $\zeta=0$（無減衰）の場合　(b) $0<\zeta<1$（不足減衰）の場合

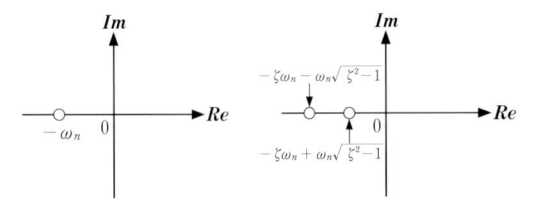

(c) $\zeta=1$（臨界減衰）の場合　(d) $\zeta>1$（過減衰）の場合

図6.24 ζの大きさによる固有値$S_{1,2}$の位置変化

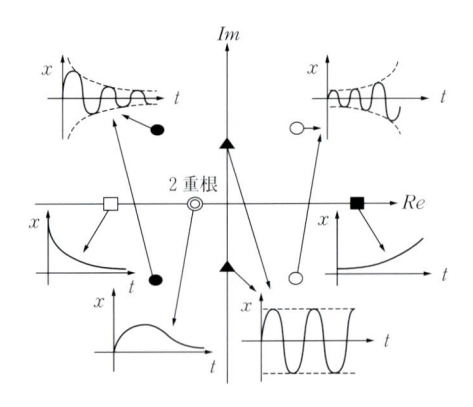

図6.25 固有値の位置変化による2次系のステップ応答

$$s_{1,2} = -\zeta\omega_n \pm \omega_n\sqrt{\zeta^2-1} \quad (6.6)$$

として得られる．特性根は一般に複素数となり，複素平面において点で表され極または「固有値」と呼ばれる．

無減衰，過減衰，臨界減衰および不足減衰は，それぞれ$\zeta=0$，$\zeta>1$，$\zeta=1$および$0<\zeta<1$の状態に対応する．図6.24に式(6.6)に示した固有値の複素平面表示をζの大きさに応じて示

す．

なお不足減衰（$0<\zeta<1$）の場合，式(6.4)の一般解は

$$x = e^{-\zeta\omega_n t}(C_1\cos\sqrt{1-\zeta^2}\omega_n t + C_2\sin\sqrt{1-\zeta^2}\omega_n t) \quad (6.7)$$

となる．（C_1, C_2は定数）

図6.25は固有値の位置に対応した式(6.4)の2次方程式の解，すなわち応答曲線を示す．式(6.7)で示した一般解の固有値は図中●印の位置に相当する．図からもわかるように固有値が複素平面の左半面（$Re<0$）にある時，応答xは安定となる．

このようにアクチュエータ（駆動装置）を用いず，減衰器やばねなどで物体の振動を抑える制御を「パッシブ制御（受動制御）」とよぶ．

(2) **メカトロニクスにおける制御理論**

次にアクチュエータを用いて制御対象に対して，新たに力uを加え，質量mの振動を抑えることを考える．

先ほどと同じばね，ダンパ系に力uを発生するアクチュエータを加えた場合のモデルが図6.26である．このときの運動方程式は

$$\frac{d^2x}{dt^2} + 2\zeta\omega_n\frac{dx}{dt} + \omega_n^2 x = \frac{u}{m} \quad (6.8)$$

となる．力uを制御力と呼ぶが，制御力を加えるためには外部からのエネルギーが必要であり，これまでに考えてきたパッシブ制御に対してこのような制御を「アクティブ制御（能動制御）」と呼ぶ．本実験では，制御力の決定方法として，システムの状態（応答）に応じたものを考え

$$u = -f_1 x - f_2 \dot{x} \quad (6.9)$$

とする．つまり，制御対象の振動応答を検出し，その応答の大きさに依存して制御力を決め作用させる．制御対象というシステムからの出力である全状態（応答）量をアクチュエータにフィードバ

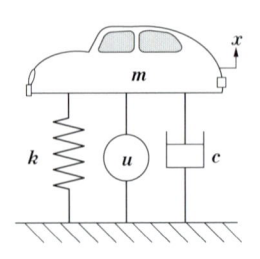

図6.26 アクチュエータを加えた1自由度振動モデル

ックするという意味で，とくに「状態フィードバック制御」とよぶ．また，制御対象の応答（この場合，変位と速度）に係数を乗じて制御力を算出することから，この係数 f_1, f_2 をフィードバックゲインという．

式(6.9)を式(6.8)に代入し整理すると，運動方程式は

$$\frac{d^2x}{dt^2} + \left(2\zeta\omega_n + \frac{f_2}{m}\right)\frac{dx}{dt} + \left(\omega_n^2 + \frac{f_1}{m}\right)x = 0 \tag{6.10}$$

となる．式(6.4)と比較すると，速度や変位の比例定数の大きさがフィードバックゲイン f_1, f_2 によって修正されていることがわかる．

したがって，フィードバックコントロールによる振動制御は，振動をどの程度抑えたいかの要求に対して，式(6.9)におけるフィードバックゲインをどのように決めるかの問題となる．その決定方法には「現代制御理論」における標準的な手法としての最適制御など数多くのものが提案されているが，本実験では以下に示す「極配置法」によりフィードバックゲインを導く．

式(6.10)において以下のように置き換える．

$$2\zeta\omega_n + \frac{f_2}{m} = 2\zeta_s\omega_s \tag{6.11}$$

$$\omega_n^2 + \frac{f_1}{m} = \omega_s^2 \tag{6.12}$$

よって式(6.10)は

$$\frac{d^2x}{dt^2} + 2\zeta_s\omega_s\frac{dx}{dt} + \omega_s^2 x = 0 \tag{6.13}$$

と書き換えられる．フィードバック制御を行ったシステムの固有値は

$$s_{1,2}^* = -\zeta_s\omega_s \pm \omega_s\sqrt{\zeta_s^2 - 1} \tag{6.14}$$

と表すことが出来る．

図6.27は制御前の固有値 $s_{1,2}$ と制御後の固有値 $s_{1,2}^*$ の位置関係を示した一例である．式(6.13)からも明らかなように，フィードバック制御を行うことによって制御対象の固有振動数や減衰比を変化させることが可能となる．制御対象の振動制御を考える場合，制御対象の減衰力を増大して振動を抑えようとすることが多い．この場合，自動車を例にあげると，カーブでロールを生じにくくなり，一般的には操作性の向上につながる．よってレーシングカーなどではこの傾向が強くなる．一方，乗り心地を重視した乗用車を設計する場合には上述の場合と比較して減衰力を小さくすること

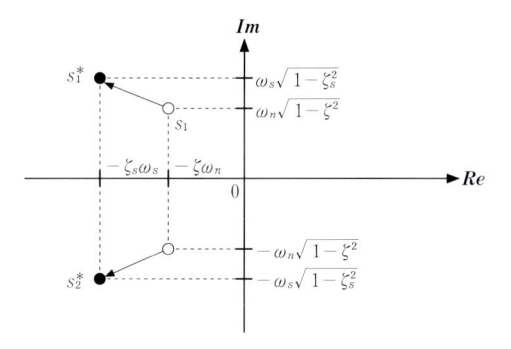

図6.27 フィードバック制御による固有値の移動

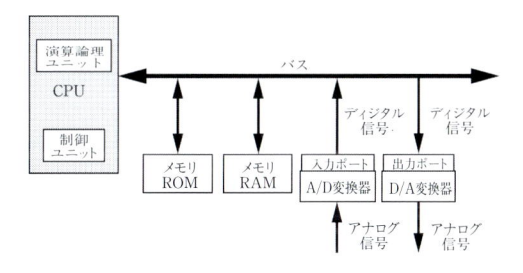

図6.28 コンピュータの基本構成

もある．同様にばね剛性を調整し，その用途に合わせた固有振動数のチューニングも行う．したがって，システムの設計者が制御要求を固有振動数 ω_s および制御要求を固有振動数 ω_s および減衰比 ζ_s で与えれば，フィードバック制御時に固有値のとるべき値が式(6.14)より決まる．式(6.11)，(6.12)がこの所要の固有値をもつように制御力のフィードバックゲインを決定する．

$$f_1 = m(\omega_s^2 - \omega_n^2) \tag{6.15}$$

$$f_2 = m(2\zeta_s\omega_s - 2\zeta\omega_n) \tag{6.16}$$

(3) **メカトロニクスにおけるコンピュータの構成**

メカトロニクスにおいて使用するコンピュータハードウェアの基本構成は図6.28のようになっている．CPU (Central Processing Unit) にはPentium4 3GHzなどの種類がある．Pentium4はCPUの名前，3GHzはそのCPUが1秒間に何回計算できるかを表している．この場合は 3×10^9 回，つまり30億回計算できる．また近年ではDSP (Digital Signal Processor) という専用のプロセッサを使用することも多くなっている．

ROM (Read Only Memory) は，読み込みは可能であるが書き込みはできない記憶装置である．そのため，書き換える必要のないシステム動作に関するプログラムやデータを書き込んでおくために用いる．

RAM (Random Access Memory) は，読み込みも書き込みも可能で情報を一時保存できるが，電源を切るとデータは消えてしまう．

またコンピュータにはデータの入出力をするための入・出力ポートが存在する．本実験では，この場所に後で説明するA/D変換器，D/A変換器が装着してある．バスとはデータが行き来する論理線の集合で，ここに電流が流れているか否かの2つの情報でコンピュータは信号を判断する．バス1本で1bit，すなわち0か1を示し，たとえば8本のバス（8bit）では，256通り（=2^8）の信号を表すことができる．

(4) メカトロニクスにおけるセンサおよびアクチュエータ

センサとは様々な物理量（変位，速度，加速度，温度など）を電圧などの信号に変換するものである．本実験では渦電流式非接触変位センサ（SENTEC，LS500，測定範囲0～15mm，出力電圧0～1.5V）を使用する．

一方アクチュエータとは駆動装置のことで，指令信号（電圧など）を用いて力やトルク等を発生させるものである．本実験ではボイスコイルモータ（昭和電線電纜㈱）を使用する．

(5) メカトロニクスにおけるインターフェース

A/D変換器とはアナログ信号を量子化し，ディジタル信号に変換する変換器のことである．またD/A変換器は，コンピュータ内部のディジタル信号をアナログ信号に変換し，外部に出力する．本実験では中部電機製12bit，±10VのA/D，D/A変換器を使用する．

A／D変換は，時間に関して連続な信号を一定時間ごとに定義される「離散時間信号」に変換（サンプリング）するとともに，そのアナログ量の値をディジタル量に符号化（エンコード）する操作である．また，コンピュータがA／D変換器によって処理されたデータを読み込む周期のことを「サンプリング周期」という．サンプリングによって得られたサンプル値を有限のビット数からなるディジタル値に変換することを量子化とよぶ．量子化に伴って生じるのが量子化誤差といい，ビット数を増やし分解能を細かくすることによってこの誤差は小さくなる．

アナログ信号を振幅軸方向に関して離散化する過程を量子化という．量子化を行い，その信号の値をコード化（1と0の組合せにより表現すること）して出力する要素が，前節でのべたA/D変換器である．図6.29はアナログ電圧とコード化の関係の一例を示す．横軸にアナログ信号の大きさ（0～10V），縦軸には出力コードすなわちディジタル量を示す（3bit）．言い換えれば横軸はセンサからの出力電圧値，縦軸はこれをコンピュータが理解できる2進数に変換した値である．

図6.29において，たとえばアナログ電圧の5.5Vと6.0Vに対する出力コードは，いずれも［100］となり両者の区別がつかない．すなわち出力コードから入力アナログ電圧の値を知ろうとしても，図のように1.25Vの不確定さを含んだ値しか知り得ないことになる．このような，量子化にともなう，避け得ない誤差を量子化誤差という．ディジタル制御を行うときには，この量子化誤差を十分配慮しなければならない．

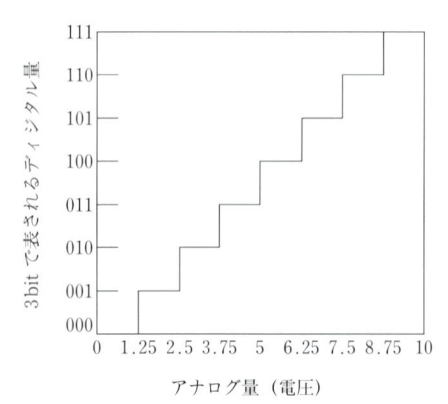

図6.29 アナログ電圧とコード化の関係

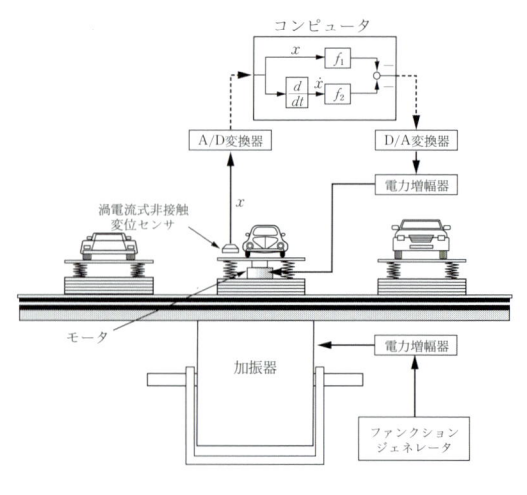

図6.30 実験装置構成

6.5.3 メカトロニクス実験装置および方法

(1) 実験装置

図6.30に実験装置の構成を示す．ファンクションジェネレータから信号を出力し，加振器を作動させる．これにより制御対象である実車の1/24モデルに，道路を走行している場合を模擬した路面振動が加わる．制御対象に加わった外乱を渦電流式非接触変位センサで検出し，これから出力される電圧信号をA/D変換器でディジタル信号に変換しコンピュータに入力する．コンピュータ内部では変位信号を微分し速度を得るようプログラミングされている．これらの変位，速度信号に式(6.9)で示したようにフィードバックゲインを掛けボイスコイルモータに加える制御電圧を計算する．この計算値はディジタル信号であるので，D/A変換器によってアナログ信号に変換する．アナログ化された制御信号（電圧）は，電力増幅器によってエネルギー供給され，制御用のアクチュエータを駆動し，制御力を発生する．

(2) 実験方法

任意の固有振動数と減衰比を定め，これからフィードバックゲインを計算する．これを用いて制御実験を行う．このとき定めた固有値の位置によって，制御対象の振動がどのように変化するか，固有値の位置と制御対象の振動の関係性を数値シミュレーションによって考察する．シミュレーションには制御系解析・設計ツールであるMATLAB（The MathWorks（Inc.））というソフトウェアを使用する（詳しくは第8章参照）．また本実験では制御系の設計にSIMULINK（MATLABに含まれるシミュレータ）を用いる．

次にファンクションジェネレータから信号を出力し，加振器を作動させ，制御対象である実車の1/24モデルに道路を走行している場合を模擬した路面振動が加える．その後，本節で求めたフィードバックゲインを用いて模型自動車の振動制御を行う．

6.5.4 結果の整理および考察

(1) 図6.23のパッシブ制御システムのパラメータが以下の時，固有値を複素平面上にプロットし，さらに時間応答 x を図示せよ．
$m = 0.4\text{kg}$, $c = 14\text{N·sec/m}$,
$k = 400\text{N/m}$

(2) ばね定数 k を各自の学生証番号下2桁×10パーセント増加させた時（xxED055の場合は550％増加），(1)と同様に固有値と応答 x を図示せよ．さらに，このシステム特性を実現させるためのアクティブ制御システムにおけるフィードバックゲインを求めよ．

(3) ばね定数 k，減衰定数 c ともに(2)と同様に増加させた時の，固有値，応答 x を図示し，フィードバックゲインを求めよ．

(4) ふわふわ感，ゴツゴツ感などの乗り心地と固有値の関係について説明せよ．

(5) 8bitと12bitのA/D変換における量子化誤差について図6.29と同様に図示し比較せよ．ディジタル制御を行う時，量子化誤差に気を付けなければならない理由を述べよ．

(6) 渦電流式非接触変位センサ，ボイスコイルモータを図示し，その動作原理を説明せよ．

(7) 世の中にないメカトロシステムを提案せよ．使用するセンサ，アクチュエータは現在市販されているものを用い，その動作原理等を図示説明せよ．また，どのような機構を制御するか図によって詳しく説明せよ．その際，センサによって検出した信号をどのようにコンピュータ内で計算処理してアクチュエータを動かすかなどの考え方も説明せよ．

(8) 参考文献，URL等を必ず書くこと．

6.5.5 予習項目

下記の予習内容は，本実験を行う上で十分理解しておく必要がある基礎事項である．そこで予習内容をレポートにして実験開始前に担当教員に提出すること．

(1) 式(6.4)の2階の微分方程式の解，式(6.7)を導出する．

(2) 16進数と10進数，2進数の関係を表にして整理する．

(3) 8bitで表されるASCIIコードを記載し，自分の名前を8bitの2進数，10進数および16進数で表せ．またこのコードがパソコンの中でどのように利用されているかを，「バス」と関連付けて説明せよ．

7章　機械工作・実習

　機械の生産は設計，製造，検査の工程により行われ，製造では設計情報に基づいて機械を構成する部品の製作と機械の組立が行われる．上述の部品の製作に必要な加工技術に関連する学問分野が機械工作である．部品の加工精度および表面層・内部の性状が機械の性能，寿命，信頼性，安全性などに影響をおよぼすので，機械の生産における加工技術の役割は重要である．

　製作される部品の形状・寸法，要求加工精度，材料などに対応して種々の加工技術が開発されている．今後とも新しい加工技術が新製品の開発，新素材の登場，他分野での新技術の開発などを契機にして開発されるであろう．他方，工場の自動化（FA）を指向し，コンピュータを利用して生産の自動化および効率化を図り，かつ製品の多様化に対応できるフレキシブルな生産システム（FMS），コンピュータ統合生産システム（CIM）などの開発が行われている．

　加工の自動化は数値制御（NC）の登場までは加工指令をプログラムしたカムからの出力により機械を制御する方式であった．この方式の自動盤は，現在でも量産部品の加工に用いられているが，中・小量生産の部品加工にはNC工作機械が用いられている．さらにNC装置に小型コンピュータを内臓させて機能を高度化，拡大したCNC装置がNC装置に置き換っている．CNCではキーボードで入力された加工形状，加工条件，加工動作などのデータが自動的にNCデータに変換される．最近では設計情報を加工情報に変換できるインタフェースの開発とCADおよびCAMの幾何モデリングの一元化により，CAD／CAMシステムが実用化の域に入りつつある．

　上述のような製造技術の動向を勘案し，実習テーマとして部品製作のための固有の加工技術の中から旋削加工，フライス加工，研削加工，鋳造および溶接，生産の自動化ではNC加工，FMCと，FAのサブシステムとして重要なCAD／CAMを取り上げた．実験テーマとしては加工部品の機能上重要な因子である加工精度および切屑生成に必要な切削力の測定を取り上げた．この実習および実験を履修することにより，各加工法の成形原理，加工因子，特徴，問題点などを十分に把握・理解するとともに生産の自動化およびCAD／CAMの概念を明確に理解することが望まれる．

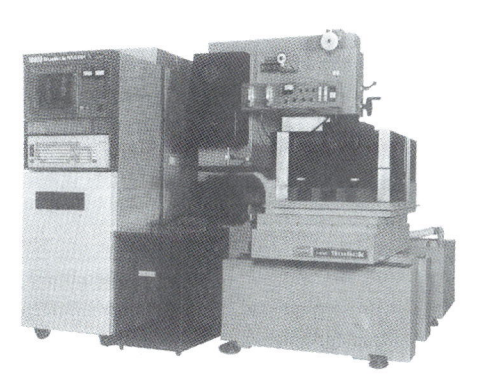

ワイヤ放電加工機［ソディック］

7.1 研削

Key word　　研削作業，周速度，表面粗さ

7.1.1 目的

高能率精密加工法として広く用いられている研削加工を行うに必要な研削盤の取扱方法および研削砥石・作業条件の選び方を習得することにある．

7.1.2 解説

(1) 研削加工

研削加工は高速回転する研削砥石車で，工作物をその表面からわずかずつ削り取って高精度の形状，寸法，表面粗さに仕上げる加工法で，精密機器，高性能機械などの部品の最終仕上げに適用されている．研削加工の能率化という点から高速研削とクリープフィード研削が実用化され，研削の自動化ではユーザの研削ノウハウをプログラムとして組み込み可能なCNC化が進められている．さて，研削加工を行うには研削盤の操作法は言うまでもなく，研削砥石の構造，性質および研削現象を十分に理解して工作物材料，加工形状，要求精度に最適の研削砥石，作業条件を選択することが重要である．そこで，上述の事項について次に述べる．

(2) 研削盤の種類

作業種類により研削盤には次のような種類がある．

(i) 円筒研削盤
主として円筒外周面の研削に用いられる．
(ii) 内面研削盤
シリンダ，軸受などの穴内面の研削に用いられる．
(iii) 平面研削盤
角形工作物，板状工作物などの平面の研削に用いられる．
(iv) その他の研削盤
工具研削盤，ロール研削盤，歯車研削盤，ネジ研削盤，カム研削盤など．

(3) 研削砥石車

研削砥石車は砥粒を結合剤で相互に固着し，円板形（平形），カップ形，皿形などの回転対称形状に成形したものである．

砥石は上記の砥粒，結合剤の他に気孔で構成され，その研削性能は砥粒の種類と大きさ，結合剤の種類とその砥粒結合強さ，気孔の大きさと砥石中に占める容積により異なる．そこで，砥石車の表示は"種類・粒度・結合度・組織・結合剤・形状・寸法"により行われる．

"種類"は砥粒に用いられる研削材の種類を示し，通常アルミナ砥粒（Al_2O_3），炭化けい素砥粒（SiC）が用いられ，上記砥粒による研削が困難な工作物材料に対しては超砥粒とよばれるダイヤモンド砥粒，立方晶窒化ほう素砥粒（CBN）が用いられる．

"粒度"は砥粒の大きさで，ふるい分けに用いられるふるいの番号で表す．砥石呼称と粒度の関係を示すと，粗目の砥石は粒度10～24番，中目は30～60番，細目は70～220番，極細目は240～800番である．

"結合度"は結合材の砥粒支持強さで，アルファベット記号で表され，結合度呼称と結合度記号の対応は次のようである．すなわち，極軟はE，F，G，軟はH，I，J，K，中はL，M，N，O，硬はP，Q，R，S，極硬はT～Zである．

"組織"は砥石中の砥粒の分布密度を表し，粗，中，密に分類される．それに対応する記号はw，m，cで，その砥粒率はそれぞれ42％未満，42％以上50％未満，50％以上である．

"結合剤"にはビトリファイド結合剤（V），レジノイド結合剤（B）などが用いられる．

"形状"は砥石および砥石縁型の形状を示す．
"寸法"は通常砥石車の外径，厚さ，穴径で示す．

(4) 研削条件とその選択指針

研削砥石および作業条件の選択は加工目的を能

率的に達成する上で重要である．アルミナ砥粒あるいは炭化けい素砥粒からなる研削砥石はその作業面の砥粒刃先が摩滅して切れなくなると，砥粒に働く研削抵抗の増大により起こる砥粒の破砕，劈開あるいは脱落により新しい鋭利な切れ刃が現れ，切れ味を回復する．それを自生作用といい，自生作用が活発に生じる砥石，作業条件は粗研削には適するが，精密研削には適しない．作業条件としては砥石車直径 D，工作物直径 d，砥石周速（研削速度）V，工作物周速 v，切込み t があげられる．

研削砥石の選択指針として，

(a) 工作物材料により表7.1に示すような砥粒種類を選ぶ．

(b) 接触面積が小さい，工作物の硬度が高い，d が小さい，D が小さい，精密表面仕上げが要求されるいずれかの場合，粒度の小さい砥石を選ぶ．

(c) 接触面積が小さい，工作物の硬度が低い，d が小さい，D が小さい，V が小さい，v が大きい，送り量が大きいのいずれかの場合，結合度の高い砥石を選ぶ．

(d) 接触面積が小さい，工作物が硬くて脆い，d が小さい，D が小さい，精密仕上げが要求されるいずれかの場合，組織の密な砥石を選ぶ．なお，手作業および振動の大きい研削盤の場合，結合度の高い砥石を選ぶ．

研削速度（砥石車周速）は作業種類により表7.2に示すような値を標準とし，工作物周速は通常研削速度の1/100以下，切込み深さは一般に5/100mm以下とする．円筒研削では，工作物周速は工作物材料，仕上げの種類により表7.3に示す値，切込みは粗研削で0.01〜0.03mm，仕上げ研削で0.002〜0.005mm，トラバース研削のテーブル速度は粗研削で1〜2 m/min，仕上げ研削では0.2〜0.5m/minとする．内面研削では，工作物周速は鋼で15〜20m/min，焼入れ鋼，鋳鉄で18〜22m/minとし，切込み深さ，トラバース研削の送り速度は円筒研削のそれとほぼ同じである．

表7.1 用途と研削材の種類

用途	砥粒記号	砥粒の色	研削砥石用研削材	硬度	靱性
HRC25以下 一般構造用圧延鋼， 可鍛鋳鉄，青銅	A	暗褐色	アルミナ質 (Al_2O_3)	しだいに硬くなる	しだいに脆くなる
HRC25以上 高硬度鋼材，特殊鋼， 焼入鋼，合金鋼， ステンレス鋼，工具鋼	WA	白色			
焼入鋼，合金鋼， 高速硬度 ステンレス鋼	RA STA MA	ピンク色 黒褐色 白色			
ねずみ鋳鉄，黄銅， アルミニウム合金	C	黒色	炭化けい素質 (SiC)		
特殊鋳鉄，ガラス， チルド鋳鉄，超硬合金	GC	緑色			
難削材料の研削， 高速研削	CBN	茶褐色	立方晶窒化ほう素系 (CBN)		
あらゆる被削材， ただし，鋼の研削に不適とされている．	MD		人工ダイヤモンド系 (D)		

表7.2 作業の種類と研削速度

作業の種類	研削速度 [m/min]
円筒研削	1700〜2000
内面研削	600〜1800
平面研削	1200〜1800
工具研削	1400〜1800
超硬合金研削	400〜1400

表7.3 工作物の周速度 [m/min]

加工材料	粗研削	仕上げ研削	精密研削
普通鋼	12〜15	8〜12	5〜8
焼入鋼	14〜16	8〜14	5〜8
合金鋼	10〜12	8〜10	5〜8
鋳鉄	12〜18	8〜12	5〜8

平面研削では，図7.1に示すように，平形砥石の外周面およびカップ形砥石の端面を使用する形式の機械があり，さらに，そのなかに工作物を取り付けるテーブルが直線往復運動する形式と回転運動する形式がある．工作物速度は上記テーブルの運動速度で，平形砥石外周面を用いる形式では研削速度の1/100～1/200とし，カップ形砥石端面を用いる形式ではそれより小さな値とする．砥石外周面による平面研削では，さらにテーブル運動と直角の方向に横送りを与え，その量は粗研削でテーブルの1行程または1回転当り砥石幅の1/3～3/4，精密研削で1/8～1/20とする．工作物材料，仕上げの種類による切込み深さを表7.4に示す．

(5) 研削液

研削加工は切削加工に比べて研削速度および砥石車と工作物の接触面積が大きいので，研削部が高温に加熱されやすく，かつ切り屑，破砕砥粒，脱落砥粒が飛散しやすいので，それらを防止する目的で研削液を使用する場合が多い．この場合研削液の作用には，

(i) 潤滑作用
　砥粒と工作物および切り屑との接触界面での摩擦，摩耗を低減する作用．

(ii) 冷却作用
　研削による発生熱を除去し，工作物研削部の温度上昇を阻止する作用．

(iii) 清浄作用
　生成する切り屑，破砕砥粒粉，脱落砥粒を砥石作業面，工作物表面から流下，除去して清浄にする作用．

があげられる．

研削液には不水溶性研削液と水溶性研削液があり，不水溶性研削液すなわち油は特別な研削加工を除いては使用されない．水溶性研削液にはエマルジョンタイプ，ソリュブルタイプ，ソリューションタイプの3種類がある．エマルジョンタイプが最も一般に使用され，鑛油に界面活性剤が添加されていて乳化する型のもので，使用時には水で10～15倍に希釈される．ソリュブルタイプは前者に比して界面活性剤を多量に含むもので，水で希釈して使用し透明に近い，ソリューションタイプは無機塩類を主成分とし，防錆性を与えたものである．

(6) ドレッシングおよびツルーイング

ドレッシングは目詰まり，目潰れを起こした砥石切れ刃面を薄く削り取って鋭利な切れ刃を出現させ，切れ味を回復させる目立て作業のことで，目直しという．ツルーイングは砥石車の形状を整形あるいは修正する作業で，形直しという．通常，目直し即形直しとなるので，ドレッシングのなかにツルーイングを含める場合が多い．ドレッシングを行うにはダイヤモンドドレッサが通常用いられ，それには単石ドレッサ，多石ドレッサ，インプリドレッサ，ロータリドレッサなどがあり，加工目的に応じて使い分けられる．一般の研削加工では，図7.2に示すような単石ドレッサが使用される．

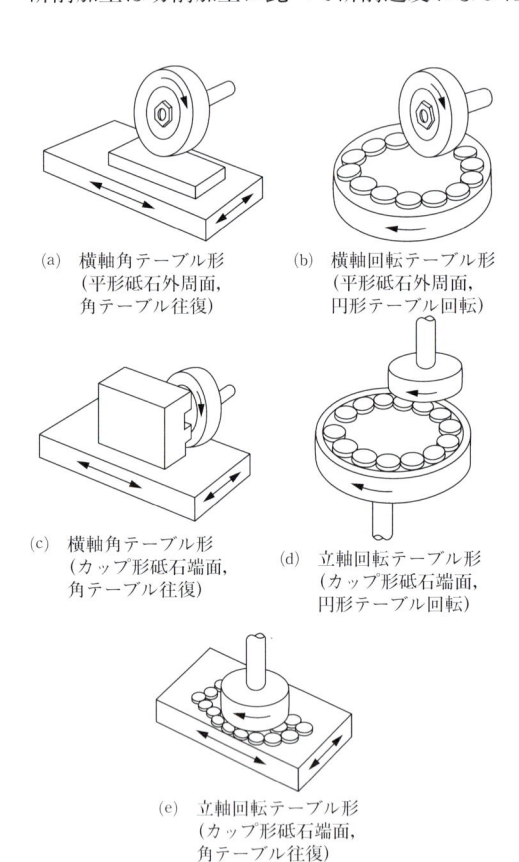

図7.1　平面研削の加工様式

(a) 横軸角テーブル形（平形砥石外周面，角テーブル往復）
(b) 横軸回転テーブル形（平形砥石外周面，円形テーブル回転）
(c) 横軸角テーブル形（カップ形砥石端面，角テーブル往復）
(d) 立軸回転テーブル形（カップ形砥石端面，円形テーブル回転）
(e) 立軸回転テーブル形（カップ形砥石端面，角テーブル往復）

表7.4　仕上程度と切込み深さ [mm]

仕上程度	軟鋼	焼入鋼	工具鋼	鋳鋼
粗研削	0.015～0.03	0.015～0.03	0.02～0.04	0.03～0.04
仕上研削	0.005～0.01	0.005～0.01	0.005～0.01	0.005～0.05

7.1.3 研削作業

(1) 研削盤の取り扱い法

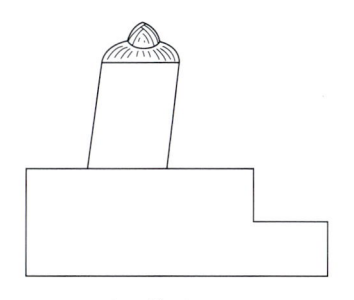

図7.2 単石ダイヤモンドドレッサ

研削盤を運転する場合，特に安全面から次の事項の点検と調整に細心の注意を払わねばならない．

(a) 砥石車の砥石軸への取り付け・固定部に緩みがないかどうかを点検する．

(b) テーブルの移動範囲内に障害物がないことを確かめる．

(c) 研削盤の潤滑油，油圧装置の作動油，研削液が規定量供給されているかどうかを点検し，不足の場合は規定量まで補給する．

(d) 砥石車保護カバーの確実な装着を実施，点検した後起動する．1分間砥石車を試験回転した後に加工をはじめる．砥石車を交換した場合は，3分間試験回転を行う．起動時および作業中砥石車の回転方向に立ってはならない．

(e) 研削盤本体が異常な音および振動を生じていないかどうかを点検する．

(f) 工作物を機械に取り付けるとき，砥石に衝突させないように両センター間あるいはチャックに確実に取り付ける．

(g) 湿式研削の場合，作業終了後砥石車を空転させ，研削液を完全に振り切った後停止させる．

(h) 精密研削は温度変化の少ない時間帯を選んで行う．

(i) 砥石車に破壊の原因となるような疵，亀裂を生じさせないよう取り扱い，かつ保管には細心の注意を払わねばならない．

(2) 作業条件

この実習では，平面研削盤で切込み深さ，テーブル速度，横送り量などの作業条件を変化させて角形炭素鋼製工作物試料の研削を行い，作業条件と研削加工面品質，研削精度の関係について検討を行う．

(3) 測定事項と測定法

研削加工面品質として，図7.3に示すようなびびりマーク，送りマークおよび研削焼けの発生の有無を目視により観察，記録し，ついで研削精度の1つとして表面粗さを表面粗さ標準片と比較対照して求めるとともに表面粗さ測定機により測定する．作業条件ごとに観察および測定結果を整理する．

(4) 結果および考察

次の事項について考察せよ．

(a) 作業条件によるびびりマークおよび送りマークの発生の有無と程度

(b) びびりマークピッチと工作物速度（テーブル速度）との関係の有無

(c) 研削焼けが発生した場合，その発生と作業条件との関係

(d) 表面粗さの目視による粗さ値と表面粗さ測定機により得られた粗さ値との比較検討

(e) 表面粗さと作業条件との関係

(f) この研削作業の結果に基づいて，精密研削の作業条件の選択指針

なお，びびりマーク，送りマークおよび研削焼けの発生原因，その防止対策をまとめたものを表

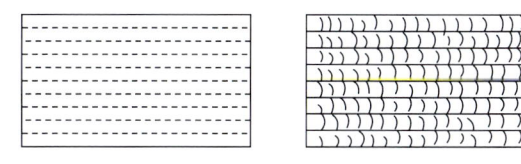

(a) 送りマーク　　(b) びびりマーク

図7.3 送りマークおよびびびりマーク

表7.5 欠陥と対策

欠陥〔びびりマーク〕原因
①砥石あるいは砥石車関係のバランス．②砥石の結合度が硬すぎ．③外部から振動が伝わる．④センター振れ止めの使用法不良．⑤機械の据え付け不良．
対策
①砥石のバランス．砥石に含まれた研削液を十分に振りきってから停止する．②砥石を軟らかくする．工作物の速度を速くする．③振動源を除く．④振れ止めの数を正しくする．潤滑を正しくする．⑤機械の据え付け不良．

欠陥〔送りマーク〕原因
①研削盤の精度不良．②工作物と砥石面の不平行．②砥石の角度が鋭すぎる．
対策
①検査精度を行い，正しくする．②ドレッシングは最後に切り込みなしで砥石面を往復させる．③砥石の角度に丸みを付ける．

欠陥〔研削焼け〕原因
①砥石結合度が硬すぎる．②切込み量が大きすぎる．③研削液の不足．
対策
①軟らかい砥石を使用する．②切込み量を少なくし均一な切込みをする．③砥石と工作物の接触面に向けて十分に注ぐ．

7.5に示す．

7.2 施削

Key word 旋盤作業，切削速度，加工精度

7.2.1 目的

基本的な工作機械の1つである旋盤の構造，操作法，旋盤加工における作業計画の立て方，切削条件の選定法，加工精度の測定法を修得する．

7.2.2 解説

(1) 普通旋盤

最も一般的な旋盤で，外丸削り，正面削り，中ぐり，ネジ切り，穴あけなどの加工ができる．

(2) 旋盤の構造

普通旋盤は上述の基本構造を備えるので，その構造を図7.4に示す．それはベッド，主軸台，心押し台，往復台，送り機構などからなり，主軸台はベッド上に固定され，心押し台と往復台はベッド上を移動することができる．

旋盤の大きさの表し方にはベッド上の振り，両センタ間の最大距離などが用いられる．ベッド上の振りとはベッド案内面に接触することなく回転できる工作物の最大直径である．

(3) 旋盤の機能

旋盤は工作物を回転させ，それに切削工具を切り込ませて送り運動させ，不要部を切り屑として除去し，所要の形状，寸法に成形する．旋盤は使い方を工夫することにより多種類の加工を行うことができる．旋盤でできる主な加工は，外丸削り (turning)，面削り (facing)，穴あけ (drilling)，中ぐり (boring)，溝切り・突切り (grooving・cutting off)，テーパ削り (taper turning)，ねじ切り (thread cutting)，総形削り (from turning)，ロレットかけ (knurling) などである．

(4) 切削工具と切削条件

バイトは旋盤作業に用いる主要な切削工具で，その材質，刃先形状，シャクの剛性が作業能率，加工精度に影響を及ぼすので，工具材料の選択，工具設計は十分に注意して行わねばならない．バイトの分類は主に刃部材質，構造，形状，用途によって行われる．工具材質としては炭素工具鋼，高速度工具鋼，超硬合金，セラミック，サーメット，立方晶窒化ほう素 (CBN)，ダイヤモンドが用いられているが，高速度工具鋼と超硬合金が最も多く使用されている．切削能率を上げ，所定の形状に正確に加工するためには，図7.5に示すように，加工形状に適した形状のバイトを選んで用いなければならない．現在では，スローアウェイバイト（チップタイプ）が主流であり，使用時には工具研削は必要としない．

切削速度は旋盤作業で最も重要な因子で，その選択は工作物材質，バイト材質，バイト刃先形状，仕上げ程度，作業の種類，機械の剛性，工具寿命を考慮して行わねばならない．実際の作業では工作物材質によってバイト材質を定め，ついで荒削りか仕上げ削りかによって切込みと送りを定め，それに適した切削速度を表7.6の標準切削速度の中から選択する．

切削速度　　：$V = \pi DN/1000$

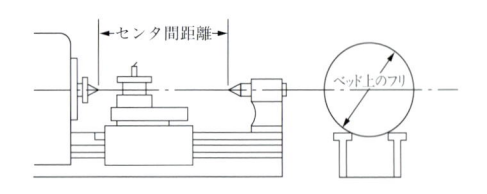

図7.4　旋盤の大きさ

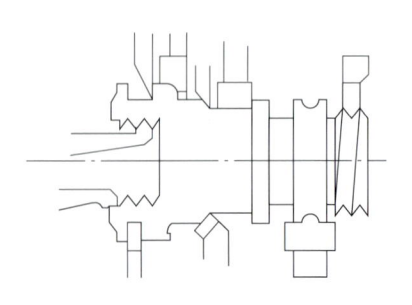

図7.5　バイトの形状

主軸の回転数：$N = 1000V/\pi D$

スローアウェイバイト使用時については，工具メーカーのカタログに適正切削条件が詳しくのっているので，それらを使用するのがよい．

(5) バイトの取り付け

バイトはその刃先が原則として主軸中心高さ，すなわちセンタ高さに一致するように取り付けられねばならない．バイト刃先が図7.6(a)に示すようにセンタ高さよりも高いと，すくい角は実際の値よりも大きくなり，切れ味は多少良くなるが食い込みやすくなる．反対に，刃先が図7.6(b)に示すようにセンタ高さよりも低いと，すくい角は小さくなり，切れ味が低下し，仕上げ面は粗くなる．普通荒削りのときは，刃先の高さがセンタよりもやや高めになるようにバイトを取り付ける．その差 H は，工作物の直径を d とすると，$(1/10 \sim 1/20)d$ の程度となるようにする．仕上げ削りのときは，バイトはその刃先がセンタよりも多少低めになるように取り付け，決して高めにしてはならない．

(6) 旋盤作業

工作物の材質および形状によって工作物の取り付け法および加工順序を十分に検討し，もっとも経済的な作業計画を立てなければならない．次に主な旋盤作業例を示す．

(a) センタ作業

細長い工作物は，図7.7に示すように，主軸と心押し台の両センタで支え，回し金と回し板によって回転される．

(b) チャック作業

チャックには三つづめスクロールチャックと四つづめ単動チャックが一般に用いられる．スクロールチャックは爪が連動し，丸棒，六角棒など点対称形断面の工作物の取り付けに用いられる．四つづめチャックは俗に四方締めといわれるもので，不整形な工作物の取り付け，心出しに適する．チャック作業の一例を図7.8に示す．

(c) 面板作業

形状が不規則で，センタあるいはチャックで把持できない工作物は，図7.9に示すように，面板に取り付けて加工する．取り付けた状態でつりあいがとれていないと，回転により主軸に振動が生

表7.6　標準切削速度 [m/min]

工作物の材質	バイト材料	粗削り 切込み 2.0〜4.5 [mm] 送り 0.3〜0.7 [mm/rev]	仕上げ削り 切込み 0.3〜1.0 [mm] 送り 0.05〜0.2 [mm/rev]
鋼（中）	① ②	35〜50 50〜100	60〜80 100〜180
鋼鉄	① ②	25〜35 50〜90	35〜45 80〜120
ステンレス	① ②	15〜25 40〜80	20〜30 70〜110
アルミニウム	① ②	45〜65 150〜1000 [m/min]	100〜120 450〜3000 [m/min]

①：高速度鋼　工具寿命60分
②：超鋼合金

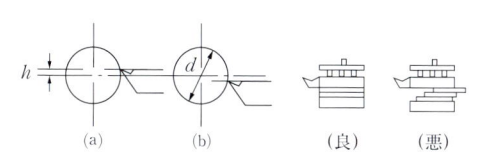

図7.6　バイトの取り付け

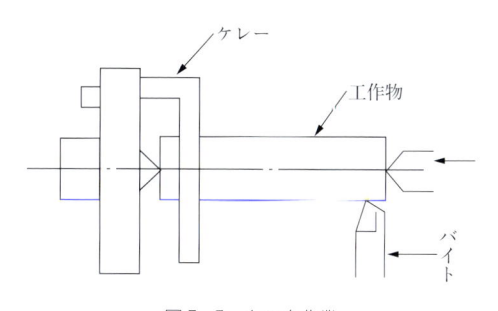

図7.7　センタ作業

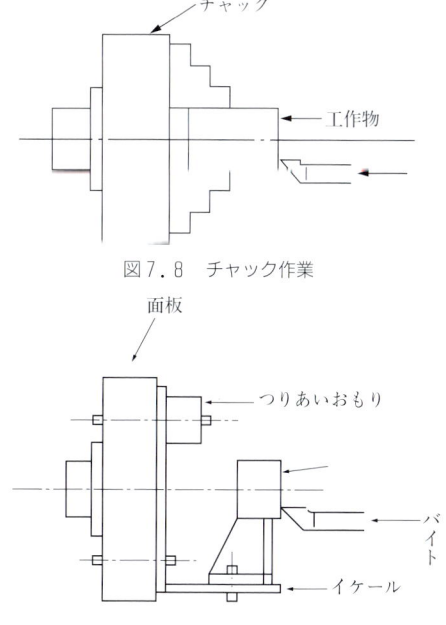

図7.8　チャック作業

図7.9　面板作業

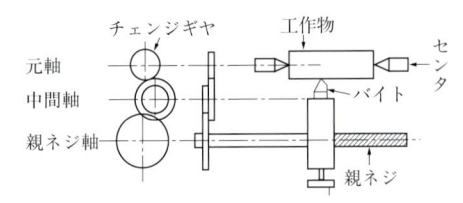

図7.10 ねじ切り作業

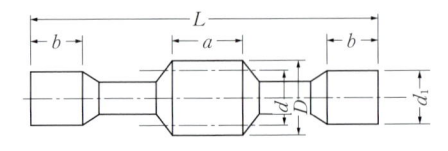

図7.11 軸付ウォーム

表7.7 軸付ウォーム作業表

使用機械および工具	工作手順
普通旋盤 回し板 回し金 バイト センタードリル 外形マイクロメータ ノギス ピッチゲージ	1. 素材の長さ寸法を決める 2. センタードリルで両端面にセンター穴を加工する 3. 両センターで支え外経削り 4. ねじ部および軸部を残し溝をいれる 5. 軸部分，ねじ部分を仕上げる 6. ねじ切り

じるので，つりあいを十分にとることが振動防止および安全確保の点から必要である．

(d) テーパ削り作業

テーパ削り作業には次の3つの方法がある．
 (i) 往復台上の旋回台を必要な角度だけ旋回させて加工する方法．
 (ii) テーパ削り装置を利用して加工する方法．
 (iii) 心押し台のセンタを横方向に移動させて加工する方法．

(e) 中ぐり作業

中ぐり作業では，バイトは穴のなかの見えないところで加工し，刃先は作業者に対向しているので，バイトの形状，大きさ，取り付け方法，切削条件の選択には特別の考慮が必要である．バイトの取り付けについて次に述べる．
 (i) バイト刃先をセンタ高さに合わせるのが標準であるが，切削抵抗によりバイトシャンクがたわみ，刃先が下がることを考慮して少し高めに取り付ける．
 (ii) 刃先が低くなると，前逃げ角が小さくなり，前逃げ面が加工した穴内面と接触しやすくなるので注意を要する．

(f) 溝付け・突切り作業

溝付け・突切り作業は溝の成形・切り落しを行う作業で，加工形状の点から切り屑の排出が悪く，かつ刃先が工作物に食い込む恐れがあるので，難しい作業の1つである．この作業では重切削は非常に困難である．その作業要領を次にあげる．
 (i) 切断箇所をできるだけ工作物の把持部に近いところに選ぶ．
 (ii) バイトを工作物軸線に直角に，かつその刃先をセンタ高さに正しく合わせて取り付ける．

(g) ねじ切り作業

加工するねじのピッチにより，工作物1回転当りのねじ切りのバイトの送り，言い換えると，主軸の回転数に対する親ねじの回転数を正しく選ばねばならない．図7.10からわかるように，主軸の回転運動は直接工作物に，また歯車A，B，Cを経て親ねじに伝えられるので，歯車の歯数比を適当に選択することにより所要ピッチのねじを切ることができる．

7.2.3 軸付ウォーム作業

旋盤作業により製作する軸付ウォームの形状・寸法を図7.11に示す．工作物材料には機械構造用炭素鋼S45Cを用いる．旋盤作業に必要な加工工具，測定工具，工作順序を表7.7に示す．

7.2.4 結果および考察

(a) 製品の寸法，表面粗さを測定する．
(b) 測定結果に基づいて，寸法精度，表面粗さに及ぼすバイト刃先角度，作業順序，各工程での切削条件の影響について考察する．

7.3 フライス削り

Key word　フライス作業，上向き，下向き削，エンドミドル

7.3.1 目的

本実習は多種，多様な加工を行うことができるフライス盤の構造，操作法，使用工具および切削条件の選択，作業計画，加工段取りを理解，修得することにある．

7.3.2 解説

(1) フライス盤

フライス盤はフライスに回転運動を与え，工作物を上下，前後，左右の方向に送り運動させて平面削り，溝削りなどの加工を行うことができる工作機械である．エンドミルを使用すると輪郭加工，3次元曲面加工も行うことができる．いわゆる角物の工作物の加工には欠くことのできない工作機械で，NC化によりその用途を拡大している．フライス盤には次のような種類がある．

(a) ひざ形フライス盤

切込みを与えるためにコラムに沿って上下に移動できるニーを持ち，ニーの上にサドル，さらにその上にテーブルが乗り，それによりテーブルを前後左右に移動できる構造のフライス盤．それには主軸が図7.12に示すように水平のひざ形横フライス盤と，図7.13に示すように垂直のひざ形縦フライス盤がある．

図7.13　ひざ形縦フライス盤

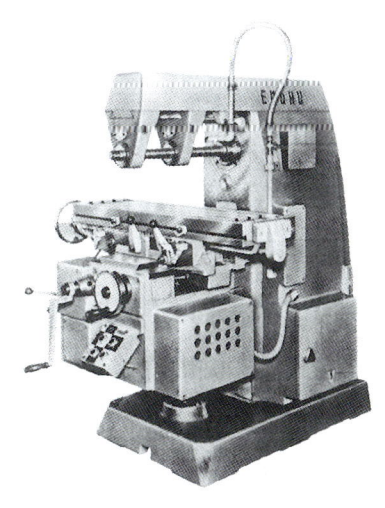

図7.12　ひざ形横フライス盤

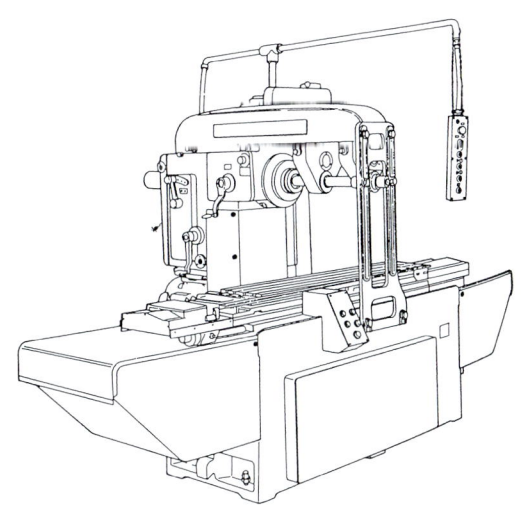

図7.14　ベッド形横フライス盤　[JIS B 0105]

(b) 万能フライス盤

ひざ形フライス盤で、ねじれ溝を加工できるようにテーブルを水平面内で旋回できるようにした横フライス盤または二重旋回できる主軸頭を備えるフライス盤.

(c) ベッド形フライス盤

剛性を大きくするために、テーブルを直接ベッド上に乗せ、切込みをコラムあるいは主軸頭で行わせる構造のフライス盤．それには図7.14に示すように主軸が水平のベッド形横フライス盤と垂直のベッド形縦フライス盤がある．この形式のフライス盤は生産性を重視する生産フライス盤に多い．

(d) プラノミラー

大形の工作物をフライス削りするためのフライス盤で、ベッドの長手方向に運動できるテーブルを持ち、クロスレールまたはコラムに沿って移動する主軸頭を備える．コラムが1つの片持ち形と、2つのコラムおよびトップビームからなる門形がある．

(e) その他のフライス盤

ロータリテーブル形フライス盤、彫刻盤、倣いフライス盤、スプラインフライス盤、クランク軸フライス盤などがある．

フライス盤の大きさは、たとえばひざ形フライス盤ではテーブルの大きさ、テーブルの左右・前後・上下の移動量および主軸端からテーブル上面までの距離で表す．一例として、フライス盤呼称（大きさを示す番号）によるテーブルの左右,前後,上下の移動量を表7.8に示す．

フライス盤には種々の付属装置、たとえば割出し台、円テーブル、ラック切りアタッチメント、バーチカルアタッチメント、ユニバーサルアタッチメントなどがあり、それらを用いてカム切削、スプライン溝加工、歯切り、ラック切りなどを多様な加工ができる．

(2) フライス

フライスは基本的には円板形あるいは円柱形で、その円周面あるいは円周面と側面の両面に多数の切れ刃を持つ切削工具である．それには図7.15に示すように多種類のフライスの種類を表7.9に示す．

フライスのすくい角は切れ刃すくい面と刃先を通る半径とのなす角で、切り屑生成に著しい影響を及ぼす刃先角度の1つである．逃げ角は逃げ面と刃先でのフライス円周の接線とのなす角で、それにより切削による新生面と逃げ面の接触が避けられる．逃げ角は上向き削りでは切り屑の生成に連れて小さくなり、下向き削りでは反対に大きくなる．正面フライスではすくい角に軸方向すくい角と半径方向すくい角とある．一例として各種工作物材料に対する平フライスおよび正面フライスのすくい角、逃げ角の推奨値を表7.10に示す．

(3) フライス削りにおける上向き・下向き削り

フライス削りにおける切り屑生成状況は図7.16のように表せる．同図(a)に示すフライスの回転方向と工作物の送り方向が反対向きの切削を上向き削り、同図(b)の同じ向きの切削を下向き削りという．フライス削りは一般に上向き削りで行われるが、切り屑生成の初期に刃先が工作物表面に食い込まないでその上を滑るので、次のような欠点がある．すなわち、刃先が摩耗しやすく、工具寿命が短くなる．そのうえ、表面粗さが大きくなりや

表7.8 フライス盤の呼称とテーブル移動距離

呼称（番）		0	1	2	3	4	5
テーブルの移動距離[mm]	左右	450	550	700	850	1050	1250
	前後	150	200	250	300	350	400
	上下	300	300	300	350	450	450

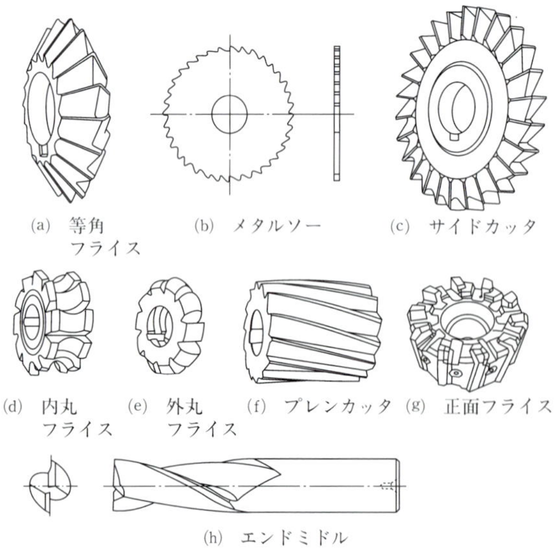

(a) 等角フライス　(b) メタルソー　(c) サイドカッタ
(d) 内丸フライス　(e) 外丸フライス　(f) プレンカッタ　(g) 正面フライス
(h) エンドミドル

図7.15 各種フライス

表7.9 フライス削りと使用フライス

フライス削りの形式	使用フライス
平面削り	平フライス, 正面フライスなど
ミゾ削り	エンドミル, 側フライス, メタルソーなど
切断	メタルソー
Vミゾ削り	角フライス, エンドミルなど
特殊な形状削り	総形フライスなど

表7.10 フライスの刃先角度 [°]

被削材料		高速度鋼平フライス		超合金正面フライス			
		すくい角	逃げ角	ラジアルすくい角	ラジアル逃げ角	アキシアルすくい角	アキシアル逃げ角
アルミニウム		20〜40	10〜12	10	9	−7	5
プラスチック		5〜10	5〜 7	−	−	−	−
黄銅, 青銅	軟	0〜10	10〜12	6	9	−7	5
	普通	0〜10	4〜10	3	6	−7	5
	硬	−	−	0	4	−7	3
鋳鉄	軟	8〜10	4〜 7	6	4	−7	3
	硬	−	−	3	4	−7	3
	チル	−	−	0	4	−7	3
可鍛鋳鉄		10	5〜 7	6	4	−7	3
銅		10〜15	8〜12	−	−	−	−
鋼	軟	10〜20	5〜 7	−6	4	−7	3
	普通	10〜15	5〜 6	−8	4	−7	3
	硬	10〜15	4〜 5	−10	4	−7	3
	ステンレス	10	5〜 8				

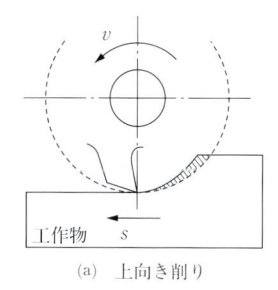

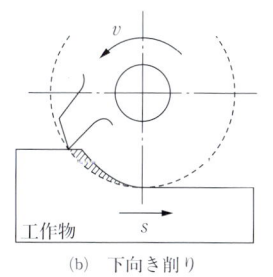

図7.16 切り屑生成状況
(a) 上向き削り
(b) 下向き削り

すく, フライスに取り付け偏心があると, 仕上げ面に回転マークが生じやすい. 他方では, テーブル送りねじのバックラッシの影響を受け難いという利点がある. しかし, 切削力が工作物を持ち上げるように働くので, 工作物は加工中に飛び出さないよう十分に把持, 固定されねばならない.

下向き削りでは, フライス刃先が工作物表面へ滑ることなく食い込み, 円滑な切り屑生成を行う. したがって, 表面粗さの小さい仕上げ面が得られ, 切れ刃の摩耗が小さく, 工具寿命が長くなり, 切り屑が切削方向前方に溜まらないので, 切削中切り屑による障害は生じない. さらに切削力の接線分力は工作物の送り方向に作用するので, テーブルの送り動力を軽減するという利点があげられる. しかし, テーブル送りねじにバックラッシがあると, 接線分力により工作物はその分だけ急速に送られ, その結果フライスは工作物に引き寄せられようとし, 工作物, フライス, アーバ, テーブル送りねじなどに損傷を与えることがある. したがって, 下向き削りを行うためには上記送りねじに バックラッシ除去装置を設ける必要がある. 黒皮のある工作物のフライス削りでは下向き削りは切れ刃の損傷を早めるので適さない.

7.3.3 切削条件

切削条件としては切削速度, 切込み, 送り速度があげられる.

(1) 切削速度

切削速度はフライスの周速度で表し, フライスの直径を D mm, 毎分回転数を N rpm とすると, 切削速度 V m/min は次式で与えられる.

$$V = \pi DN / 1000 \quad [\text{m/min}]$$

切削速度が大きいほど切削時間は短くなるが, 他方工具寿命は指数関数的に短くなるので, フライス, 工作物の材料および仕上げの種類によって適当な切削速度を選択しなければならない. 高速度鋼フライスおよび超硬合金フライスを使用する場合の各種工作物材料に対する標準切削速度を表7.11に示す.

(2) 送り速度

工作物の送り運動の速度で, s mm/min で表すことが多い. しかし, フライスには多くの種類があり, また同じ種類でも刃数, 毎分回転数が異なれば, 一刃当りの切り屑生成負担は異なる. そこで, 一刃当りの切り屑生成負担を基準にして送り速度を決める方が合理的と考えられ, 通常一刃当りの送りが用いられる. いまフライスの毎分回転数を N rpm, 刃数を z 枚とすると, 一刃当りの送り s_z mm/tooth は次式で表される.

$s_z = s/Nz$ [mm/tooth]

フライスと工作物材料の種類による一刃当りの送りの推奨値を表7.12に示す．

(3) 切削幅

正面フライス削りの場合，フライス直径が大きいと切削動力が増大するので，使用機械の能力の点から切削幅に制約が生じることがある．フライス直径にもよるが，一般にその50～60%とする．

以上のことより，加工物の要求仕上げ精度，後加工との関係などにより仕上げの程度を荒削り，中仕上げ，仕上げのどれにするかを決め，荒削りの場合には能率を主体として諸元を決定し，中仕上げ，仕上げの場合には精度を主体として諸元を決定する必要がある．

7.3.4 フライス削り実習

(1) フライスの主軸への取り付け

横フライス盤でフライスのアーバへの取り付け位置は加工上許せる範囲で主軸端に近づけ，切削抵抗によるアーバの変形を小さくすることが必要である．エンドミルや小形のアーバの主軸への取り付けにはアダプタやコレットが用いられる．いずれにしてもフライスは加工時の切削抵抗により滑ったり，抜けることのないように確実に主軸に固定されなければならない．なお，フライスの取り付け，取り外しの際に刃先を破損したり，傷つけたりしないように十分注意しなければならない．

(2) 工作物の取り付け，固定

(a) バイスへの取り付け，固定

小形の工作物は，フライス盤のテーブル面に取り付けたバイスに挟み，固定される．バイスは固定片とねじにより移動する移動片からなり，工作物の大きさに応じて両片間の間隔を調節し，その間に置いた工作物を移動片で挟み，ねじで締め付けて固定する．そのとき移動片が持ち上げられることがあり，それにより工作物もバイス底面あるいは台金から浮かび上がり，加工の際に平行度，直角度を低下させる．そこで木槌で工作物を軽く叩いてバイス底面あるいは台金に密着させた状態で締め付け，固定する必要がある．なお，バイスはその固定片が切削力に対抗する向きとなるよう

表7.11 フライスの切削速度 [m/min]

被削材料		高速度鋼フライス	超硬合金フライス	
			荒削り	仕上削り
鋼	軟	27	50～75	150
	硬	15	25	30
鋳鉄	軟	32	50～60	120～150
	硬	24	30～60	75～100
可鍛鋳鉄		24	30～75	50～100
黄銅	軟	60	240	180
	硬	50	150	300
青銅		50	75～150	150～240
アルミニウム		150	95～300	300～1200
フェノール樹脂		50	150	210

［日本機械学会，文献［4］より転載］

表7.12 フライス1刃についての送り [mm]

被削材料		高速度鋼フライス				超硬合金フライス			
		ねじれ刃平フライス	みぞおよび側フライス	正面フライス	総形フライス	ねじれ刃平フライス	みぞおよび側フライス	正面フライス	総形フライス
炭素鋼	快削鋼	0.25	0.18	0.30	0.10	0.32	0.23	0.40	0.13
	軟鋼，中鋼	0.20	0.15	0.25	0.08	0.28	0.20	0.35	0.10
合金鋼	H_B 180～220	0.18	0.13	0.20	0.08	0.28	0.20	0.35	0.10
	H_B 220～300	0.13	0.10	0.15	0.05	0.25	0.18	0.30	0.10
	H_B 300～400	0.08	0.08	0.10	0.05	0.20	0.15	0.25	0.08
	ステンレス	0.13	0.10	0.15	0.05	0.20	0.15	0.25	0.08
鋳鉄	H_B 150～180	0.32	0.23	0.40	0.13	0.40	0.30	0.50	0.15
	H_B 180～220	0.25	0.18	0.32	0.10	0.32	0.25	0.40	0.13
	H_B 220～300	0.20	0.15	0.28	0.08	0.25	0.18	0.30	0.10
可鍛鋳鉄，鋳鋼		0.25	0.18	0.30	0.10	0.28	0.20	0.35	0.13
黄銅 青銅	快削	0.45	0.32	0.55	0.18	0.40	0.30	0.50	0.15
	普通	0.28	0.20	0.35	0.10	0.25	0.18	0.30	0.10
	硬	0.18	0.15	0.23	0.08	0.20	0.15	0.25	0.08
Al, Mg 合金		0.45	0.32	0.55	0.18	0.40	0.30	0.50	0.13
プラスチック		0.25	0.20	0.32	0.10	0.30	0.23	0.38	0.13

［日本機械学会，文献［4］より転載］

にテーブル上に取り付けられねばならない．

(b) テーブル面上への取り付け，固定

小量生産ではテーブル面にT溝を利用して締め付けボルトと取付具で工作物を直接固定する．多量生産の場合には専用の取付けジグあるいは固定具に工作物を取り付け，固定する．

(3) Vブロックの加工手順

本実習では，フライス盤作業の基本である平行平面，直交平面，溝の加工を含むVブロックの製作を行う．その加工手順の一例を次に示す．

(a) 初めに加工素材を適当な寸法に切断する．次に加工素材をバイスに取り付け，固定する．加工素材の締め付け面が黒皮のついた凹凸のある面の場合には，アルミニウム板などの当て金を用い，確実に固定する．取り付け作業が終われば，平面加工を行い，第1面（加工基準面）を作成する．

(b) 第1面をバイスの固定口金側にし，移動片側には加工素材の形状に合わせてアルミニウム板あるいは棒を当てがい，加工素材をバイスに固定した後第2面あるいは第3面を加工する．

(c) 上述の方法と同じようにして，第2面あるいは第3面を固定片側にして加工素材をバイスに固定した後，第4面を加工する．

(d) 次に加工素材を垂直に立て，上記加工面のいずれかがバイス底面に対して直角となるように，直角定規（スコア）を用いて正しくバイスに固定した後，第5面を平面に加工する．

(e) 第5面をバイス底面に置き，(d)と同様な方法で加工素材をバイスに固定した後，第6面を平面に加工する．

(f) 平面加工を終った直方体のV溝形成面に溝加工位置をトースカンなどで書く．90°V溝加工には次のような2つの方法が考えられる．

(i) 45°の傾斜面を持つ取り付け具あるいは角度90°のVブロックにV溝形成面が45°の傾斜となるように直方体を取り付け，側フライスあるいはエンドミルでV溝加工を行う．

(ii) 直方体のV溝形成面を上向きにして水平に取り付け，90°等角フライスでV溝加工を行う．

7.3.5 結果および考察

次の事項について測定し，その測定結果について考察せよ．なお，JIS B 7540によれば，Vブロックの測定は呼び100未満のものでは各面の周辺1 mm，呼び100以上のものでは各面の周辺2 mmを除いた範囲について行うことになっている．

(a) 使用フライス盤の種類，大きさ，電動機馬力および工作物材料を示せ．

(b) 平面削りおよびV溝削りについて使用フライスの種類，直径，刃数，刃先の角度と切削条件を示せ．

(c) 製作したVブロックの幅，高さ，長さをマイクロメータあるいはノギスで測定せよ．それより製作したVブロックは呼びいくらのVブロックに該当するかを示せ．

(d) Vブロック直方体面の平面度，平行度

Vブロックを精密定盤上に置き，Vブロックの被測定面にスタンドに取り付けたダイヤルゲージを当て，上述の測定範囲内で移動させ，指針の振れを読み取る．横軸に測定位置を，縦軸に指針の振れを取り，測定結果を図示せよ．平行度，平面度を数値で示せ．ついで，上述のような結果が生じた原因について考察せよ．

(e) Vブロック底面とV面上の円筒との平行度

V溝面を上向きにしてVブロックを精密定盤上に置き，任意の直径のテストバーをV面に支持し，スタンドに取り付けたダイヤルゲージをテストバー円筒面に鉛直方向から当て，Vブロックの長さにわたってダイヤルゲージ指針の振れを読み取る．振れの最大値と最小値の差で平行度を表す．得られた結果について考察せよ．

(f) 回転マークと刃形マークとの差異について述べよ．

7.4 溶接

Key word アーク溶接，ガス溶接，ガス切断

7.4.1 目的

溶接は建築構造物，機械構造物，（造船，車両）などの製作に必要な部材の接合法として広い分野で多く用いられている．本実習では交流アーク溶接，ガス溶接，ガス切断などを行い，アーク溶接法の種類，アークの発生法，電流の調節，ガス器具の取り扱い法などを理解し，修得することを目的とする．

7.4.2 解説

アーク溶接，ガス溶接，ガス切断などの作業はやけど，感電，逆火などの危険をともなうので，各加工法について正しい知識と作業上順守すべき注意事項を修得しておく必要がある．

(1) アーク溶接

アーク溶接作業を安全にしかも正確に行うためには，運棒法，被覆溶接棒の溶接角度，母材と溶接棒の間隔，溶接速度，電流の調節の5項目を習得しなければならない．図7.17には理想的なアーク溶接状況を示している．

(a) 被覆溶接棒の運棒法

運棒法には表7.13に示すような基本的な運棒法があるが，実際の場合には必要に応じて応用操作を取り入れることもある．

(b) 被覆溶接棒の溶接角度

被覆溶接棒の溶接角度が正常であれば，母材の溶け込みが十分になり，アンダカットを防ぐことができる．下向き溶接の場合の最適な溶接棒の角度は30°で，それは，図7.18(a)に示すように，母材面の法線に対して溶接方向に30°傾けた角度である．また角肉溶接の場合，規定では垂直面に対する溶接棒の角度は45°であるが，この角度では垂直の母材にアンダカットが生ずるので，図7.18(b)に示すように垂直面に対して55°，溶接方向に対しては30°傾けると良い結果が得られる．この場合の運棒法は三角形が好ましい．

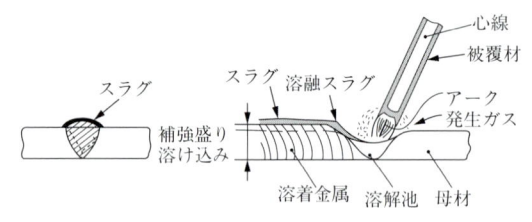

(c) 母材と溶接棒との間隔

母材と溶接棒との間隔は約2～3mmとされている．間隔が広いと高温になり，母材に穴があいたり，スパッタリングが生じる．母材に近づきすぎるとアーク熱が弱くなって母材は溶融せず，溶着金属が母材の上に載っただけの状態になる．溶接棒は溶融して徐々に短くなるので，溶融する速さに合わせて下げ，常時2～3mmの間隔に保たなければならない．また溶接棒は被覆剤よりも心線の方が速く溶けるので，それを考慮して間隔をとる必要がある．

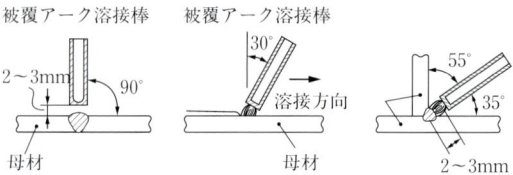

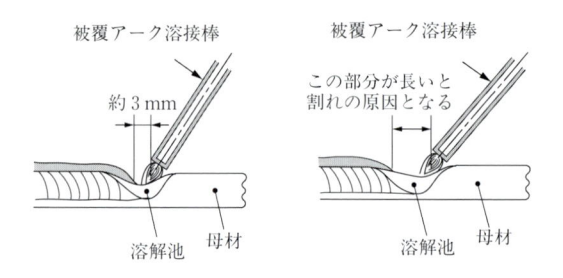

(d) 溶接棒の最適速度

アークを発生させると母材が溶融し，同時に被

表7.13 被覆アーク溶接棒の運棒法

姿勢	運棒法	図解	棒角度
下向き付合せ溶接	直線	→	進行方向 60°～90°
下向き付合せ溶接	円形	(円形図)	同上
下向き付合せ溶接	せん転形	(せん転形図)	同上
下向き隅肉溶接	直線	→	同上および直進面に 45°～60°
下向き隅肉溶接	楕円形	(楕円形図)	同上
下向き隅肉溶接	三角形	(三角形図)	同上
横向き溶接	直線	→	
横向き溶接	楕円形	(楕円形図)	
立向き溶接 下進法	直線	↓	進行方向 70°
立向き溶接 下進法	せん転形	(図)	同上
立向き溶接 上進法	直線	↑	進行方向 110°
立向き溶接 上進法	三角形	(図)	
立向き溶接 上進法	後返り	(図)	
上向き溶接	直線	→	進行方向 60°～80°
上向き溶接	せん転形	(図)	
上向き溶接	後返り	(図)	

表7.14 アーク溶接電流（交流）

鉄板の厚さ [mm]	溶接電流 [A]	溶接棒の直径 [mm]
1.6	40～55	1.8
3.2	65～80	1.8
3.2	90～110	3.2
3.2	125～140	4.0
4.5	110～125	3.2
6.0	125～145	3.2
6.0	160～200	4.0
6.0	180～230	5.0
9.0	170～200	4.0
9.0	230～260	5.0
9.0	260～300	6.0

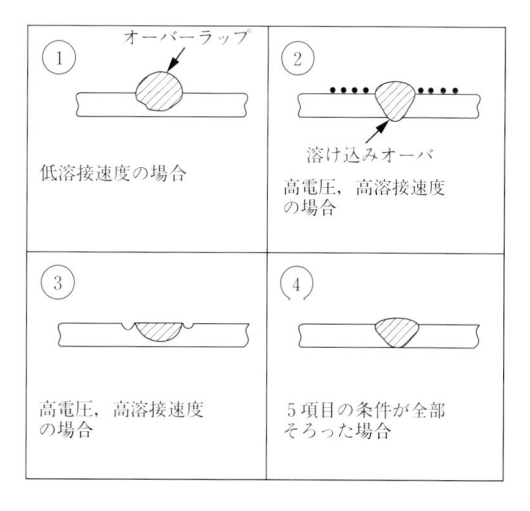

図7.20 溶接電流，電圧，速度とその溶接状態

① 低溶接速度の場合（オーバーラップ）
② 高電圧，高溶接速度の場合（溶け込みオーバ）
③ 高電圧，高溶接速度の場合
④ 5項目の条件が全部そろった場合

覆溶接棒も溶けて，液滴となって母材の溶融池に落ちて溶接金属ができる．このときよく見ると，溶接金属の上に被覆剤の溶けた溶融スラグがくすんで見える．溶接棒の最適速度は図7.19に示すように，溶接金属がそれを覆っているスラグ部分よりも3 mmくらいはみ出して見える状態を維持できる速度である．速度が遅いと，スラグが溶接金属のなかに巻き込まれて欠陥を生ずる．また大きな溶接速度では溶接金属がスラグで被覆されなくなり，外気で急冷され割れを生じやすくなる．これより，スラグと溶接金属の状態を見ながら運棒法，角度，間隔，速度などを操作して溶接を行わねばならないことがわかる．

(e) 電流（交流）の調節

前述のアーク溶接作業を行う際に考慮しなければならない項目を説明したが，これまでの4項目が最適条件を完全に満たしていても，電流値が正確に適合していないと，完全な溶接を行うことはできない．そこで電流値は母材板厚，溶接棒の直径により表7.14を参考にして決めるとよい．

(a)から(e)までの項目について得られる溶接結果を図7.20に示す．

(f) 感電防止など安全に関する注意事項

アーク溶接だけでなく他の溶接作業も危険（やけど，感電など）をともなうので溶接について正しい知識と注意事項を身につけ，これらを守らねばならない．火花によるやけど防止には溶接用服装，防護マスクなどを用意する．感電防止対策としてはゴム製の靴を使用すること．雨天の場合は特に注意し，床が濡れているとき，皮手袋，軍手などが湿っているときなどは十分に乾燥してから使用する．他人がアーク溶接を行っているときに，アークの光線を1～2分間位直視すると失明することがあるので，絶対に見ない用心が必要である．

(2) **ガス溶接およびガス切断**

ガス溶接，ガス切断では高圧酸素，アセチレンガスを取り扱うので，指導者の指示，注意事項を守って事故のないように実習を行う．実習以外では危険物取扱の資格を持っていなければガス溶接，切断を行うことはできない．

(a) ガス溶接（酸素-アセチレンガス溶接）

ガス溶接用の燃料ガスにはアセチレンガス以外に数種類のガスが考えられるが，炎の性質などからアセチレンガスが最も広く使用されている．次にガス溶接を行う場合の手順，注意などについて述べる．

作業の安全を計るために，ホースに傷はないか，器具のバルブのパッキンに異常がないか，火口の出口にスパッタが付いていないか点検して，異常がなければ溶接器を操作して点火する．点火するときはガスバルブを半回転し，また低圧酸素のバルブも半回転した後，専用ライタで点火する．火が付いたら，酸素とガスのバルブを交互に回しながら火力を調整し，図7.21のような標準炎とする．火力は溶接する板厚によって調整し，また火口も板厚に応じて取り替えて行う．ガス溶接は図7.22に示すような角度，方向で行うとよい．ガス溶接器を図7.23に示す（JIS B 6801）．

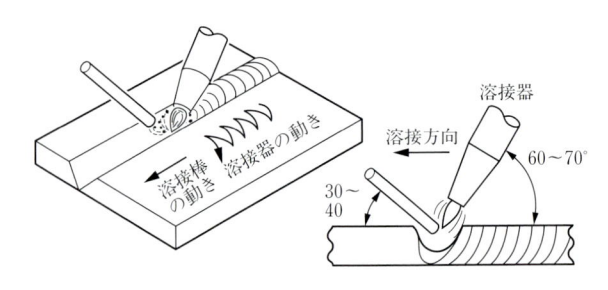

図7.22 ガス溶接

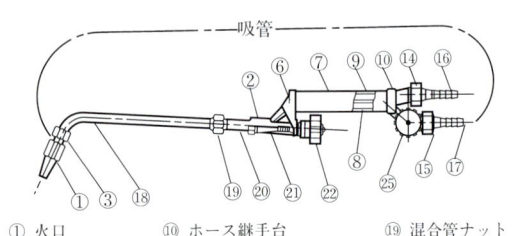

図7.23 ガス溶接器とその名称

① 火口　⑩ ホース継手台　⑲ 混合管ナット
② ミキサ　⑪ カラン（コック）またはバルブ　⑳ 混合管
③ トーチヘッド　⑫ 燃料ガスホース取付口　㉑ インゼクタノズル
④ 外装管　⑬ 酸素ホース取付口　㉒ 酸素弁
⑤ 調節弁　⑭ 酸素ホース口ナット　㉓ 火口先
⑥ 本体　⑮ 燃料ガスホース口ナット　㉔ 火口本体
⑦ 握り管　⑯ 酸素ホース口　㉕ 燃料ガス弁
⑧ 燃料ガス導管　⑰ 燃料ガスホース口
⑨ 酸素導管　⑱ 混合ガス口

(b) ガス切断

ガス（酸素）切断は鉄または低炭素鋼に用いられる．切断する部分を酸素アセチレン炎（酸素プロパン炎などの場合もある）で加熱し，そこに高純度酸素を噴射すると，鉄と酸素は激しい酸化反応を起こし，燃焼する．この燃焼によりさらに高温に加熱されるので，鉄およびスラグは溶融すると同時に酸素噴流によって火花（燃焼）となって連続的に吹き飛ばされて切断される．

ガス切断は簡単であるが，危険をともなうので十分注意をして行わねばならない．切断器は，図7.24（JIS B 6802）に示すように，高圧酸素バルブ，低圧酸素バルブ，ガス（アセチレン）バルブにより調整される．切断を行っているときに切断器の火口が母材に接触したり，溶滴が火口先端に付着するとガス流出が瞬間的にゼロとなるので逆火の原因となる．逆火した場合の処置としては低圧酸素バルブをすばやく締める．

7.4.3 溶接部の残留応力と変形

溶接において最もやっかいな問題は溶接残留応力と溶接ひずみ（溶接変形）である．ひずみを少なくするには溶接部の収縮を抑制しなければなら

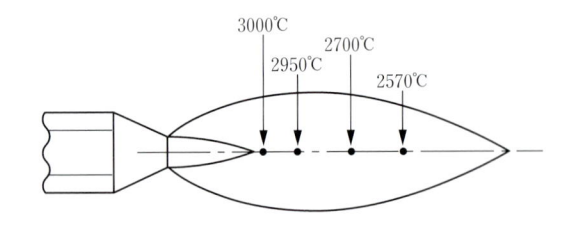

図7.21 標準炎（酸素：アセチレン = 1:1）

図7.24 ガス切断器とその名称

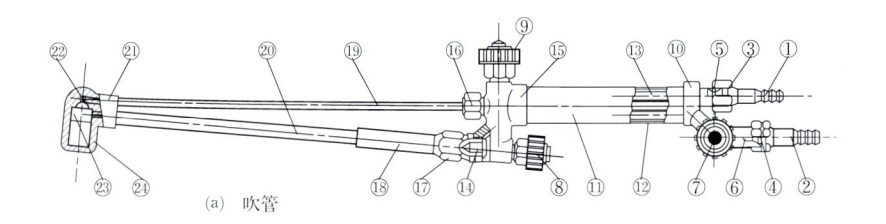

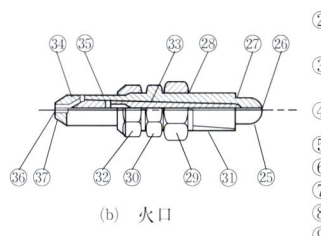

(a) 吹管
(b) 火口

① 酸素ホース継手
② 燃料ガスホース継手
③ 酸素ホース継手袋ナット
④ 燃料ガスホース継手袋ナット
⑤ 酸素入口
⑥ 燃料ガス入口
⑦ 燃料ガス弁
⑧ 予熱酸素弁
⑨ 切断酸素弁
⑩ ホース継手台
⑪ 握り管
⑫ 燃料ガス導管
⑬ 酸素導管
⑭ インゼクタ
⑮ 本体
⑯ 酸素管袋ナット
⑰ 混合管袋ナット
⑱ 混合管
⑲ 切断酸素管
⑳ 混合ガス管
㉑ トーチヘッド
㉒ 当たり受け
㉓ カップリング穴
㉔ リップ
㉕ 当たり
㉖ 切断酸素入口
㉗ 予熱ガス入口
㉘ パッキン
㉙ パックナット
㉚ 本体六角部
㉛ 本体システム
㉜ 外管ナット
㉝ 心棒
㉞ 外管
㉟ 内管
㊱ 切断酸素孔
㊲ 予熱孔

ない．この結果残留応力が大きくなるのは当然であるが，溶接条件を選んで両者をできるだけ少なく止めるように努めなければならない．残留応力とひずみを少なくするには次のような方法を用いるとよい．

(i) 溶着金属の量はできるだけ少なくする．
(ii) 溶接順序を考えて，溶接端部は固定（拘束）されないようにする．
(iii) 溶接は最も自由度の大きい方向に向かって進める．
(iv) 拘束の大きい場合は後返り法または飛石法で行い，熱が均等に分布するように努める．
(v) 仮付け溶接は継手が大きくならないようにする．
(vi) 厚板の溶接においては，必要に応じて予熱やビーニングなどの前処理を行うことも必要である．

7.4.4 使用機器および作業手順

(1) 使用機器

(a) アーク溶接

交流アーク溶接器，電極保持器（ホルダ），ヘルメット，ハンドシールド，皮手袋，足カバー，皮前掛け，皮腕カバー，ピッチングハンマ，溶接台，ジグなど．

(b) ガス溶接，ガス切断

アセチレンガスボンベ，高圧酸素ボンベ，溶接器，切断器，保護色付眼鏡，ハンマ，専用ライタ，皮手袋など．

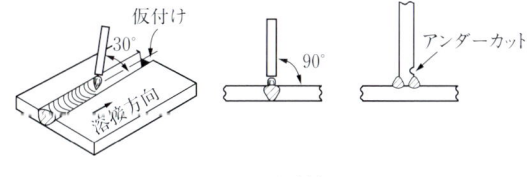

図7.25 アーク溶接

(2) 作業手順

(a) アーク溶接の場合（下向き溶接，角肉溶接）

図7.25に示すような2枚の鋼板を溶接するときは仮付けがしてない方から溶接を行う．溶接終了後溶接金属が冷やされて母材がV形に変形する．

角肉溶接においても同じ理由で縦の母材が曲るので仮付のない方から溶接を行う．角肉溶接の場合は運棒法，溶接棒の角度，間隔などを正確に行う必要がある．

(b) ガス溶接，ガス切断の場合（下向き溶接）

ガス溶接は右手に溶接器を持ち，左手に裸溶接棒を持って図7.22のような状態で行う．母材と火口の間は約5 mm位の間隔をとる．火口の先端が母材に接触すると逆火の原因となるので注意する．

ガス切断は，まず母材の角（切断開始点）の予熱を行い，予熱したら高圧酸素バルブを開けて切断する．この切断も切断速度，母材と火口の間隔，高圧酸素の圧力などが一致しなければならない．

7.4.5 溶接作業の評価法

(a) アーク溶接，ガス溶接とも，溶接面を見てビード（波面）が美しくそろっているか，溶接金属の幅がそろっているかを調べる．アーク溶接では裏面の溶融状態で電流の大きさが正しかったかどうか判断できる．

(b) 溶接部の強度を知りたい場合には引っ張り試験や曲げ試験を行うとよい．

7.4.6 結果および考察

(a) アーク溶接部にはなんらかの欠陥が生じていると考えられる．この原因について前述の5項目より考察せよ．

(b) 実習で得られた溶接結果を溶接作業の評価法に基づいて評価せよ．

(c) その他の溶接法について調べてみよ．

7.5 鋳造

Key word　　砂型鋳造，鋳造方案，鋳型

7.5.1 目的

鋳物は鋳造合金の種類により鉄鋳物と非鉄鋳物に，鋳造法は鋳型の種類により砂型鋳造法，金型鋳造法などに分類される．本実習では，アルミニウム合金の砂型鋳造を行い，鋳物品質に影響を及ぼす諸要因を考察することにより鋳造工程の基本的事項についての理解を深めようとするものである．

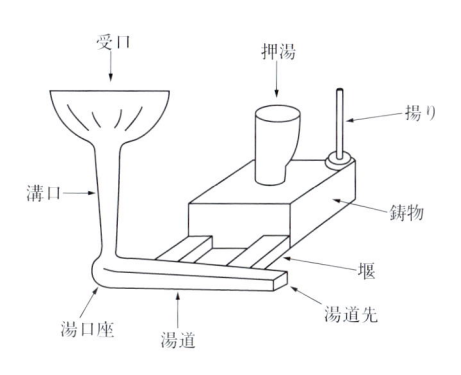

図 7.26　湯口系各部の名称

7.5.2 解説

(1) 鋳造方案

鋳造方案は鋳型製作の計画で，鋳型の製作にあたってはまず，

　　どのような湯口系により，
　　溶融金属（溶湯あるいは溶金）をどこから，
　　どのくらいの速さで，
　　どのくらいの時間で，
　　どこに冷し金を置くか，

などを立案，決定することである．それには湯口系各部の名称を知っておく必要があり，それを図7.26に示す．

さて，鋳造合金の種類により溶湯の鋳込みは温度，性質，凝固状況，鋳型との接触状況は異なるので，鋳込み後の溶湯の挙動や鋳型の性質を十分に理解して，はじめて良い鋳造方案を立てることができる．たとえば，アルミニウム合金は凝固収縮が大きく，熱間割れが生じやすいので，湯口，湯道，押し湯，冷やし金などの設計に特別の考慮が必要である．

(2) 受け口，湯口，湯道，堰の設計

上記湯口系は溶湯にスラグを混入させないで，層流に近い乱れのない状態で鋳型キャビティに溶湯を短時間で流入，充満させることができるものでなければならない．そこで，鋳物品質の点から湯口系の最適設計が望まれるが，種々の鋳型キャビティの形状，大きさに対して受け口，湯口，湯道，堰の形状，大きさを一義的に決める方法は確立されておらず，まだ技術経験によるところが多い．その設計指針について次に述べる．

受け口は溶湯の注入口で，湯口の上部に位置する．そこで，鋳込みの際溶湯が飛散してできた酸化物が湯口に入らないような形状に設計されねばならない．また鋳込み中，受け口内の溶湯の高さは湯口径の2.5倍以上に維持されなければならない．

次に，湯口，湯道，堰の断面積の比，すなわち湯口比は湯流れの状況，鋳込み時間に関係する重要な因子であるが，この比の理論的決定法はまだ確立されていない．しかし，この比については表7.15に示すような推奨値を多くの研究者が提唱している．それより次のような傾向のあることがわかる．

- 鋳鉄の場合，湯口，湯道，堰の順にその断面積は小さくなる．
- 鋳鋼では，湯口は湯道より小さく，堰は湯道と同等あるいはそれより小さい．
- 銅合金では，湯口，湯道，堰の順に大きくなっている．
- アルミニウム合金の場合，湯口よりも湯道，堰の方が大きく，湯道と堰とは同じ大きさ

表 7.15 湯口比の推奨値

合金の種類	湯口比 湯口：	湯道	：堰	備考
鋳鉄	1：	0.75	：0.5	湯道 1 つのもの,
	1：0.96～1.2		：0.9	薄い板状のもの,
鋳鋼	1：	2	：2	運動量を減らす方式
	1：	2	：1	圧力を高める方式,
アルミニウム青銅	1：	2.88	：4.8	湯道 2 つの場合
アルミニウム合金	1：	4	：4	湯道 1 つの場合,
	1：	6	：6	湯道 2 つの場合,
	1：	2	：1～4	

(a) じか堰
(b) 分かれ堰
(c) 段湯道（段堰）
(d) ばり堰
(e) ちょんがけ
(f) 馬蹄堰

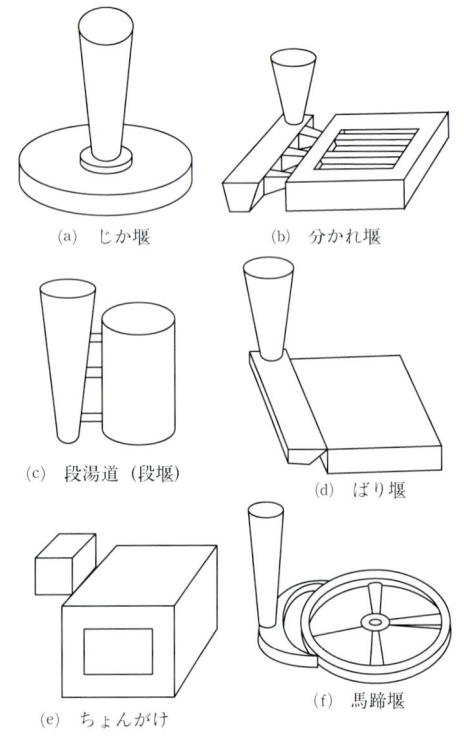

図 7.27 堰の形式

である．

また，一般に湯道は湯口に比べてある程度大きくしても差し支えないといえる．次に堰と鋳物部との接続位置は，一般には機械加工を行う箇所や厚肉の箇所を避け，最下部の薄肉部とする．

実用されている主な定石的な堰の形式を図 7.27 に示す．

同図(a)のじか堰は湯口から直接鋳物部に溶湯を流入させるもので，一般に薄肉の小形鋳物，棒状の鋳物に用いられる．鋳込みが早い．

同図(b)の分かれ堰は最も一般的な堰で，鋳型の平面状に広がる広範囲の部分に一様に溶湯を流入させることができる．

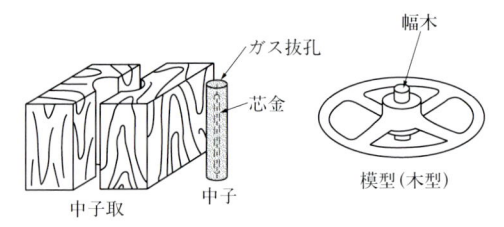

図 7.28 ハンドル車の木型と中子取

表 7.16 縮みしろ

鋳鋼	12/1000～18/1000
鋳鉄	8/1000～12/1000
銅合金	12/1000～18/1000
軽合金	10/1000～18/1000

同図(c)の段湯道（段堰）は湯道の途中 1～3 箇所から鋳物部に溶湯を流入させられるように段階状に設けた堰で，それにより溶湯流入時の落差を小さくできる．一般に大形鋳物に用いられる．

同図(d)のばり堰は鋳物との接続部を薄くし，幅を広げた板状の堰で，薄肉の鋳物に用いられる．

同図(e)のちょんがけ（ちょいがけ）は押し湯効果をもたせた堰で，厚肉の鋳物に用いられる．

同図(f)の馬蹄堰は湯口から堰を 2 つに分岐させた馬蹄形の堰で，溶湯を早く鋳込むときに用いられる．

(3) **模型の製作**

模型には木材，金属，樹脂，蠟および石膏製のものがあり，これらのうち木製，金属性のものが最も多く用いられている．木型は加工が容易で，軽いので取り扱いやすく，そのうえ比較的安価などの利点がある．

模型は部品図面の通りにつくるのではなく，鋳型製作から始まって鋳物ができるまでの鋳造工程全体をよく検討し，高品質の鋳物を得るための最適の模型が製作されねばならない．図 7.28 は模型の一例で，主型用模型の他に中子用模型（中子取り）を必要とする場合が多い．その製作には木材の使用上，加工上などの技術的問題とともに造型上，鋳造上などの因子として見切り面，縮みしろ，仕上げしろ，抜き勾配などが考慮されねばならない．縮みしろは溶湯が凝固するときに生じる収縮量を見込んで図面寸法に付加する余肉で，模型寸法は縮みしろに相当する値だけ大きくなる．各種鋳造合金に対する縮みしろを表 7.16 に示す．なお，模型製作にはあらかじめ縮みしろを考慮して目盛った鋳物尺が使用されている．

(4) 鋳物砂の性質と調整

鋳物砂には成形性，通気性，耐火性，機械的強度などが要求される．鋳物砂の調整では，水分量が鋳物品質の良否に大きく関係するので，その配合量には特に注意を必要とする．一般に水分の配合量は6％前後である．

(5) 鋳型の製作

前述の模型，鋳物砂を用い，人手あるいは機械により所要の形状・寸法のキャビティ（空洞部）を持つ鋳型を製作する．鋳物の形状によっては鋳型は主型の他に中子を必要とする場合がある．本実習では主型を製作する．鋳型製作に最も多く使用される方法が生型造型法で，生型に使用される鋳物砂すなわち生砂は主としてけい砂，粘結剤，水分からなり，粘結剤には耐火粘土，ベントナイトが用いられる．生型は乾燥することなく使用するので，造型費が安価である．生砂は使用に際して砂処理，水分量，突き固め法に十分の注意を払い，鋳型表面の硬度が一様で，かつ適当な値となるようにしなければならない．

本実習では7.5.3項に示すような手順で，ハンドル車の生型製作とそれを用いて鋳造を行う．

(6) 溶解・鋳込み

地金の溶解には種々の溶解炉が用いられるが，その主なものにキューポラ，電気炉，坩堝炉があげられる．本実習では鋳造合金にアルミニウム合金を用いるので，溶解は可傾式坩堝炉で燃料に重油を用いて行う．溶解にあたっては次の点に注意しなければならない．

- 溶湯は炉内雰囲気中の，および冷たい地金に付着している水分，重油燃焼ガスからH_2を吸収しやすい．
- 溶湯の過熱，揺動は溶湯の酸化，酸化物の巻き込み，水素吸収を起こさせやすい．
- 溶融アルミニウムと酸化鉄，SiO_2などの酸化物との間に酸化，還元反応が起こり，反応生成物のAl_2O_3，Feなどが溶湯中に不純物として混入する．

溶湯中に溶解したH_2などのガスは鋳物の気孔の原因となるので，次のような脱ガス法および水素などのガス吸収を起こさせない溶解法があげられる．

- N_2ガスのような不活性ガス，またはアルミニウムと反応しても凝固するまでの間にその反応生成物が残らないような活性ガス，たとえばCl_2ガス（有毒ガス）を吹き込み，

表7.17 各種合金の鋳込み温度

種類	鋳込み温度 [℃]
鋳鋼	1450～1600
鋳鉄	1300～1400
可鍛鋳鉄	1400～1500
銅合金	1100～1250
軽合金	650～ 750

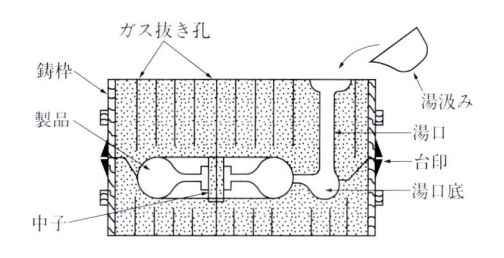

泡立たせて脱ガスを行う．
- 溶湯を一度凝固させ，直ちに再溶解する．
- 真空または不活性ガス中で溶解する．
- 溶湯に超音波振動を与える．

鋳込みは必要量の溶湯を取鍋あるいは杓（湯汲み）に溶解炉から取り出し，適当な鋳込み速度で受け口から流し込んで行う．鋳込み速度は一般に大物で70 N/sec，小物で20～40 N/secである．各種合金の鋳込み温度を表7.17に示す．

7.5.3 作業手順

鋳型製作および鋳込みに用いる道具，作業順序，注意事項を次に示す．

(1) 使用工具

(a) 造型用工具

模型，定盤，上枠，下枠，突き棒，スタンプ，かき板，気抜き針（ガス抜き用），型上げ針，湯口棒，へら類，ふるい，硬度試験器

(b) 鋳込み用工具

杓（湯汲み），温度計

(2) 作業順序

(a) 土間に定盤を固定し，鋳枠を乗せてそのなかに木型を置く．

(b) 木型に肌砂をかぶせ，その上に粗砂をいれた後，突く，なお，肌砂はふるいを用いて木型の上に散布し，その量は木型がかくれる程度でよい．

(c) 次いでスタンプした後，余分な砂をかき板で除き，気抜き針を刺してガス抜き穴をつくる．

(d) 鋳枠を反転させ，鋳型表面の硬度を測定する．鋳型の硬度としては硬度計の指示値45～60を

適当とする．

 (e) 上記鋳型表面に見切り面をつくり，別れ砂を振りかける．

 (f) 上枠を乗せ，鋳造方案に従って所要の位置に湯口棒を立てた後，(b), (d)の要領で上型を造る．

 (g) 湯口棒を抜き取り，受け口をつくる．

 (h) 合印を切り，上型をはずして平らな土間に置く．

 (i) 下型に際水を引き，鋳造方案で決めた湯道，堰を切る．なお，際水は少なめにする．

 (j) 木型に型上げ針を刺し，針を前後，左右に軽く叩いた後木型を鋳型から静かに取り出す．

 (k) 別につくっておいた中子を幅木部に正しく垂直にしっかりと固定させる．

 (l) 上型を下型に合印が合致するようにかぶせる．

 (m) 使用工具，作業場の整理整頓を済ませる．

 (n) 熱電対温度計で溶湯の温度を測定した後，鋳込みを行う．

 作業中は作業規律を十分に守り，火傷，けがを未然に防がねばならない．

7.5.4 結果と考察

 (a) 実習で用いた湯口系の形状，寸法を図面にまとめよ．

 (b) 鋳物砂の水分量，溶湯の鋳込み温度，鋳込み時間，鋳込み速度を示せ．

 (c) 鋳型表面の硬度測定箇所と測定値を示し，そのような結果が得られたことについて考察せよ．

 (d) ガス抜きの必要性について説明せよ．

 (e) 肌砂，別れ砂の役割とその粒度，組成について述べよ．

 (f) 鋳造ハンドル車を，外観上の欠陥を含め，詳細にスケッチし，図面化せよ．

 (g) ハンマで軽く鋳物を叩き，音により巣の発生の有無を調べよ．

 (h) 外観上の欠陥があれば，その発生原因について考察せよ．

 (i) 内部欠陥があれば，その発生原因について考察せよ．

7.6 NC工作機械

Key word　CNC旋盤，NCプログラミング，加工精度

7.6.1 目的

NC工作機械に加工を行わせるために，与えられた図面から，加工の寸法，加工順序，工具の移動量，各軸の送り速度などを一定の約束にしたがい記号化する作業を一般に，プログラミングという．プログラミングには，自動プログラミング（3次元形状など複雑形状はコンピューターで計算）とマニュアルプログラミング（NCデータ作成に至るまでの作業を手作業で行う方法）の2通りがある．ここではマニュアルプログラミングについて簡単に解説する．本実習ではCNC旋盤によるスクリューサポートの製作を通して，NC旋盤の特性，使用工具の種類と用途，切削条件の設定，プロセスシート作成，プログラミング等，NC工作機械の基礎知識を習得する．

7.6.2 解説

(1) 各制御軸と方向

プログラミングする場合，各制御軸の基準をどこに置くかによって，プログラムが変わってくる．プログラミングするうえでの各制御軸（図7.29）の正負の方向を次に示す．

(a) 各制御軸の実際の動き

制御軸	移動部分	+/-の方向
X軸	刃物台	加工径が大きくなる向き（+）
Z軸	刃物台	ワークから遠ざかる向き（+）
C軸	主軸	スピンドル側から見て反時計回り（+）

(2) プログラムの指令方法

ある点から次の点に工具を移動させる指令方法として，次の2通りがある．

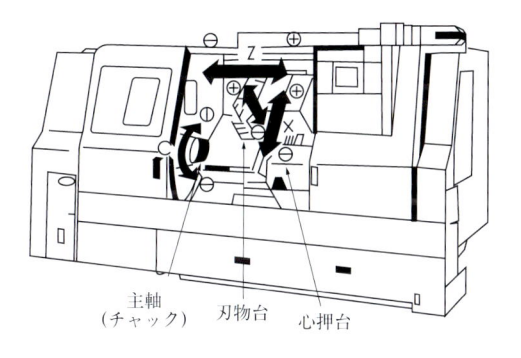

図7.29　各制御軸の正負の方向

(a) アブソリュート指令（絶対座標方式）

アブソリュート指令とは，加工原点（X0, Z0）からの距離を＋，－の符号付きで指令する．Xは直径値で指令するため，実際に移動する距離は半分になる．

例　G00　X100.0　Z10.0；
　　G01　X90.0　Z0.0　F0.2；

(b) インクレメンタル指令（増分方式）

インクレメンタル指令とは座標上の相対的な位置を表示し，その位置からの移動距離を指令する．また符号は方向を表す．

例　G00　U-100.0　W-200.0；
　　G01　U10.0　　W 10.0　F0.2；

アブソリュート指令とインクレメンタル指令

	アブソリュート指令	イクレメンタル指令
記号	X_ Z_ ;	U_ W_ ;
符号の意味	工具の指令点の領域	工具の進む方向
数値の意味	加工原点からの距離	工具の移動距離
指令の原点	加工原点（X0, Z0）	工具の現在位置

(3) 切削条件の指令方法

　プログラミングで切削条件の設定は，安全，加工効率，精度に大きな影響を与えるので，充分な検討が必要である．

　(a) S機能（主軸機能）

　S機能は主軸の回転を制御する機能で，主軸の回転速度および切削速度を指令する．アドレスS（S機能）の後に，主軸回数あるいは切削速度を直接指令する．主軸回転速度（min^{-1}），切削速度（m/min）

　　例 G97　S1000；……1000min^{-1}
　　　 G96　S100；……100m/min

　(b) F機能（送り機能）

　F機能は工具の送り量を制御する機能で，毎分あたり，あるいは主軸1回転あたりの切削送りを指令する．アドレスF（F機能）の後に，送り速度を直接指令する．

　送り速度（mm/rev），（mm/min）

　　例 G99　F0.2；……0.2mm/rev
　　　 G98　F100；……100mm/min

(4) 工具の移動

　(a) 早送りによる工具の移動
　　例 G00　X(U)_Z(W)_；
　ただし，
　　G00　早送り移動指令
　　X，Z　アブソリュート指令，早送りで移動させる終点の位置を指令．
　　U，W　インクレメンタル指令，現在位置からの移動距離と方向を指令する．

　(b) 切削送りによる工具の直線補間
　　例 G01　Z(U)_Z(W)_F_；
　ただし，
　　G01　直線切削指令
　　X，Z　アブソリュート指令，切削送りで移動させる終点からの座標を指令する．
　　U，W　インクレメンタル指令，直前のブロックからの移動距離と方向を指令する．
　　F　送り速度

　(c) 切削送りによる工具の円弧補間
　　例 G02(G03)　X(U)_Z(W)_R_F_；
　　　 G02(G03)　X(U)_Z(W)_I_K_F_；
　ただし，
　　G02　時計回りの円弧
　　G03　反時計回りの円弧
　　X，Z　円弧の終点座標（アブソリュート指令）

　　U，W　円弧の始点から終点までの距離（インクレメンタル指令）
　　R　円弧の半径
　　I　円弧の始点から円弧の中心までのX軸方向の距離
　　K　円弧の始点から円弧の中心までのZ軸方向の距離
　　F　送り速度

(5) 工具補正

　(a) 自動刃先R補正

　工具の刃先は丸みが付いているために，プログラム上の指令点と実際の切先点は異なる（図7.30参照）．テーパ切削や円弧切削を行うと，削り残しや削り過ぎが生じる．G41(G42)は，この削り残しや削り過ぎを自動的に補正する場合に指令する．

　　例 G01(G00)　G41 X_Z_F_；
　　　 G01(G00)　G42 X_Z_F_；
　　　 G01(G00)　G40 X_Z_I_K_F_；
　ただし，
　　G41　刃先R補正左側
　　G42　刃先R補正右側
　　G40　刃先R補正キャンセル
　　X，Z　指令するブロックの終点座標
　　I，K　次のブロックの素材形状の方向でインクレメンタルで指令
　　F　送り速度

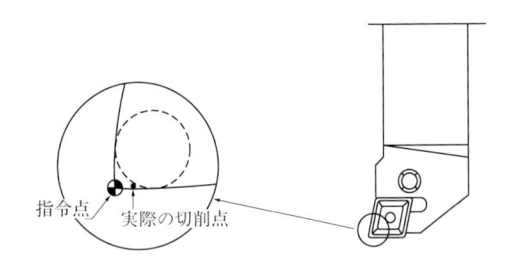

図7.30　指令点と実際の切削点

　(b) 手動刃先R補正

　工具の刃先には丸みが付いているために，プログラム上の指令点と実際の切削点とは異なる．プログラム上の指令点を計算により変更し，指令点と切削点を一致させる（図7.31）．この計算を自動的に行わせる機能が自動刃先R補正である．

外径におけるテーパ部の削り残しの寸法

　x 軸方向の補正量

$$X_c = Z_c \tan\theta = (R_n - a)\tan\theta$$
$$= R_n\{1 - \tan(\theta/2)\}\tan\theta$$

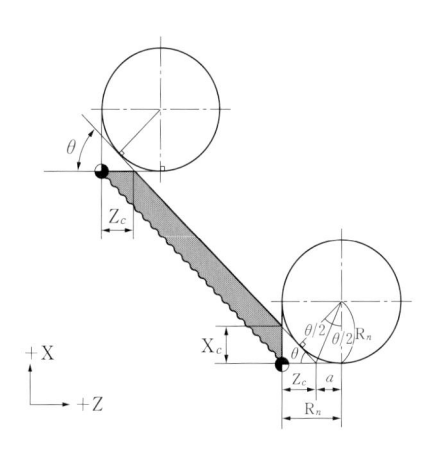

図7.31 外径におけるテーパ部

z 軸方向の補正量
$$Z_c = R_n - a = R_n - R_n \tan(\theta/2)$$
$$= R_n\{1 - \tan(\theta/2)\}$$

(6) **複合形固定サイクル**

複合形固定サイクルとは，外径や内径の荒加工または，仕上げ加工を行うときに，プログラムをより簡単にするためのサイクルである．工具補正は手動刃先R補正を使用する（自動刃先R補正は無効）

(a) 外径，内径荒加工サイクル（図7.32）

G71 U(1)_R_ ;
G71 P_Q_U(2)_W_F_S_ ;
ただし，
G71 外径，内径荒加工サイクル
U(1) 軸方向の毎回の切り込み量（半径指令）
R 逃げ量（半径指令）
P 仕上げ形状の最初のブロックのシーケンス番号
Q 仕上げ形状の最後のブロックのシーケンス番号
U(2) 軸方向の仕上げ代（直径指定）と方向
W Z軸方向の仕上げ代

(b) 端面突切りサイクル・深穴ドリルサイクル（図7.33）
端面突切りサイクル
G74 R(1)_ ;
G74 X(U)_Z(W)_P_Q_R(2)_F_ ;
深穴ドリルサイクル
G74 R(1)_ ;
G74 Z(W)_Q_F_ ;
ただし，
G74 端面突切りサイクル

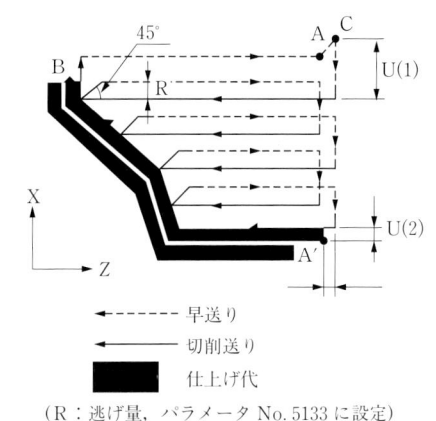

（R：逃げ量，パラメータNo.5133に設定）
図7.32 外径，内径荒加工サイクル

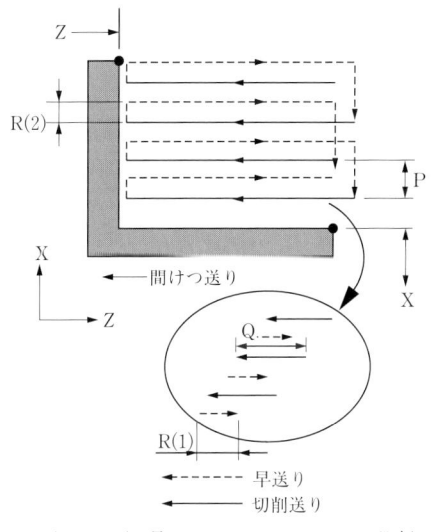

（R(1)：戻り量，パラメータNo.5139に設定）
図7.33 端面突切りサイクル

R(1) 戻り量
X X軸方向の切り込み終了点のX座標
Z Z軸方向の切底のZ座標
U X軸方向の切込み開始点から終了点までの距離
W Z軸方向の切込み開始点から終了点までの距離
P X軸方向の移動量
Q 間けつ送りの1回の切込み量
R(2) 切底での逃げ量
F 送り速度

(c) 外径，内径溝入れサイクル・突切りサイクル（図7.34）
外径，内径溝入れサイクル
G75 R(1)_ ;
G75 X(U)_Z(W)_P_Q_R(2)_F_ ;

突切りサイクル
G75 R(1)_ ;
G75 X(U)_P_F_ ;
ただし,
　G75　外径,内径溝入れサイクル
　R(1)　戻り量(半径指令)
　X　X軸方向の切底のX座標(直径指令)
　Z　Z軸方向の切込み終了点のZ座標
　U　X軸方向の切込み開始点から終了点までの距離
　W　Z軸方向の切込み開始点から終了点までの距離
　P　間けつ送りの1回の切込み量(半径指令)
　Q　Z軸方向の移動量
　R(2)　切底での逃げ量
　F　送り速度

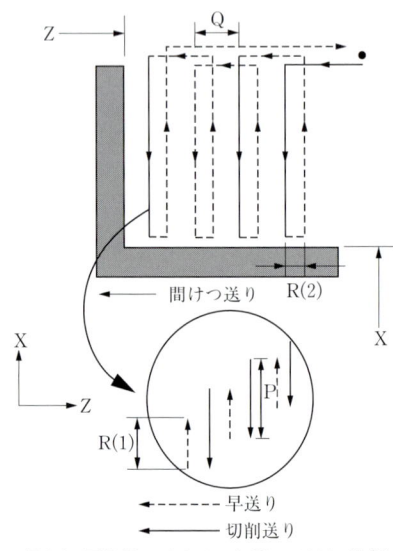

(R(1):戻り量,パラメータNo.5139に設定)

図7.34　外径,内径溝入れサイクル

(d)　複合形ねじ切りサイクル(図7.35)
G76 P(1) Q(1) R(1) ;
G76 X(U)_Z(W)_R(2)_P(2)_Q(2)_F_ ;
ただし,
　G76　複合形ねじ切りサイクル
　P(1)　P□□△△○○
　　　　□□最終仕上げ繰り返し回数,
　　　　△△チャンファリング,○○ねじ山の角度
　Q(1)　最小切込み量
　R(1)　仕上げ代

　X,Z　ねじの終点座標
　U,W　ねじ切りサイクルの開始点から終了点までの距離と方向(Uは直径指令)
　R(2)　勾配のX軸方向距離(半径指定)
　P(2)　ねじ山の高さ(半径指定)
　Q(2)　第1回目の切込み量(半径指定)符号なし
　F　ねじのリード

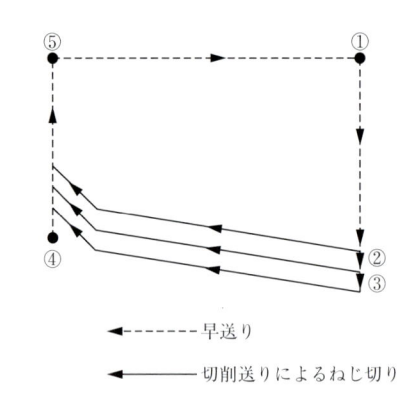

図7.35　複合形ねじ切りサイクル

(e)　仕上げサイクル(図7.36)
G70 P_Q_ ;
ただし,
　G70　仕上げサイクル
　P　仕上げ形状の最初のブロックのシーケンス番号
　Q　仕上げ形状の最後のブロックのシーケンス番号

7.6.3 装置および方法

(1)　実習装置
(a)　NC工作機械は3軸制御(X軸,Y軸,C軸)のCNC旋盤を使用(図7.29参照).

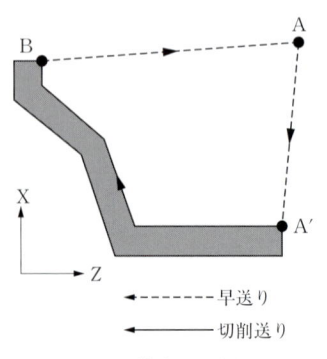

図7.36　仕上げサイクル

制御装置 FANUC Series 16-TB
(b) 切削工具
外径ネジ切りバイト　MTIR/2020K4　（NX55）
内径ネジ切りバイト　SNTFP20R　　（NX55）
外径溝入れバイト　DGHR/2020KS　（UC6025）
内径溝入れバイト　FCL5120R　（UC6025）
右外径仕上げバイト　SVJCR2020K16
　　　　　　　　　　　　　　　　（UC6010）
内径仕上げバイト　S16MSCLCR09　（UC6010）
センタードリル（$\phi 3.0$）　　　　　（HSS）
テーパーシャンクドリル（$\phi 20.0$）　（HSS）
(c) 被削材　機械構造用炭素鋼（S50C）

(2) **作業手順**
(a) 図面形状より，工具の選択および切削条件を設定する．
(b) 作業工程を決定したプロセスシートを作成する．
(c) プロセスシートを基にプログラムを作成する．
(d) マシンロックをかけプログラムチェックを行い問題があれば修正する．
(e) プログラムを完成させ加工を行う．

7.6.4 結果および考察

プログラム作成および加工終了後，寸法測定を行い次の事項について考察する．
(a) 加工精度（工作機械のバックラッシや工具のたわみなど）について
(b) 切削条件の設定について．
(c) 工具補正について

7.7 CAD/CAMシステム

Key word　Design, CAD, CAM

7.7.1 目的

コンピュータのハードウェア，ソフトウェアの目ざましい発達に伴い，機械工学における設計，製図，製造の方法の技術が大きく変わりつつある．本実習ではコンピュータ利用技術の一貫として，CAD/CAMシステムを用い，実際にCADにより工作物を図面化し，次に必要な加工条件を入力し，CAMによって加工するまでの過程を理解することを目的としている．

7.7.2 解説

CAD (computer aided design) およびCAM (computer aided manufacturing) とはコンピュータ援用による設計・製図，コンピュータ援用による生産という意味で，このシステムを統合したものをCAD/CAMシステムとよんでいる．

これらはコンピュータの歴史とともに発展してきており，高価格な大型コンピュータやミニコンを利用したCAD/CAMシステムから，近年パーソナルコンピュータの性能の飛躍的発展と低価格化により，これを利用したシステムが広く利用されている．

CAD/CAMシステムの目的は，これまで人手による単純作業や複雑な技術計算をコンピュータによって自動化し，設計から製造までの一連の工程をより効率化・高精度化することにある．このシステムによりトレース・製図作業は，手書きの場合の1/2程度の時間ですむようになった．また自動車のエンジンルームや半導体のような複雑な構造の設計に対して，なくてはならないシステムになっている．しかしパーソナルCAD/CAMシステム導入の現状は，まだ両システムが統合されているものは少ない．すなわちCADシステム，CAMシステムとして切り離して稼働しているものが多い，またCADのDがdesignという意味あいが大きい．

ここでCAD, CAMの作業範囲を考えてみると大きく分けて図7.37に示すようになる．すなわち，CADの作業範囲は設計仕様から自動製図までの範囲と考えられ，生産準備から製品加工までの作業工程が，CAMの範囲とされている．

図7.38にCAD/CAMソフトによって，作成された二次元図面，三次シミュレーション，アセンブリ，加工シミュレーションを示す．

7.7.3 CADソフトウェア

CADソフトウェアは，大きく分けて2次元ソフトウェアと3次元ソフトウェアに分類されている．2次元ソフトウェアは，Drafting (Drwaing) という意味あいが強く，自動製図システムとしての機能を中心としたソフトウェアであり，製図作業をコンピュータに支援させたものである．

3次元ソフトウェアは，設計機能に解析・シミレーションなどの機能が加えてあ，有限要素法・境界要素法などの解析手法を用いることにより設計製品の静特性を検討することができる．また，設計された製品はディスプレイ上に3次元図形で表示される．

このようなCADソフトウェアにおいて，図形表示をコンピュータに行わせるために必要な機能が，コンピュータグラフィックスであり，円・円弧・直線などの図形をコンピュータの数値データ

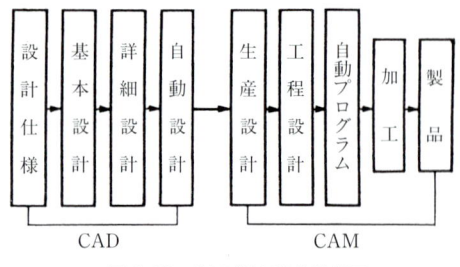

図7.37　**CAD/CAM**作業範囲

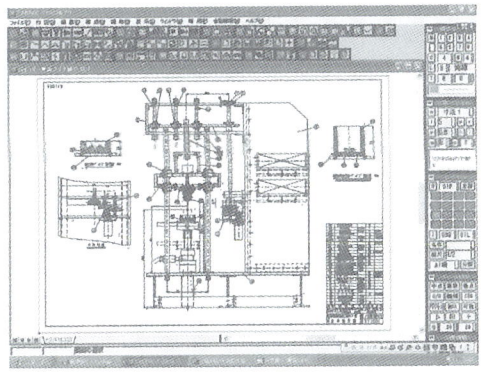

(a) 二次元図面

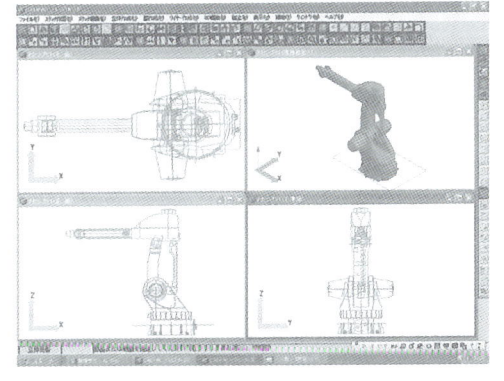

(b) 三次元シミュレーション

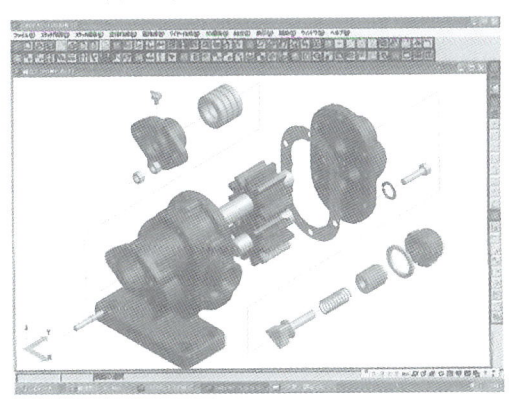

(c) アセンブリ

(d) 加工シミュレーション

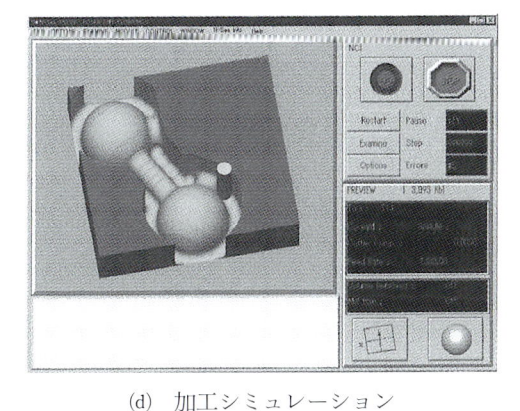

図 7.38 CAD/CAM による図面とシミュレーション
(使用ソフト：CADPAC, MASTERAM)

からディスプレイ上に表示させる．この機能は，図形の表示と図形に対する処理機能によって構成されており，なかでも拡大・縮小・回転・複写などの変換機能は重要な機能とされている．

7.7.4 CAD 用ハードウェア

(1) 入力装置

入出装置は，図形を表示するのに必要な形状データや，図形を変換するために必要な機能を，入力する機器であり，ライトペン・ジョイスティック・デジダイザ・マウス・キーボードなどがある．なかでもマウスが，もっともポピュラーに使われている入力装置で，ディスプレイ上のカーソルをボールベアリングをテーブル上で動かすことにより，カーソルの座標位置をコンピュータに入力する装置である．これは，移動距離に比例したパルス数をX座標，Y座標に変換してディスプレイ上に出力する機構になっている．

(2) 出力装置

出力装置は，完成した図面を紙の上に表示したいときにプロッタによって出力するもので，大きく分けてフラッド方式・ドラム方式・静電方式に分けられる．フラッド方式は，平面に置かれた図面用紙の上をペンが2次元的に移動する装置であり，これに対してドラム式のプロッタは，ペンが一軸上を移動すると同時にドラムによって図面用紙が移動する．静電プロッタは，複写機と同じ方法で静電気を利用してトナーを付着させる構造になっている．

7.7.5 CAM 用ソフトウェア

CAM 用ソフトウェアは，CNC 工作機械によって加工するために CAD で作成された製品の設計情報を加工情報に変換し，そのデータを CNC 装置へ入力できる NC プログラミング機能を持つ．NC プログラミングのために次のようなコードグループがある．G コード：位置決め，直線補間，円弧補間．M コード：主軸回転，主軸回転の停止，プログラミングの呼びだし，S コード：主軸回転数の指定など，数種類のコードグループによって工作機械を制御し，工作物を加工させる．このとき自動プラグラムされた工具経路などは，NC 装置が受付けられるように NC 命令に変換され，EIA コードや ISO コードに処理される．

7.7.6 解説

　CAMを実行する工作機械は，NC工作機械・CNC工作機械などがあり，これらの工作機械の構成は，入力部・演算部・サーボ機構に分けられる．

　入力部では，コンピュータに記録された数値情報を読み取り，このデータをもとに演算部で計算変換を行い，工作機械の移動距離や速度を表すパルス列が作成される．そしてこのパルス列によってサーボ機構の制御を行う．

7.7.7 実習装置

　本実習は下記に示す装置，ソフトおよび図7.39に示すシステムを用いて行う．

- パーソナルコンピュータ（CPU：32bit，メモリ：512kB，固定ディスク：75G）
- キーボード
- マウス
- フラッド方式プロッタ，ドラム方式プロッタ
- CNCフライス盤
- 2次元CADソフト，CAMソフト．

7.7.8 操作手順

(1) CADシステム

　基本的な図面をJIS規格に基づき，かつ下記に示すCADの機能を使用して，効率良く図面を作成する．

- 反転　　・複写
- 円弧　　・オフセット
- 2点結　・面取
- 修正　　・シンボル
- 文字

(2) CAMシステム

(a) 形状入力
- 加工物の寸法設定
- 加工物の形状確認
- 加工物の立体表示
- 材料設定
- 工具の設定
- NC言語の自動プログラミング

(b) NC言語の確認および変更

(c) 工具軌跡の出力確認

(d) CNCフライス盤の運転
- 運転準備
- 工具および工作物の取り付け
- 切削加工

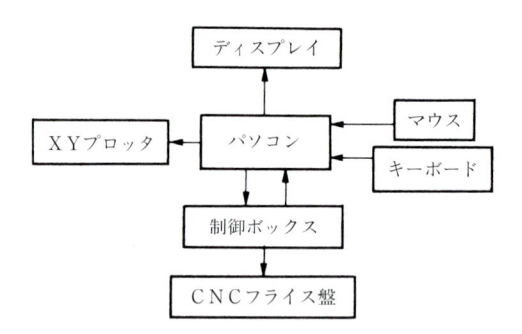

図7.39　**CAD/CAM**システム

7.8 表面粗さの測定

Key word　表面粗さ，最大高さ粗さ，算術平均粗さ

7.8.1 目的

表面粗さは寸法精度および形状精度とともに機械の機能に影響をおよぼす加工精度の1つである．機械部品を設計する際にはこの加工精度を図面に必ず記入しなければならない．また，品物の表面粗さはそれが受けた加工の種類または方法によって異なるので，加工法や加工条件との関係を理解しておかなければならない．本項目では機械加工によって生成される表面粗さの測定法および表示法を習得し，あわせて，表面粗さと加工法および加工条件との関係を理解することを目的としている．

7.8.2 解説

表面粗さとは，機械加工およびその他の製作法により形成された表面の微細な凹凸であり，機械の性能に影響をおよぼす重要な要素である．近年，製品の高機能化，高精度化によって表面粗さの小さいなめらかな面が要求される反面，精度を上げるとコスト高になることもあり，経済性も考慮する必要がある．したがって，機械部品を設計する際にはこの表面粗さをどのように設定するかが重要な問題となる．

(1) 表面粗さの定義

表面粗さは JIS B 0601:2001「製品の幾何特性仕様（GPS）―表面性状：輪郭曲線方式―」によって定義され，その表示には最大高さ粗さ R_z と算術平均粗さ R_a が用いられている．また，従来用いられてきた中心線平均粗さ R_{a75} と十点平均粗さ R_{zjis} は参考として附属書に記載されている．

図7.40に示すように実表面を実表面に垂直な指定された平面で切断したときに，その切り口に現れる輪郭曲線を実表面の断面曲線という．この曲線を縦軸および横軸からなる座標系においてデジタル形式の曲線として測定される．測定された曲線はカットオフ値 $λ_s$ の低域フィルタを適用した後，図7.41に示されるようなうねりを断面曲線から取り除くために，カットオフ値 $λ_c$ の高域フィルタで長波長成分を遮断される．このようにして得られた輪郭曲線が図7.42に示す粗さ曲線である．図中の基準長さは評価長さより切り取られた輪郭曲線の特性を求めるために用いる輪郭曲線のX軸方向長さであり，粗さ曲線の場合は輪郭曲線フィルタのカットオフ値に等しい．評価長さは，1つ以上（標準は5つ）の基準長さを含んでいる．粗さ曲線は意図的に修正された曲線であり，粗さパラメータ評価の基礎となるものである．この曲線は図7.43に示す平均線より上側の部分の山と，それに隣り合う平均線より下側の部分の谷からなる輪郭曲線要素で構成されている．図に示されている平均線は高域用 $λ_c$ 輪郭曲線フィルタによって遮断される長波長成分を表す曲線である．また，Z_p は輪郭曲線の山高さで，X軸（平均線）から

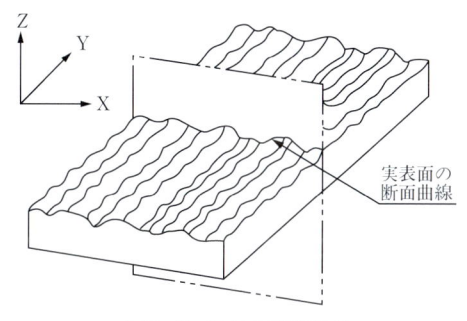

図 7.40　実表面の断面曲線

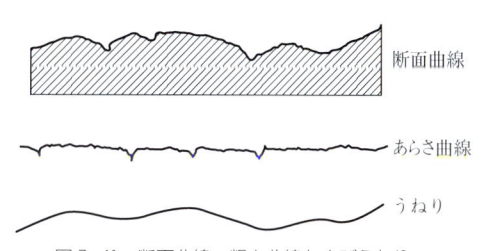

図 7.41　断面曲線，粗さ曲線およびうねり

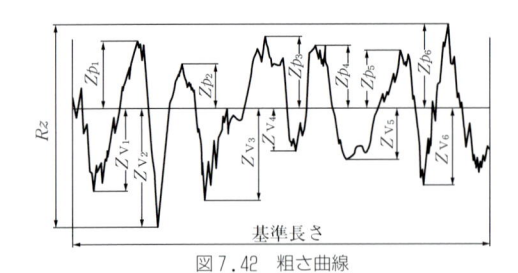

図7.42　粗さ曲線

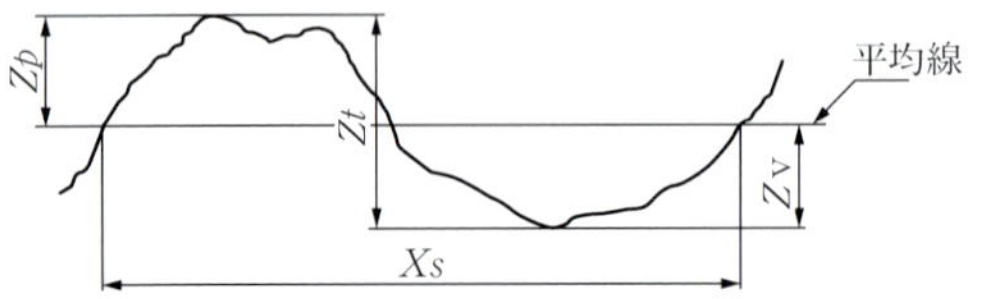

図7.43　輪郭曲線要素

山頂までの高さ，Z_v は輪郭曲線の谷深さで，X軸（平均線）から谷底までの深さである．

a）最大高さ粗さ　$Rz\,[\mu m]$

　基準長さにおける粗さ曲線の山高さ Z_p の最大値と谷深さ Z_v の最大値との和（図7.43参照）

b）算術平均粗さ　$Ra\,[\mu m]$

粗さ曲線の算術平均高さであり，基準長さにおいて任意の位置 x における粗さ曲線の高さを表す縦座標値 $Z(x)$ の絶対値の平均として次式で求められる．なお，式中の l は粗さ曲線の基準長さである．

$$Ra = \frac{1}{l}\int_0^l |Z(x)|\,dx$$

(2)　**粗さの指示方法**

品物の表面状態の情報を総称して面の肌といい，主に表面粗さで示す．図面における表面粗さのパラメータの指示方法は JIS B 0031：1994「面の肌の図示方法」で規定されている．Ra，Rz は μm で，カットオフ値，基準長さの単位は mm で指示されるが，表面粗さの指示値には単位記号の記入を省略する．また Ra は多くの国々で共通して使用されており，ISO でも粗さの重要な基準としている．図7.44は面の指示記号に対する各指示記号の位置を示した図であり表面粗さ，カットオフ値または基準長さ，加工方法，筋目方向の記号，表面うねりなどが必要に応じて記入される．図7.45に図面における表面粗さの記入例を示す．

7.8.3　測定装置および方法

(1)　**測定装置**

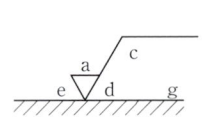

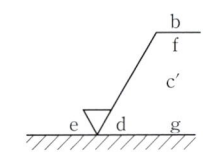

a：Ra の値
b：加工方法
c：カットオフ値，評価長さ
c'：基準長さ，評価長さ
d：筋目方向の記号
f：Ra 以外のパラメータ
　（t_p のときには，パラメータ/切断レベル）
g：表面うねり（JIS B 0610 による）
備考　a または f 以外は，必要に応じて記入する．
参考　e の箇所に，ISO 1302 では仕上げ代を記入することになっている．

図7.44　面の指示記号に対する各指示記号の位置

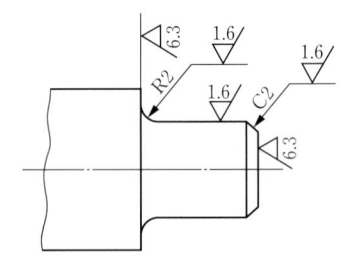

図7.45　図面における表面粗さ記入例

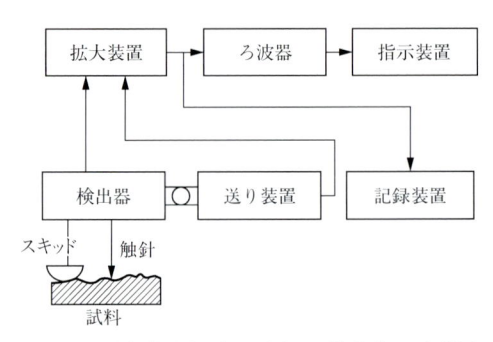

図7.46　触針式表面粗さ測定器の構成ブロック線図

表面粗さを測定する方法には触針法（JIS B 0651：2001），光波干渉法（JIS B 0652：1973），レーザ光による非接触測定法などがある．本実験では触針式表面粗さ測定器を用いる．この形式の表面粗さ測定器は表面に触針が接触して運動して表面粗さを触針の変位として検出し，それを電気的に拡大，処理することにより，断面曲線，粗さ曲線，最大高さ粗さ，算術平均粗さなどの粗さパラメータの測定ができる．この測定器の構成ブロック線図の一例を図7.46に示す．検出器は所定のテーパ角度の円錐および所定の半径をもつ球状の先端である触針を持ち，送り装置により駆動され

て直進運動を行い，被測定面の凹凸により生じる触針の変位を検出して電気信号に変換する．この電気信号は拡大装置で増幅されて記録装置に断面曲線として出力され，ろ波器で低周波成分をカットオフされ，高域フィルタ等で処理されて粗さ曲線や粗さパラメータが求められる．また，最近は電子工学技術の発展により，表面粗さを3次元的図形として記録して簡単に分析できる測定器が実用化されている．

(2) 測定方法

(ⅰ) 触針のストロークを設定するとき，触針およびスキッドが被測定面の表面から外れないようにストロークの位置を決める．測定方向は加工の際に対象面に形成された筋目に直角に設定する．

(ⅱ) 触針が被測定面に垂直に接触するように，検出器を測定面に対して平行にセットする．

(ⅲ) 触針の送り速度およびカットオフ値などの測定パラメータを設定する．カットオフ値の標準値は JIS B 0633 : 2001 で規定されている．

(ⅳ) 旋削，研削などの加工法で，加工条件を変えて切削された加工面の算術平均粗さ Ra や最大高さ粗さ Rz などの表面粗さを測定し，粗さ曲線を印刷する．また，機械加工用表面粗さ標準片などを用いて表面粗さの違いを視覚的，触覚的に検討する．

7.8.4 実験結果および考察

(a) 測定した算術平均粗さ Ra や最大高さ粗さ Rz などのデータを表にまとめて示せ．

(b) 各切削条件と Ra，Rz の関係を図に示し，検討せよ．

(c) 旋削の場合の最大高さ粗さ Rz について，理論値と測定値を比較検討し，考察せよ．

(d) 算術平均粗さ Ra と最大高さ粗さ Rz の関係について考察せよ．

(e) 表面粗さの小さいなめらかな面を高精度に加工する方法にはどのようなものがあるか調べてみよ．

7.9 切削抵抗の測定

Key word　切削抵抗，比切削抵抗，切削性

7.9.1 目的

切削抵抗は，工作機械の主軸・伝動装置にかかる力，駆動用原動機の所要馬力の決定，加工材料の被削性や切削工具・切削油・切削方法などの特性すなわち切削性，仕上面粗さや工具寿命の評価などに関係し，重要な要素の1つである．本実習では，工作機械として旋盤を取り上げ3次元切削を行い，切削抵抗の測定方法を学び，かつそれを実測して切削抵抗の諸特性を調べる．

7.9.2 解説

旋盤で3次元切削を行う場合，切削工具の切刃部に作用する切削抵抗Rは，普通，図7.47のような3分力に分けて考える．図において，P_1：切削方向の分力（主分力），P_2：送り方向の分力（送り分力），P_3：切込み方向の分力（背分力）である．これら分力のなかで主分力がもっとも大きく，切削所要動力はほとんど主分力によって決定されるが，工作機械および工作物の変形には他の分力も関係する．分力の大きさは切削角および切削断面積によって変化し，その比（$P_1:P_2:P_3$）は切削角によって変わり，切削断面積によってはあまり変化しない．その一例を図7.48(a)，(b)に示した．また一般には主分力のことを単に切削抵抗とよんでいる．

切削抵抗の大きさは主として工作物の材質・金属組織・切屑断面の寸法と形・切刃の形状・切削速度によって異なり，切削工具の材質にはほとんど無関係である．単位切削面積当りの切削抵抗を比切削抵抗といい，一般に切削面積の減少ととも

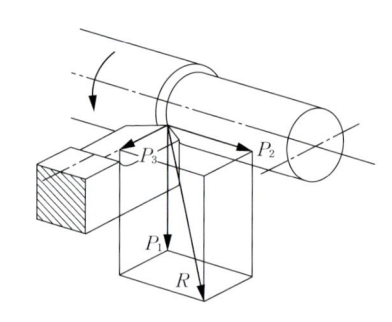

図7.47　切削抵抗の3分力

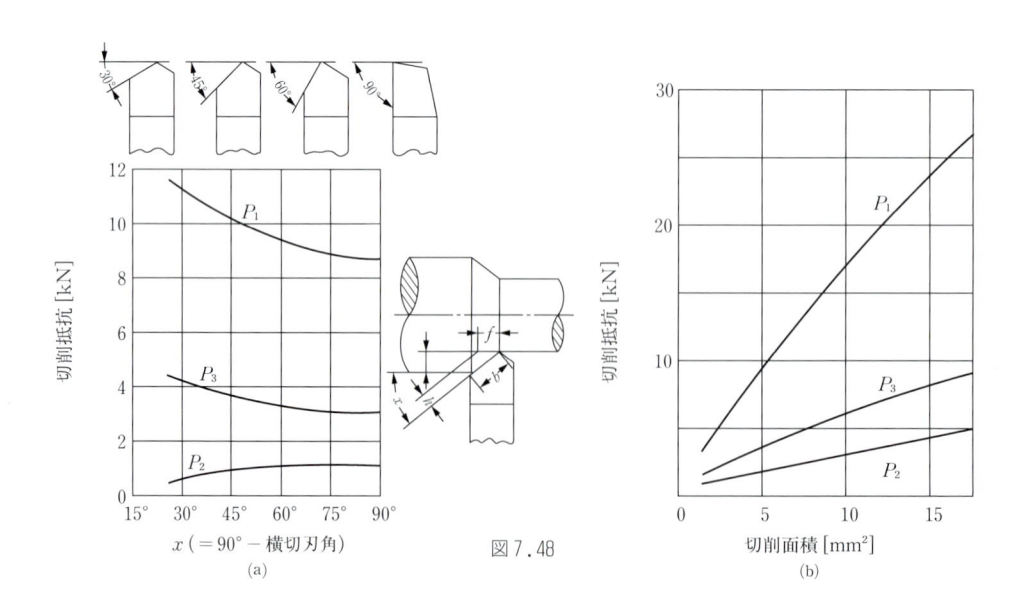

図7.48

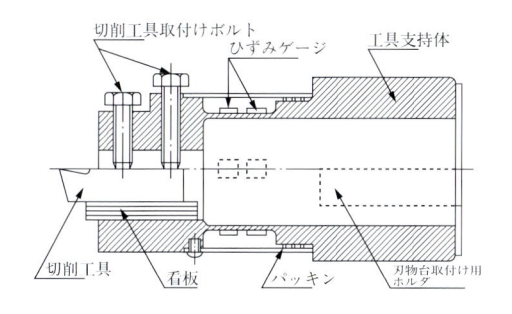

図 7.49 切削工具動力計

に著しく大きくなる．切削抵抗は直接測定することができないので，間接的に測定する方法がいくつか考案されている．そのなかで図7.49に示すような弾性変形法によるものが現在広く用いられている．それは，図からわかるように，切削抵抗により切削工具を支持する弾性体に生ずるたわみを，弾性体に貼った抵抗線ひずみゲージで測定する方法である．

7.9.3 実習装置および方法

(1) 実習装置

(a) 旋盤：ベッド上の振りが400mmで，主軸回転数は歯車式12段変速（35rpm～1800rpm）．

(b) 切削工具：超硬標準形バイト，31形，33形，35形，2番，スロアウェイバイト．

(c) 被削材：機械構造用炭素鋼，一般構造用圧延鋼材，ステンレス鋼，鋳鉄，アルミニウム．

(d) 切削工具動力計：主分力定格荷重250kgf 3分力型．

(e) パソコン

(f) プリンター

(g) ノギス

(2) 実習方法

(a) 準備

工作物を旋盤に取り付け，図7.50のように測定器を接続する．このとき，バイトの心出しと刃先突出し量は，取付ゲージにより正確に取り付ける．

(b) 測定パラメータ

切削速度，切削面積，刃部形状，切込みと送りの比をそれぞれ変化させて測定する．

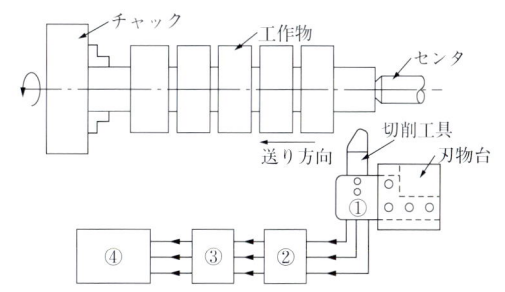

図 7.50 測定装置の取り付け

①：工具動力計，②：ひずみ計，③増幅器，④記録計

表 7.18 測定データ記入表

実験番号	工作物の直径 [mm]	主軸の回転数 [rpm]	切削速度 [m/min]	切込み [mm]	送り [mm/rev]	切削面積 [mm²]	切込み送り比 n
① 1							
2							
3 ⋮	⋮	⋮	⋮	⋮	⋮	⋮	⋮

測定結果は表7.18を参考にしてまとめる．
測定データをまとめる時の関係式
切削速度：$V = \pi DN/1000$
主軸の回転数：$N = 1000V/\pi D$
切削面積：$q = t \times f$
切り込みと送りの比：$n = t/f$
3次元切削の場合
比切削抵抗：$ks = $ 切削抵抗／（切込み×送り）
　　　　単位 kgf/mm^2
ひずみ値（マイクロストレン）：S とする
　　　　単位 $\mu\varepsilon$
切削抵抗：W とする　単位 kgf/mm^2
切削抵抗：$W = S \times$ 動力計の換算値

7.9.4 結果および考察

(a) 各切削パラメータに対する切削抵抗の関係を図示する．

(b) 測定結果から比切削抵抗を求めよ．

(c) 刃部形状に対する3分力比の変化の比較・検討．

(d) 材料の切削性の相違を比較しその原因について考察せよ．

7.10 FMC

Key word　FA化，FMS，マシニングセンタ

7.10.1 目的

現在，マシニングセンタはコンピュータなどの発展とともにNC工作機械を代表する工作機械になっている．本実習では，このマシニングセンタを骨格とし，柔軟性のある自動生産加工システムとして構築されたFMCの構成・機能を理解することを目的とする．また，実際にNCプログラムをCAD/CAMシステムを用いて作成し，FMCを稼働させ，複合加工プロセスについて学習する．

7.10.2 解説

(1) マシニングセンタ

マシニングセンタとは自動工具交換装置(ATC ; Automatic Tool Changer)を備えたNC工作機械である．ATCは，加工プログラムに従い必要な工具を工具マガジンから運び，工作機械の主軸に取り付ける装置である．工作物の段取替えをすることなく1台の工作機械で数種類の加工（フライス加工，ドリル加工，中ぐり加工等）を連続して行えるため，工具の交換や工作物の段取替えの時間を短縮して切削時間の割合を増やし作業効率を高めることができる．

マシニングセンタは一般に主軸の向きによって2つに大別でき，主軸が立軸のものが立形マシニングセンタ，横軸のものが横形マシニングセンタである．立形マシニングセンタの特徴は段取り作業の容易さ，工具の接近性の良さなどが挙げられる．横形マシニングセンタの特徴は切屑や切削油の排出性の良さなどにより，自動パレット交換装置(APC ; Automatic Pallet Changer)などの自動化機器を付加することによって自動生産システムとして利用されることが多いなどが挙げられる．

(2) FMC, FMS

システム全体を管理するコンピュータ，工作物の保管倉庫，1～数台のマシニングセンタ，工具交換用マガジン，パレット搬送車などで構成された加工システムをFMC (Flexible Manufacturing Cell) という．多種多様な工作物を少ない人員で必要な時に加工できるといった特徴があり，コンピュータにより長時間連続運転が可能である．FMCは大量生産には適さず，多品種中少量生産に適したシステムといえる．このシステムを拡張したものをFMS (Flexible Manufacturing System) といい，一般にFMCはFMSの基本構成

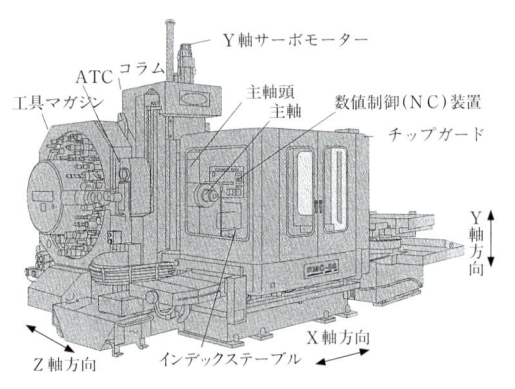

図7.51　横形マシンニングセンタ

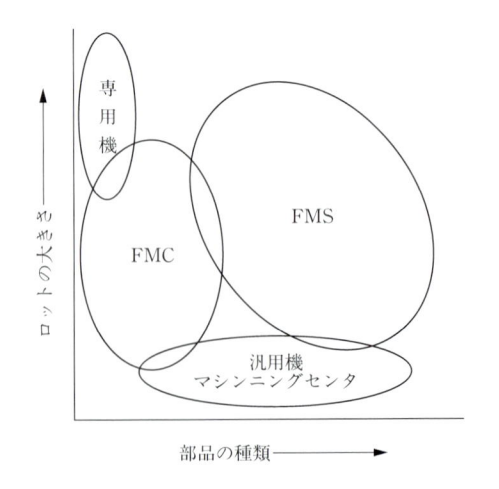

図7.52　マシンニングセンタ，FMC, FMSの特徴

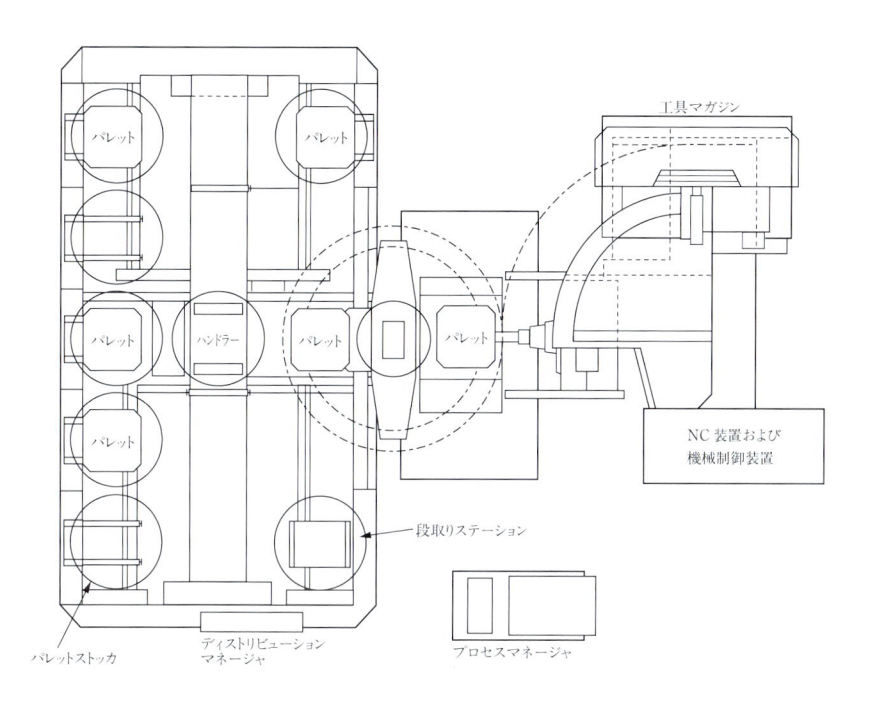

図 7.53 FMC システム

モジュールと位置付けされている．FMC は FMS として拡張性を持っており，工場の自動化 (FA 化) の足掛かりとなりやすい．マシニングセンタ，FMC，FMS の特徴をまとめると図7.52 のようになる．

7.10.3 実習装置および作業手順

(1) FMC システム

FMC システムは生産現場の必要に応じ構成する自動化装置が異なる．本実習では図7.53に示す FMC システムを用いて行うこととする．本 FMC システムは，マシニングセンタ，APC，段取りステーション，パレットストッカが組み合わさり，システムコンピュータによる統括管理を行っている．マシニングセンタには，複数本の工具を収納可能なカートリッジ式工具マガジンと ATC が組み込まれている．また，本 FMC システムには数台のパレットストッカが備えられており，複数個の工作物をあらかじめ取り付けておくことが可能である．その工作物の取り付け，取り外しを行うところが段取りステーションである．工程や作業の都合によりパレットの搬送順序は変わってくる．

図7.54に本 FMC システムの制御構成図を示す．プロセスマネージャとは，システムコンピュータ

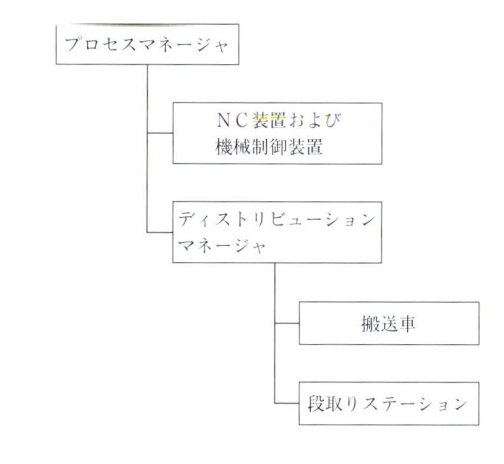

図 7.54 FMC システム制御構成図

のハードウェアとマシニングセンタを制御するソフトウェアの総称で，本 FMC システムを統括するコンピュータのことである．一体化された NC 装置および機械制御装置により，自動加工の実行指令の送信や各機器の制御を行う．また，搬送系 (搬送車および段取りステーション) を制御するハードウェアとソフトウェアの総称をディストリビューションマネージャという．

(2) 作業手順

工作物の加工が完成するまでの FMC システム運用の流れを図7.55に示す．まず，CAM の持つ工具データと NC 装置の持つ工具データを作成

7章 機械工作・実習 173

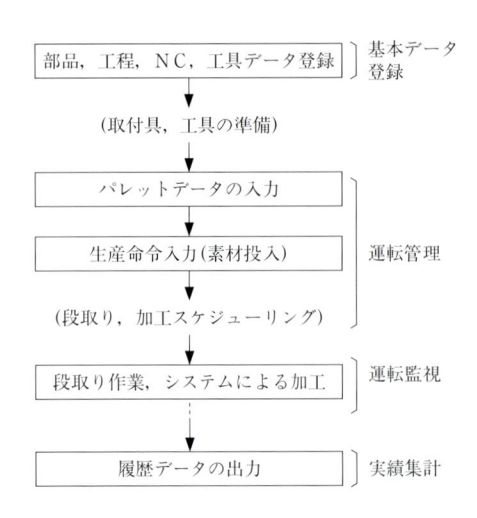

図7.55 FMCシステム運用の流れ

する（NCプログラミングおよびCAD/CAMについては7.6章，7.7章を参照）．次に，システムコンピュータにNCプログラム，工程を登録する．そして，ワーク材を取り付けるパレット情報を入力する．引き続いて，製造番号や部品番号等に対応するデータを登録する生命命令に入力する．

ただし，この生産命令の発行が即，加工開始を意味するものではなく，実際の加工は素材の投入指示があってはじめて開始される．素材投入（プログラム名）の指示をするとパレットデータで登録したパレットが段取りステーションに搬送される．そこで作業者が工作物の取り付けを行い，完了後ディストリビューションマネージャの操作によりパレットを搬出する．搬出完了後，自動加工が開始される．

7.10.4 考察

(a) NC工作機械とマシニングセンタの違いについて述べよ．
(b) FMCの特徴および実習に用いたFMCについて述べよ．
(c) 実習の内容について述べよ．また，加工の順序や方向が適切であったか考えよ．
(d) 本実習で行った加工を汎用工作機械を用いて行った場合，どの程度の時間を要するか考えよ．

8章　数値実験

コンピュータの高速化に伴い，数値シミュレーションすなわち数値実験技術の修得は，エンジニアとして必須のスキルとなってきている．数値実験を行う目的は大きく分けて次の2つの場合がある．

1つは，比較的単純化したモデルにより現象をどういうパラメータでまとめたらよいか，どういう方向で実験したらよいかということをつかむために行う数値実験であり，これで見当をつけておいて実験を行い，実験の効率をあげ，精度の高いデータを得ようとするものである．

もう一つは，もう一歩進んで数値実験をすることによって必要なデータのほとんど大部分を算出し，あと数値実験で得られない僅かなデータを実験によって補おうとするものである．

数値実験は力学系のすべての部門に取り入れられているので，非常に広い範囲にわたっている．ここでは，数値実験の基礎を理解してもらう目的で，その代表例として「円板の振動」，「振動制御」，「円柱まわりの流れ」をそれぞれ取り上げた．

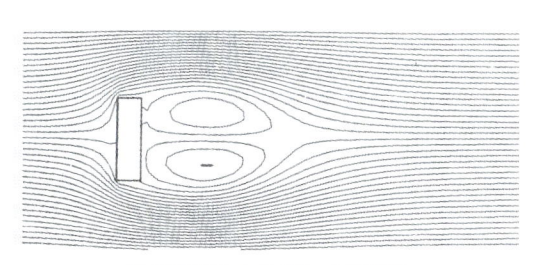

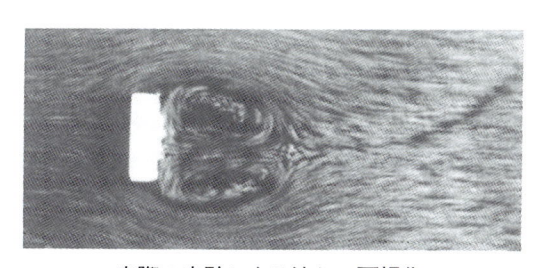

数値実験による流れの可視化

実際の実験による流れの可視化

8.1 円板の振動

Key word ハミルトンの原理，許容関数，オイラーの方程式

8.1.1 目的

周期的な力を受ける構造物では共振現象による振動の増大が材料の疲労破壊を助長することもあり，構造全体および構成している部材の振動特性を十分に把握しておくことは非常に重要なことである．板ははりと同様に機械構造物の基本部材にあげられ，その振動特性は形状，寸法，材料の機械的性質および周辺の支持条件に強く依存する．特に支持条件が複雑になると厳密な振動特性を求めることは難しくなるので，リッツの方法，ガルキンの方法および有限要素法のような近似解法を用いることが多い．そこでここでは周辺が弾性支持された円板に点加振を付加した解析モデルを想定し，変分原理に基づいた近似解法によって円板の振動姿態を求めることとする．

8.1.2 円板の運動方程式

図8.1は，解析に用いた円板のモデルを示したものである．円板の座標は面内方向を距離 r と角度 θ で，面外方向を z で表し，各寸法は半径 a と肉厚 h としている．円板周辺端部（$r=a$）は図のように面外方向（z 方向）と回転方向のばねによって周辺にわたり均等に支持され，ばね定数はそれぞれ $K(\mathrm{N/m^2})$ と $C(\mathrm{Ns/m})$ としている．この解析モデルではばね定数を変化させることで，広範な支持条件を設定することが可能である．円板の強制振動問題にハミルトンの原理を適用するため，図8.1に提示した解析モデルに関するハミルトン関数 H は次式となる．

$$H = \int_{t_0}^{t_1}(T_p - E_p - E_k)\,dt \tag{8.1}$$

ここで t_0 と t_1 は現象の開始と終了を表す任意の時刻，T_p と E_p はそれぞれ円板の運動エネルギーとポテンシャルエネルギーであり，さらに E_k はばねに保有される弾性エネルギーである．式中の各エネルギーを詳細に表記すれば以下のとおりである．

$$\left.\begin{aligned}
T_p &= \frac{1}{2}\rho h \int_0^{2\pi}\!\!\int_0^a \left(\frac{\partial w}{\partial t}\right)^2 r\,d\theta dr \\
E_p &= \frac{D}{2}\int_0^{2\pi}\!\!\int_0^a \Bigg[\left(\frac{\partial^2 w}{\partial r^2}+\frac{1}{r}\frac{\partial w}{\partial r}+\frac{1}{r^2}\frac{\partial^2 w}{\partial \theta^2}\right)^2 \\
&\quad -2(1-v)\left\{\frac{\partial^2 w}{\partial r^2}\left(\frac{1}{r}\frac{\partial w}{\partial r}+\frac{1}{r^2}\frac{\partial^2 w}{\partial \theta^2}\right)\right\} \\
&\quad +2(1-v)\left\{\frac{\partial}{\partial r}\left(\frac{1}{r}\frac{\partial w}{\partial \theta}\right)\right\}^2\Bigg] r\,d\theta dr \\
E_k &= \frac{1}{2}\int_0^{2\pi}\left\{Kw^2 + C\left(\frac{\partial w}{\partial r}\right)^2\right\}_{r=a} a\,d\theta
\end{aligned}\right\} \tag{8.2}$$

式中の w は面外変位，ρ は材料の密度 $D[=Eh^3/\{12(1-v^2)\}]$ は円板の曲げ剛性をそれぞれ示したものである．また，円板の運動方程式を求めるために面外変位 w は式（8.4）のモード形を含む式（8.3）で表現し，以後の解析では許容関数として用いる．

$$w(t) = \sum_{s=0}^{1}\sum_{n=0}^{\infty}\sum_{m=0}^{\infty} A_{nm}^s(t)\,\psi_{nm}^s \tag{8.3}$$

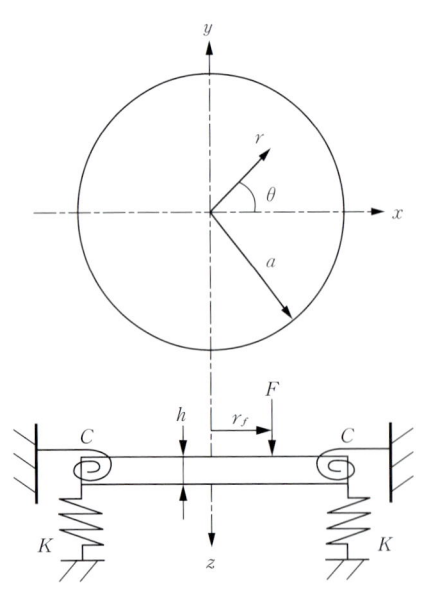

図8.1 点加振を受ける円板

$$\psi_{nm}^s = \sin(n\theta + s\pi/2)(r/a)^m \quad (8.4)$$

ここで m と n は節円数と円周方向の節線数，s は振動姿態の対称性を表わす指標であり，軸対称モードであれば $s=1$ となる．また A_{nm}^s は振動姿態を求めるときに必要な係数であり，ここでは調和振動を想定しているため，面外変位 $w(t)$ と係数 $A_{nm}^s(t)$ は以下のように表わされる．

$$w(t) = w\exp(j\omega t), \quad A_{nm}^s(t) = A_{nm}^s \exp(j\omega t) \quad (8.5)$$

式中の j は虚数，t は時刻であり，ω は円板の角振動数をそれぞれ表している．以上の式からまず式 (8.3)，(8.4) を式 (8.2) に代入することで各エネルギーを求める．その結果を用いてハミルトン関数 H が停留するために必要なオイラーの方程式を求めると，次式の左辺が導かれる．

$$\sum_{m'=0}^{\infty} \{R_{nmm'}^s - \omega^2 M_{nmm'}^s\} A_{nm'}^s$$
$$+ \sum_{m'=0}^{\infty} aF_{sn}\left\{K + \left(\frac{m}{a}\right)\left(\frac{m'}{a}\right)C\right\} A_{nm'}^s = F_{nm}^s \quad (8.6)$$

$R_{nmm'}^s$ と $M_{nmm'}^s$ は円板の剛性と質量マトリックスであり，m' は端板における半径方向の節円数であるため $(m'=m)$，各マトリックスは対称となる．各マトリックスを詳細に表せば以下のとおりである．

$$\left.\begin{aligned}
R_{nmm'}^s &= DI_{mm'}/a^2 [F_{sn}\{(m^2-n^2)(m'^2-n^2) \\
&\quad -(1-\nu)m(m-1)(m'^2-n^2) \\
&\quad -(1-\nu)m'(m'-1)(m^2-n^2)\} \\
&\quad +2(1-\nu)G_{sn}n^2(m-1)(m'-1)] \\
M_{nmm'}^s &= a^2\rho h F_{sn}/(m+m'+2) \\
I_{mm'} &= \begin{cases} 0, & m+m'-2 \leq 0 \text{ のとき} \\ 1/(m+m'-2) \end{cases} \\
G_{sn} &= \begin{cases} \pi, & n \neq 0 \text{ のとき} \\ 0, & n=0 \text{ で } s=0 \text{ のとき} \\ 2\pi, & n=0 \text{ で } s=1 \text{ のとき} \end{cases}
\end{aligned}\right\} \quad (8.7)$$

右辺における F_{nm}^s は点加振項であり，次式のように表すことができる．

$$F_{nm}^s = \int_A F\delta(r-r_f)\delta(\theta-\theta_f)\psi_{nm}^s dA \quad (8.8)$$

F は点加振力，δ は点加振を表現するために用いたディラックデルタ関数，A は円板の面積をそれぞれ表したものである．また，F_{sn} は s と n で決定される定数であり，詳細は以下のとおりである．

$$F_{sn} = \begin{cases} \pi, & n \neq 0 \text{ のとき} \\ 0, & n=0 \quad s=0 \text{ のとき} \\ 2\pi, & n=0 \text{ で } s=1 \text{ のとき} \end{cases}$$

式 (8.6) がここで取り上げている円板の運動方程式であり，m と m' を有限範囲に設定すれば A_{nm}^s に関する連立方程式が導かれる．これを解くことにより任意の加振角振動数 ω の面外変位 w を全面で算出すれば，円板の振動姿態が求められる．

8.1.3 数値計算

このプログラムは①データ入力，②剛性と質量マトリックスの作成，③連成方程式の計算，④面外変位の計算，⑤計算結果の表示の各部分で構成されており，MATLAB用の言語で書かれたものである．この計算では半径 $a=150$mm と肉厚 $h=3$mm のアルミニウム合金製の円形板を想定し，ヤング率 E とポアソン比 ν はそれぞれ71 GPa と0.33にしている．周辺支持条件は直線と回転ばねのばね定数 K と C で設定するが，ここでは円板の曲げ剛性 D を用いることで無次元ばね定数 $K_b(=Ka^3/D)$，$C_b(=Ca/D)$ で表わすことにする．このプログラムでは $K_b=10^8$，$C_b=0$ に設定しているため，円板は単純支持されていることになる．また円板には $r=r_f=60$mm $(r_f/a=0.4)$，$\theta=\theta_f=0°$ の位置に $F=1$N の点加振力を与えている．

①データ入力

```
clear
a=0.15;                 円板の半径
A=pi*a^2;               円板の面積
h=0.003;                円板の板厚
rou=2680;               密度
E=7.2*9.80665e9;        ヤング率
v=0.33;                 ポアソン比
ff=856;wang=2*pi*ff;    加振振動数
```

```
f=1;                              点加振力
rf=0.06;angf=0;                   加振位置
num=101;
WW(1:num,1:num)=0;
D=E*h^3/(12*(1-v^2));             円板の曲げ剛性
Kb=10^8;K=D*Kb/a^3;               直線ばねのばね定数と無次元ばね定数
Cb=0;C=D*Cb/a;                    回転ばねのばね定数と無次元ばね定数
%―――――――――――――――――――――――――――――――――――――――――――――
mm=13;nn=15;                                     ②剛性と質量マトリックスの作成
for gg=2:2
    g=gg-1;
    for nnp=1:nn
      n=nnp-1;
      for mmp=1:mm
        for mmq=1:mm
          mp=mmp-1;mq=mmq-1;
          if n==0
            if g==1
              N10=2*pi;NA=0;
            else
              N10=0;NA=2*pi;
            end
          else
            N10=pi;NA=pi;
          end
          if mp+mq-2<=0
            R=0 ;pp=0;
          else
            pp=1/(mp+mq-2);
            R=D*pp/a^2*(N10*((mp^2-n^2)*(mq^2-n^2)-(1-v)*mp*(mp-1)*(mq-n^2)-(1-v)*mq*(mq
             -1)*(mp-n^2))+2*(1-v)*NA*n^2*(mp-1)*(mq-1));
          end
          Q(mmp,mmq)=a*N10*(K+(mp/a)*(mq/a)*C)+R;
          M(mmp,mmq)=a^2*rou*h*N10/(mp+mq+2);
        end
      end
      u=0;
      for mmp=1:mm
        mp=mmp-1;
        F(mmp)=f*rf^(mp+1)*sin(n*angf+g*pi/2)/(a^mp);
      end
%―――――――――――――――――――――――――――――――――――――――――――――
      W=Q-wang^2*M;                              ③連立方程式の計算
      X=gauss(W,F,10^(-8));
      XX(nnp,1:mm)=X';
      n
```

④面外変位の計算

```
%
        for k=1:num
            rad(k)=(k-1)/(num-1);
            for j=1:num
                ang(j)=(j-1)*2*pi/(num-1);
                ang1(j)=ang(j)/(2*pi);
                wp=0;
                for mmp=1:mm
                    b=XX(nnp,mmp);
                    T=sin(n*ang(j)+g*pi/2)*rad(k)^(mmp-1);
                    w=b*T;
                    wp=wp+w;
                end
                form(k,j)=real(wp);
            end
        end
        WW=WW+form;
    end
end
area=0;
for k=1:num
    s=0;s1=0;
    for j=1:num
      wp=WW(k,j);
      if j==fix(j/2)*2
          f1(j)=wp^2*4;
      else
          f1(j)=wp^2*2;
      end
      if j==1
          f1(j)=wp^2;
      elseif j==num
          f1(j)=wp^2;
      else
      end
      s=s+f1(j);
    end
    if k==fix(k/2)*2
       s1=2*pi*rad(k)*a/(3*(num-1))*s*4;
    else
       s1=2*pi*rad(k)*a/(3*(num-1))*s*2;
    end
    if k==num
       s1=2*pi*rad(num)*a/(3*(num-1))*s;
    else
    end
```

```
        area=area+s1;
    end
area=a/(3*(num-1))*area;
WW(1:num,1:num)=sqrt(pi*a^2/area)*WW(1:num,1:num);
%─────────────────────────────────────────────────
for n=1:101                                         ⑤計算結果の表示
    nn=n-1;
    rad=(n-1)/100;
    for m=1:101
        ang=(m-1)/100*2*pi;
        x(m+nn*101)=rad*cos(ang);
        y(m+nn*101)=rad*sin(ang);
        z(m+nn*101)=WW(n,m);
    end
end
[th,r]=meshgrid((0:3.6:360)*pi/180,0:0.01:1);
[x,y]=pol2cart(th,r);surf(x,y,WW)
file=['Exciting frequency ' int2str(ff) ' Hz'];
title(file)
xlabel('x/a')
ylabel('y/a')
zlabel('Normalized function')
view(-30,15)
```

8.1.4 計算結果と考察

このプログラムを用いて計算した結果の一例を図8.2に示す．図の座標表示は図8.1に示したように $r\theta$ 面において $\theta=0°$ を含む r 軸を x 軸，それに直交する軸を y 軸としている．z 軸は面外変位の大きさに関するものであり，その二乗値の円板全面における面積積分値を円板の面積に等しくなるように調整した規準関数で表現したものである．各図の加振振動数は円板の固有振動数を選択しているが，円板の振動モードを (n, m) で表わせば $f=464, 856, 991, 1616$ Hz はそれぞれ $(1, 0), (2, 0), (0, 1), (1, 1)$ 次モードの固有振動数に相当する．

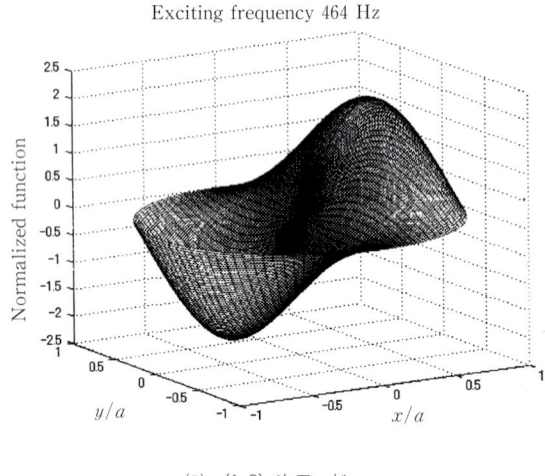

Exciting frequency 464 Hz

Exciting frequency 856 Hz

(a) (1, 0)次モード

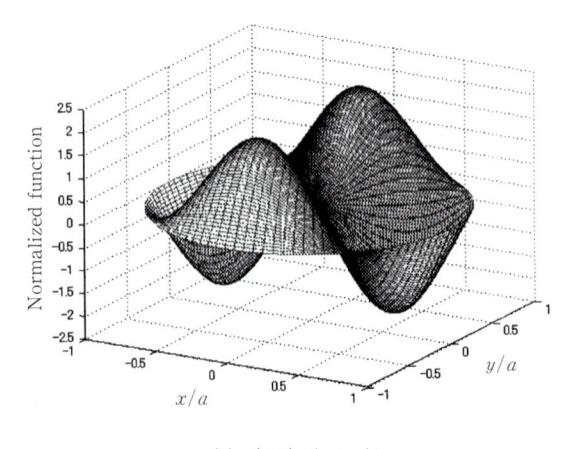

(b) (2, 0)次モード

Exciting frequency 991 Hz

Exciting frequency 1616 Hz

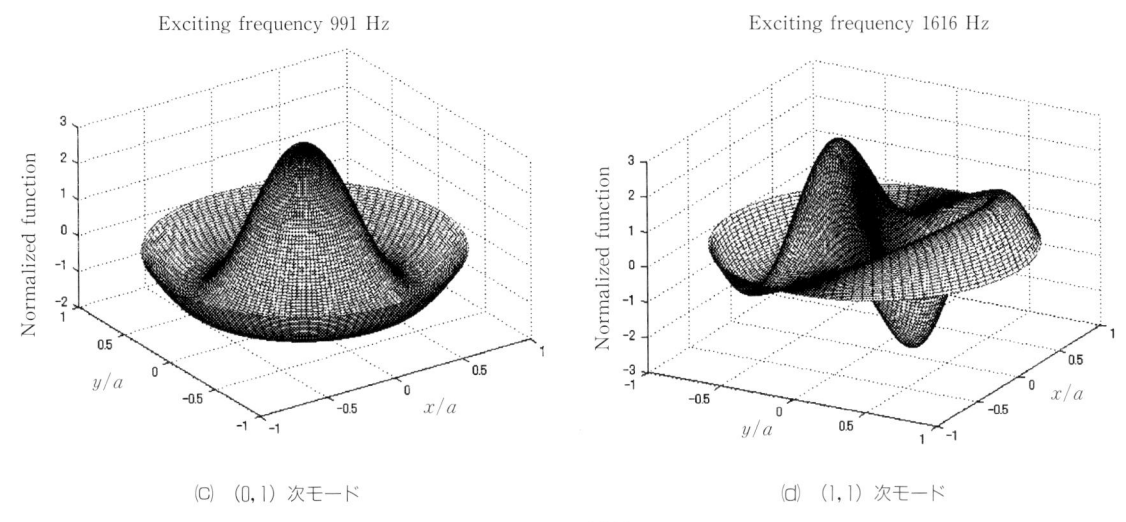

(c) (0,1) 次モード

(d) (1,1) 次モード

図8.2 計算結果

8.2 振動制御

Key word　SIMULINK，MATLAB，数値シミュレーション，制御系 CAD，
　　　　　　ディジタルシグナルプロセッサ，計算機実装

8.2.1 はじめに

近年マイクロプロセッサ等の発達により，コンピュータを用いたディジタル制御が様々な産業分野で利用されている．

コンピュータを用いて実システムを制御するためには，設計されたコントローラをディジタル計算機に実装しなければならないが，現在ではより高速信号処理の実現，高性能なディジタル制御の実現をはかるために「ディジタルシグナルプロセッサ」（Digital Signal Processor）（DSP）を用いることが多くなってきた．DSPへの実装とは，制御アルゴリズム自身をC言語あるいはアセンブラ（機械語）の実行プログラムに書き換えることであり，非常に高度なプログラミングの知識を必要とする．

しかし，MATLAB（The MathWorks (Inc.)）のプロダクトファミリに含まれるSIMULINKを用いることで容易に実装化が可能である．SIMULINKとは制御系のブロック線図を構築することで自動的にプログラムを作成することができる対話型ソフトウェアである．つまりSIMULINKを使うことで従来のプログラミング手法とは異なるグラフィカルなアプローチによるプログラムレスプログラムが可能となる．また，SIMULINKは解析，シミュレーションツールとしても扱うことが可能である．本節では本書6.5（パソコンによる振動制御）で設計したシステムにSIMULINKを用いることによる制御系設計の基礎を学ぶ．

8.2.2 SIMULINK の基本構成

前節で説明があったMATLABを起動後に，MATLABのプロンプトに対してsimulinkと入力すると，以下に示すウインドウ（SIMULINKウインドウ）が現れる．SIMULINKは多くの基

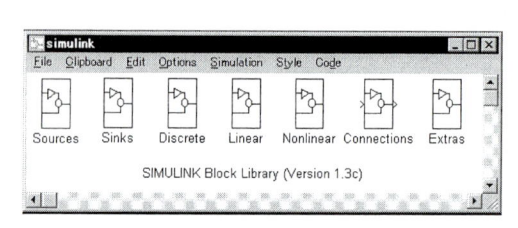

図8.3　SIMULINKウインドウ

本ブロックから構成されているが，それらはブロックのもつ特性から7つのライブラリー (Sources, Sinks, Discrete, Linear, Nonlinear, Connections, Extras) に分類される．

これらのブロックを結合することによって，様々なプログラムの作成が可能となる．

8.2.3 SIMULINKを用いた数値シミュレーション

SIMULINKにおけるプログラミングの基本的な考え方を理解するために，本書6.5（パソコンによる振動制御）で用いた質量，ばね，ダンパからなる以下の2階線形微分方程式をSIMULINKを利用して数値的に解く方法を以下に示す．

$$\frac{d^2x}{dt^2} + 2\zeta\omega_n\frac{dx}{dt} + \omega_n^2 x = \frac{u}{m} \quad (8.9)$$

式(8.9)をブロック線図（SIMULINKの書式）で表すと図8.4のようになる．

SIMULINK上で各ブロックを結合し図8.4を記述することによって，式(8.9)に示した系の数値シミュレーションが可能となる．

まず，SIMULINKウインドウのツールバー

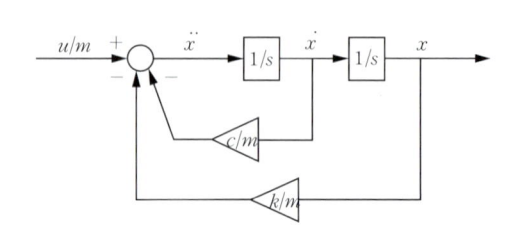

図8.4　制御系全体のブロック結線図

File をクリックして New を選択すると，白紙のウインドウ（プログラムウインドウ）（図8.5）が表示される．

図8.5　プログラムウインドウ

積分を行うブロック Integrator は Linear Library（図8.3）の中にあるため，そこからブロックをドラッグ&ドロップでプログラムウインドウに移動する．2回の積分操作が必要となるため，同じ操作を繰り返し，最後に2つのブロックを結合させる（図8.6）．

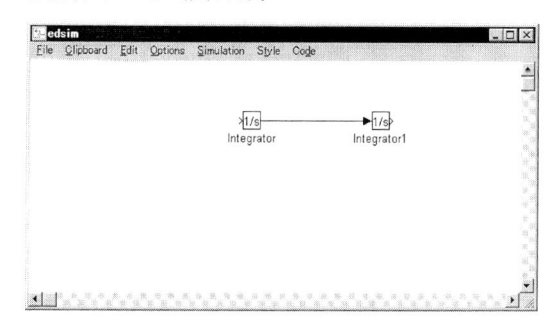

図8.6　Integratorブロックの配置

次に Linear Library から入力信号を乗算する Gain ブロックを2個取り出す（図8.7）．

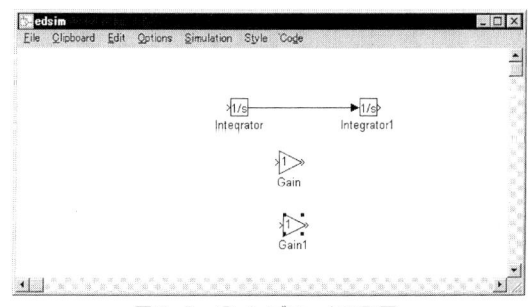

図8.7　Gainブロックの配置

信号の流れを見やすくするために，現在の Gain ブロックの向きを反転させる．Gain ブロックをマウスでクリックしてアクティブにした後，ツールバーの Options-> Flip Horizontal を選択し図8.8のように変更する．また Gain1 ブロックについても同様の操作を行う．各ブロックをダブルクリックし，Gain ブロックの倍率を c/m，Gain1 ブロックの倍率を k/m と書きかえる．

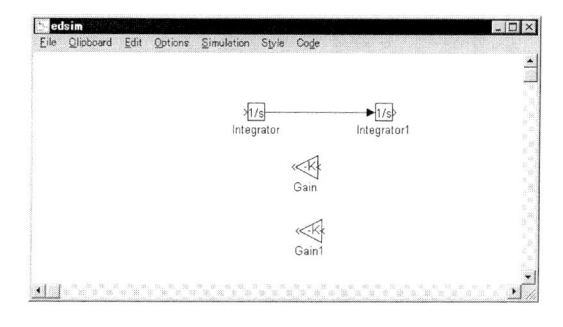

図8.8　ブロックの反転

Gain ブロックには速度（図8.8 Integrator の出力）を，Gain1 ブロックには変位（図8.8 Integrator1 の出力）を入力するので，図8.9のようにブロックを結合させる．

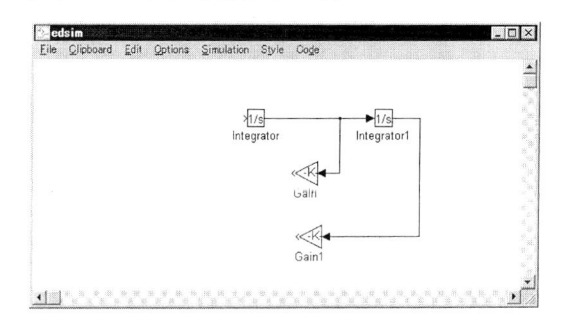

図8.9　Gainブロックの接続

さらに，信号を加え合わせる Sum ブロック（Linear Library の中にある）と，Sources Library 中の一定の値を出力する Constant ブロックが必要となる．

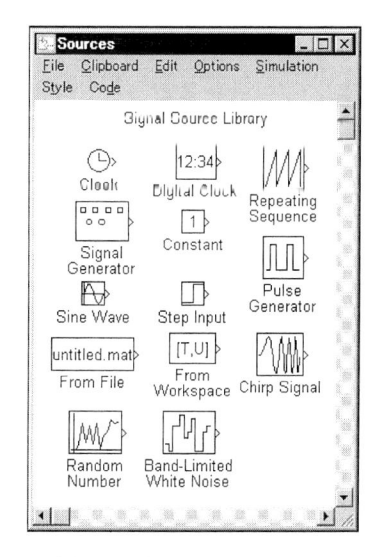

図8.10　Sources Library

図8.10に示すように，Sources Libraryは信号源となる13のブロックを集めたものである．

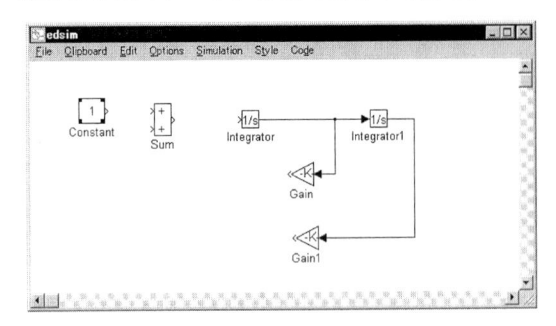

図8.11 Constantブロックの配置

これまでと同様にSumブロックとConstantブロックをドラッグ＆ドロップした後，プログラムウインドウ上に取り込んだすべてのブロックを結合させる（図8.12）．Sumブロックはデフォルトで2つの入力しかもたないため，この入力数を変更するために，Sumブロックをダブルクリックし，List of signsに，+--と入力してOKボタンをクリックする．またConstantブロックにはu/mと入力する．

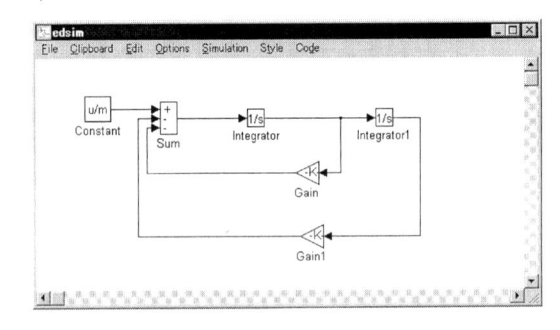

図8.12 制御系全体のブロック結線図

これで基本プログラムは終了である．次にシミュレーションした結果を図示するためにSinks Libraryを利用する．

Sinks Libraryには図8.13に示すように8つのブロックがあり，主に入力された信号の画面表示やファイルへの保存用のブロックの集まりである．信号の図を表示するブロックはいくつかあるが，ここではGraphブロックを利用することにする．

Sinks Library内にあるGraphブロックをドラッグ＆ドロップした後，Integrator1ブロックの出力をGraphブロックに接続する（図8.14）．次にGraphブロックをダブルクリックし図8.15のように修正を加える．

同様に変位や速度の初期値を変更する．ここでは初期変位1，初期速度0とするため，Inte-

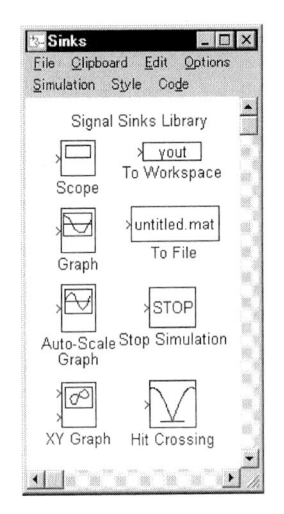

図8.13 Sinks Library

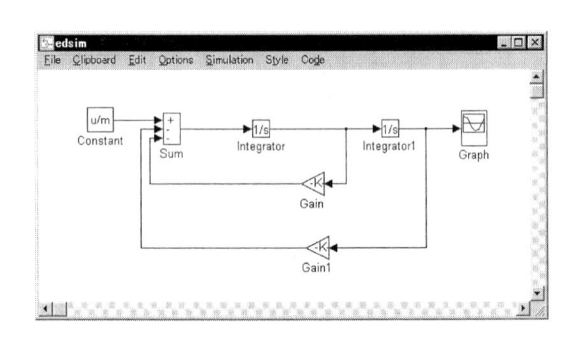

図8.14 Graphブロックの接続

図8.15 Graph Scopeウインドウ

grator, Integrator1ブロックをそれぞれダブルクリックし，Integratorを0，Integrator1を1と修正する．

最後にプログラムウインドウ上のツールバーSimulation -> Parametersをクリックし，図

8.16のように修正する．表示されたウインドウ上部にある Euler〜Linsim は使用する数値積分法である．Euler が最高速であるが精度が最も悪く，Adams/Gear は高精度であるが計算時間が必要である．通常は Runge-Kutta を用いる．また1秒間のシミュレーションを行うため Stop Time に1と入力する．以上でシミュレーションの設定はすべて終了する．

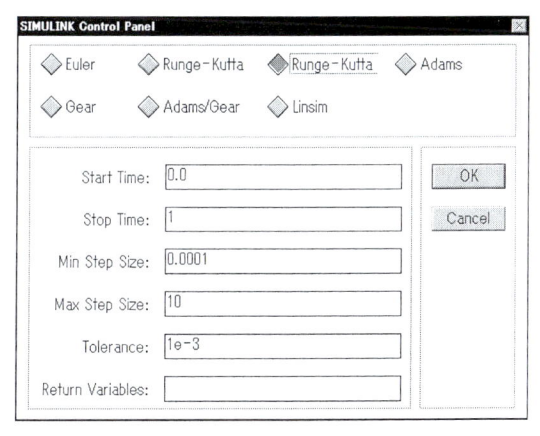

図8.16　パラメータの設定

設定終了後 MATLAB プロンプトに本書6.5（パソコンによる振動制御）と同様のパラメータである $m = 0.4$kg, $c = 14$Ns/m, $k = 400$N/m, $u = 0$ と入力する．プログラムウインドウ上のツールバー Simulation-> Start をクリックするとシミュレーションが実行され，図8.17のような結果が表示される．

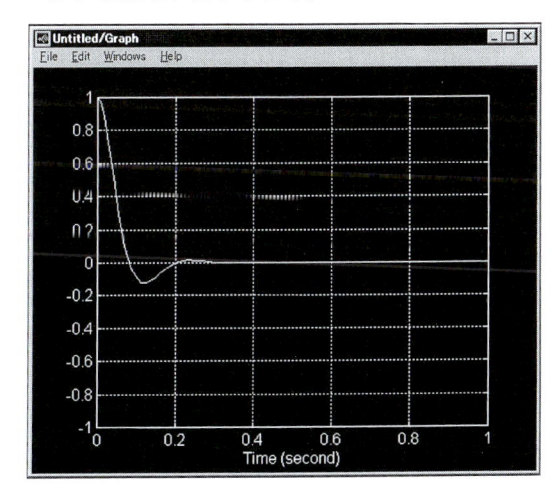

図8.17　シミュレーション結果

8.2.4 SIMULINKを用いた制御システム設計

(1) 制御システムの設計

8.2.3項では SIMULINK を用いた数値シミュレーションを行ったが，本節では SIMULINK を用いて実際の制御システム設計を行う．なお，本実験では本書6.5（パソコンによる振動制御）と同様の実験装置（図8.18）を用いる．

AD 変換器で変位信号をコンピュータ内に取り込んだ後，これを微分し速度を算出し，これらの

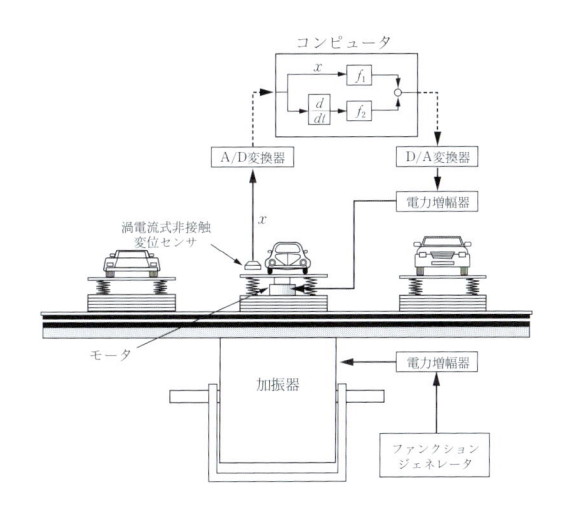

図8.18　実験装置構成

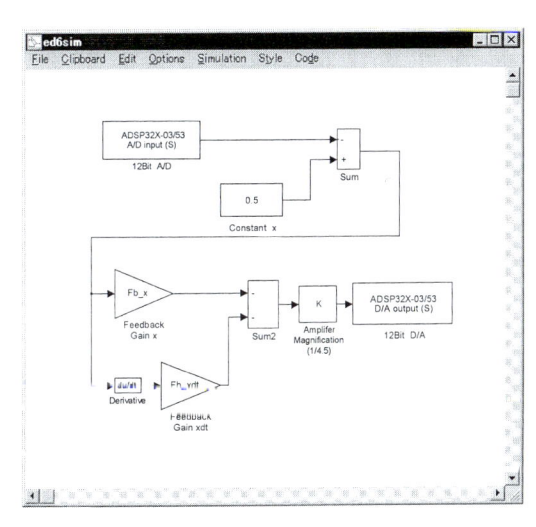

図8.19　制御系全体のブロック結線図

変位，速度信号に6.5（パソコンによる振動制御）で算出したフィードバックゲインを掛け制御電圧を計算するよう SIMULINK によって制御プログラムを作成する．

図8.19に制御系全体のブロック図を示す．以下に各ブロックの説明を記述する．

図8.20は渦電流式変位センサから出力された電気信号を A/D 変換器に入力するブロックである．

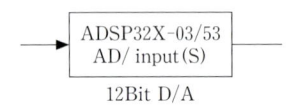

図 8.20　A/D 変換器用ブロック

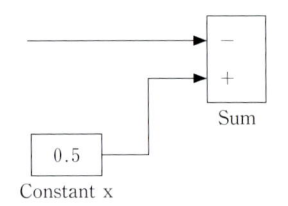

図 8.21　加算用ブロック

本実験ではセンサから測定対象までの距離を 5 mm に設定している．したがって初期状態で渦電流式非接触変位センサの出力は 0.5V となっている．そこで，図 8.21 の加算用ブロックでその値を引くことによって平衡位置からの変位に変換している．

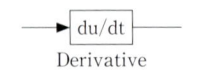

図 8.22　微分用ブロック

図 8.22 はセンサから検出した変位量を微分することにより，速度に変換するブロックである．

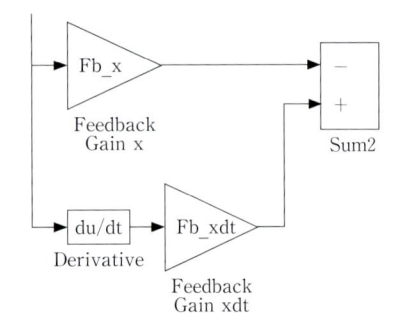

図 8.23　制御電圧を計算するブロック

図 8.23 は検出した変位，速度それぞれに計算によって求めたフィードバックゲインを掛け，制御電圧を決定するブロックである．

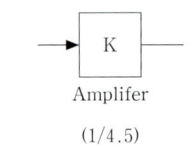

図 8.24　増幅信号補正用ブロック

図 8.24 は電流増幅用アンプの倍率を補正するために減幅するためのブロックである．

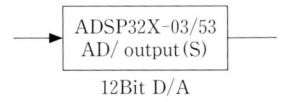

図 8.25　D/A 変換器用ブロック

図 8.25 は決定したディジタル信号をアナログ信号へと変換し電流増幅用アンプへ出力するブロックである．

8.4.2 SIMULINK を用いた制御実験

6.5(パソコンによる振動制御)で示したように，ファンクションジェネレータから信号を出力し，加振器を作動させ，制御対象である実車の 1/24 モデルに道路を走行している場合を模擬した路面振動が加える．その後，設計した制御システムを用いて模型自動車の振動制御を行う．以下に実験の手順を示す．

(1) MATLAB のプロンプトに "ED6SIM" と入力し，作成した SIMULINK プログラムを立ち上げる．
(2) フィードバックゲインを入力する．
(3) プログラムウインドウ上のツールバー Code -> Real-time Options-> Build をクリックし，SIMULINK プログラムをコンパイルする．
(4) センサ，アンプに電源を入れる．
(5) ファンクションジェネレータから信号を出力し，加振器を作動させ，道路を走行している場合を模擬した路面振動を加える．
(6) リアルタイムモニタを起動する．
(7) リアルタイムモニタ上でファイル―> 開く-> ed6sim. out を選択した後，起動ボタンをクリックし作成した制御プログラムを実行する．

8.3 円柱まわりの流れ

Key word　差分法，数値解析，基礎方程式，境界条件，収束値

8.3.1 目的

非粘性流体の一様な平行流れ中に置かれた円柱まわりの流れを差分法を用いて数値解析する．また，領域の分割数や収束値の選び方が解析結果や計算時間にどのような影響を与えるかを調べる．

8.3.2 差分法

調べようとする流れの現象が微分方程式の形で表されるとき，これに境界条件を合わせて解くことにより流速や圧力などの解が得られるが，解くにあたって微分方程式を差分近似して解く方法が差分法である．差分法は解析する領域を平行格子で長方形または正方形に分割し，その各格子点における値を使って差分化し，最終的には連立代数方程式を数値計算によって解く方法である．この方法は複雑な境界を持つ流れには精度が悪いという欠点はあるが，数学的な取り扱いが容易なために有限要素法や境界要素法など他の数値解析法に比べ広く用いられている．

(1) 基礎方程式と境界条件

(a) 基礎方程式

図8.26に示すように一様な平行流れ中で流れに直角に置かれた無限に長い円柱まわりの流れにおいて，x, y 方向の流速を u, v，また流体は非粘性とすればその渦度 ζ は 0 である．

$$\zeta = \frac{\partial u}{\partial y} - \frac{\partial v}{\partial x} = 0 \tag{8.10}$$

ここで，次式で定義される流れ関数 ψ

$$\frac{\partial \psi}{\partial y} = u, \quad \frac{\partial \psi}{\partial x} = -v \tag{8.11}$$

を導入すると，この流れ関数は連続の方程式

$$\frac{\partial u}{\partial x} + \frac{\partial v}{\partial y} = 0 \tag{8.12}$$

を満足している．次に式 (8.11) を式 (8.10) に代入すると次に示すラプラスの方程式となる．

$$\frac{\partial^2 \psi}{\partial x^2} + \frac{\partial^2 \psi}{\partial y^2} = 0 \tag{8.13}$$

この方程式と次の(b)に示す境界条件を使って流れ関数 $\psi(x, y)$ を求め，さらに ψ 一定の点を結べば流線を描くことができる．またこの ψ を式 (8.11) を使って数値微分すれば速度分布 (u, v) が得られる．なお圧力分布を求めるにはさらに運動方程式を使って解けばよいが，ここでは圧力分布の解析は省略する．

(b) 境界条件

ここでは，"物体から無限遠方では流れは一様な速度 U を持った平行流れ"ということが与えられた境界条件である．しかし数値解析を行う場合には解析する領域を無限遠方までとることはできず，また領域が大きいほど未知数が増えて，計

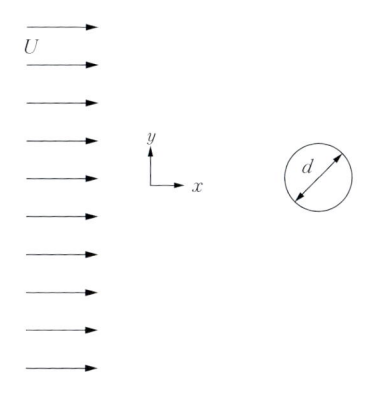

図8.26　円柱まわりの流れ

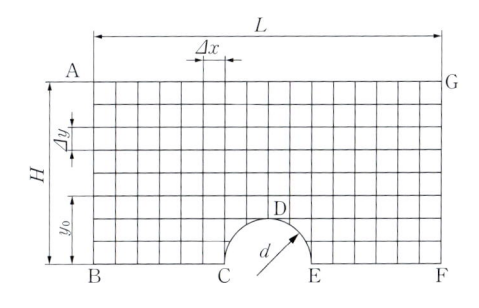

図8.27　解析領域と境界条件

算時間が長くなり，そのためメモリ容量が大きく，かつ高速演算のできる計算機が必要となる．そこで，実際には解析領域をある有限な領域に限定しなければならない．本課題においては，円柱の直径を基準として，図8.27に示すような解析領域の周辺においては上に示した無限遠方での境界条件が満足されているものと仮定する．すなわち，

- AB および FG 上の速度は U
- AG および BCDEF はそれぞれ一つの流線を表す．

ということが境界条件となる．なお，ここでは解くべき方程式（8.13）の未知数は流速ではなく流れ関数 ϕ であるから，境界条件も ϕ を用いて表すと，式（8.11）より $\phi = \int u dy$ であり，また $\phi=$ 一定は流線を表すことから，境界条件は次のように書き直される．

- AB および FG 上の任意の高さ y_0 の位置では
$$\phi_{y_0} = \int_0^{y_0} U dy = U y_0 \tag{8.14}$$
- AG 上では $\phi = UH$ (8.15)
- BCDEF 上では $\phi = 0$ (8.16)

(2) 基礎式の差分化

図8.28より流れ関数 ϕ の微係数は次式で表される．

$$\frac{\partial \phi}{\partial x} = \lim_{x \to 0} \frac{\phi(x+\Delta x, y) - \phi(x, y)}{\Delta x}$$

ここで，極限にもっていく前の有限の差

$$\Delta \phi = \phi(x+\Delta x, y) - \phi(x, y)$$

を差分という．Δx が小さいときは

$$\frac{\partial \phi}{\partial x} \fallingdotseq \frac{\Delta \phi}{\Delta x} = \frac{\phi(x+\Delta x, y) - \phi(x, y)}{\Delta x}$$

あるいは中心差分をとれば

$$\frac{\partial \phi}{\partial x} \fallingdotseq \frac{\phi(x+\Delta x/2, y) - \phi(x-\Delta x/2, y)}{\Delta x} \tag{8.17}$$

と近似される．また式（8.17）を再度 x で微分すると次のようになる．

$$\frac{\partial^2 \phi}{\partial x^2} = \frac{\partial}{\partial x}\left[\left\{\frac{\partial \phi}{\partial x}\right\}_{x+\Delta x/2} - \left\{\frac{\partial \phi}{\partial x}\right\}_{x-\Delta x/2}\right]$$
$$= \frac{[\phi(x+\Delta x/2+\Delta x/2, y) - \phi(x+\Delta x/2-\Delta x/2, y)]/\Delta x}{\Delta x}$$
$$- \frac{[\phi(x-\Delta x/2+\Delta x/2, y) - \phi(x-\Delta x/2-\Delta x/2, y)]/\Delta x}{\Delta x}$$
$$= \frac{\phi(x+\Delta x, y) - 2\phi(x, y) + \phi(x, \Delta x, y)}{\Delta x^2} \tag{8.18}$$

そこでラプラスの方程式（8.13）は次のように差

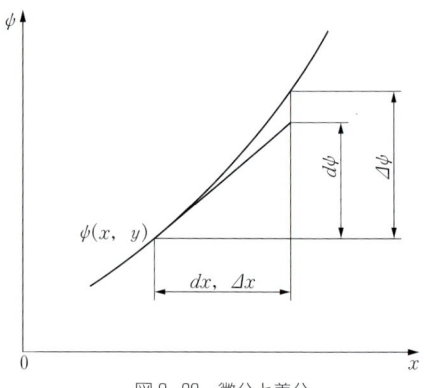

図8.28 微分と差分

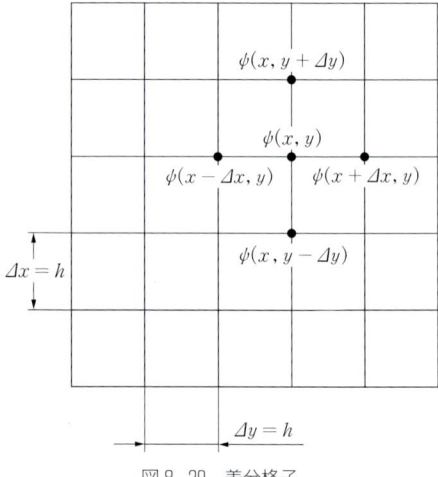

図8.29 差分格子

分方程式化される．

$$\frac{\partial^2 \phi}{\partial x^2} + \frac{\partial^2 \phi}{\partial y^2}$$
$$= \frac{\phi(x+\Delta x, y) - 2\phi(x, y) + \phi(x-\Delta x, y)}{\Delta x^2}$$
$$+ \frac{\phi(x, y+\Delta y) - 2\phi(x, y) + \phi(x, y+\Delta y)}{\Delta y^2} = 0 \tag{8.19}$$

ここで図8.29において，$\Delta x = \Delta y = h$ と置くと（必ずしも正方形格子でしかも等間隔でなくともよいがその場合計算は複雑になる），式（8.19）は次のように変形される．

$$\phi(x, y) = \frac{1}{4}\{\phi(x+h, y) + \phi(x-h, y) + \phi(x, y+h) + \phi(x, y-h)\} \tag{8.20}$$

すなわち，点 (x, y) における ϕ の値はこの点の隣にある上下左右の4点の値の平均値になっていることがわかる．上式の関係は内部のすべての格

子上で成り立つので，解析領域全体についての ψ を合成すれば，1次元の連立方程式となるので，それを解いて各格子点の ψ を求めればよい．

8.3.3 数値計算の実例

流速 $U = 4\text{m/s}$ の一様な非粘性流体の平行流れ中に置かれた円柱まわりの流れについて解析する．

(1) 解析領域と境界条件

流れは上下対称的なので上半分のみ計算する．解析領域は図8.27のように，高さ $H = 2d$，幅 $L = 5d$，の領域とする．境界 AB および FG における流れは一様であり，AG は一つの流線を表すので，境界条件は次のようになる．

- AB および FG 上の任意の高さ y_0 の位置では

$$\psi_{y_0} = \int_0^{y_0} U dy = 4y_0 \qquad (8.21)$$

- AG 上では $\psi = 4H$ (8.22)
- BCDEF では $\psi = 0$ (8.23)

(2) 計算手順

差分法による計算手順のフローチャートを図8.30に示す．

(a) 流れ場を $\Delta x = \Delta y = h$ に分割する．

(b) 入口，出口あるいは周囲環境などの流れ場における既知の境界条件を与える．

(c) 未知の点の流れ関数 ψ を適当に仮定する（ここでは境界 BCDEF と同じ値とする）．

(d) 式(8.20)によって内部の点における ψ の値を求める．

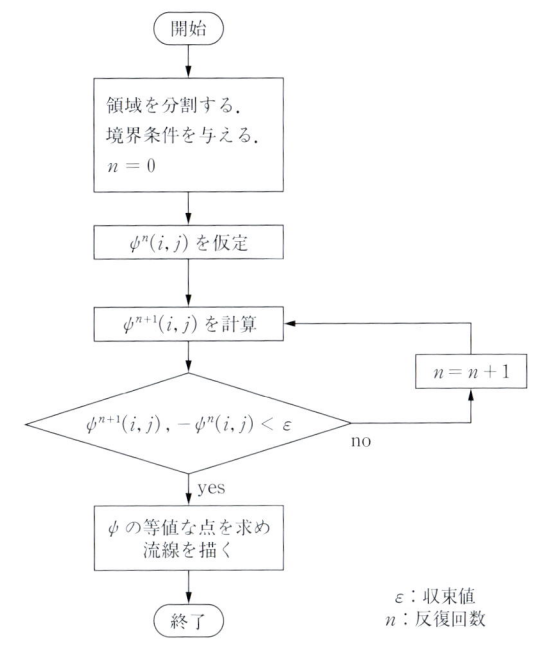

図8.30 フローチャート

(e) 得られた ψ の値と前に仮定した ψ の値を比較し，その差がある値（ε：収束値という）以下になったかどうかを調べる．もし収束値より大きければ再びこの ψ の値を使って(d)の逐次近似を繰り返し（(d)の計算において n 回目に計算された ψ の値は $(n-1)$ 回目に計算された ψ の値よりも正確と考えられる），収束値以下になれば計算を打ち切りこれを求める ψ の値とする．

(f) ψ の値を与えて流線（ψ が一定の曲線）を描く．

以上の計算を行うためのプログラムをリスト8.3に示す．

リスト8.3　円柱回りの非粘性流れの計算プログラム

```
C ***************** Flow around a cylinder
      CHARACTER*1 ICOPY
      DIMENSION PSI (101, 61), Y(103), X(103), PS(10)
C ****** Input of dimension of flow field, number of mesh and value of stream line
      WRITE(6.24)
   24 FORMAT(1H, 'INPUT XR, YR, NX, NY, NPRY (NX < 101, NY < 61 )' /)
      READ(5, *) XR, YR, NX, NY, NPRY
      WRITE(6.26) NPRY
   26 FORMAT(1H, 'INPUT', I2,' STREAM-LINE VALUES (0. < VALUES < YR )' / )
      READ(5, *) (PS(1), I=1, NPRY)
      NX1=NX+1
      NY1=NY+1
      HX=XR/NX
```

```
              HY=YR/NY
              HR=HX*HX/(HY*HY)
              O=XR/2.
              R=1.
              RR=R*R
C ******** Boundary conditions
              DO 10 I=1, NX1
              X(I)=HX*(I-1)
              PSI(I, I)=0
              PSI(I, NY1)=YR
           10 CONTINUE
              DO 20 IY=1, NY1
              FL=HY*(IY-1)
              PSI(I, IY)=FL
              PSI(NX1, IY)=FL
           20 CONTINUE
C ******** Input of EPS
              WRITE(6, 23)
           23 FORMAT(1H, 'INPUT EPS=? (0.1 OR 0.01 OR 0.001)')
              READ(5, 25) EPS
           25 FORMAT(F10.5)
              DEL=0.0
C ******** Iteration
              N=1
           30 WRITE (6, 35) N
           35 FORMAT(1H, 'HANPUKU KAISU=', I4)
              DO 60 IX=2, NX
              DO 50 IY=2, NY
              XX=HX*(IX-1)
              YY=HY*(IY-1)
              IF (YY*YY+(XX-O)*(XX-O). GT. RR) GO TO 40
              PSI (IX, IY)=0.
              GO TO 50
           40 VPSI=PSI(IX+1, IY)+PSI(IX-1, IY)+HR*(PSI(IX, IY+1)+PSI(IX, IY-1))
              VPSI=0.5*VPSI/(1.+HR)
           45 D=ABS(VPSI-PSI(IX, IY))
              IF (D. GT. DEL) DEL=D
              PSI (IX, IY)=VPSI
           50 CONTINUE
           60 CONTINUE
C ******* Estimation of (DEL-EPS)
              WRITE (6, 70) DEL
           70 FORMAT (1H+, 20X, 'DEL=', E10.4)
              IF (DEL. LE. EPS) GO TO 80
              DEL=0.0
              N=N+1
              GO TO 30
C ******* Drawing of stream line
```

```
   80 CONTINUE
      CALL PLOTS
      CALL CLSC
      CALL CLSX
      CALL WINDOW ( -0.5, -0.5, XR+1., YR+1.)
      CALL VPORT (0.0, 0.0, 1.6,. 8610)
      CALL PLOT (.5,.5, 3)
      CALL PLOT (.5, YR+.5, 2)
      CALL PLOT (XR+.5, YR+.5, 2)
      CALL PLOT (XR+.5,.5, 2)
      CALL ARC (O+.5,.5, R, 0., 180., 1)
      CALL NEWPEN (7)
      DO 110 IY=1, NPRY
      VPSI=PS (IY)
      Y (1) =VPSI
      Y (NX1) =VPSI
      CALL PLOT (.5, VPSI+.5, 3)
      DO 100 1X=2, NX
      IYO=2
      YO=HY
   90 IF (PSI (IX, IYO). GE. VPSI) GO TO 91
      IYO=IYO+1
      YO=YO+HY
      GO TO 90
   91 CONTINUE
      HYY=HY
      YXO= (YO-HY)*(YO-HY) + (X(IX) -0) * (X(IX) -0)
      IF (XYO. GE. RR) GOTO 101
      HYY=YO-SQRT (RR-YXO)
  101 Y(IX) =YO + HYY*(VPSI-PSI(IX, IYO)/(PSI(IX, IYO) -PSI(IX, IYO-1))
      CALL PLOT (X(IX) +.5, Y(IX) +.5, 2)
  100 CONTINUE
      CALL PLOT (XR+.5, VPSI+.5,2)
  110 CONTINUE
      WRITE (6, 155)
      READ (5, 145) ICOPY
  145 FORMAT (A1)
  155 FORMAT (1X, 'HARD COPY Y/N?')
      1F (ICOPY. EQ. 'Y') CALL GCOPY
      CALL CLSC
      CALL CLSX
      STOP
      END
```

（注）上記のプログラム（特に作図関係）はAbsoft社のProFortranに対応するよう作成されている．

8.3.4 計算結果および考察

(a) 図8.31のように計算領域の分割数($N_x \times N_y$)と収束値(ε)を変えた場合，それが結果（流線）に及ぼす影響について検討しなさい．

(b) 図8.32および図8.34のように分割数($N_x \times N_y$)と収束値(ε)の計算時間(t)に及ぼす影響を検討しなさい．

8.3.5 課題

(1) 解析領域の大きさを変えて，それが解析結果に与える影響を調べなさい．

(2) 上のプログラムにおいて各格子点における速度ベクトルを描くようなプログラムを作成しなさい．

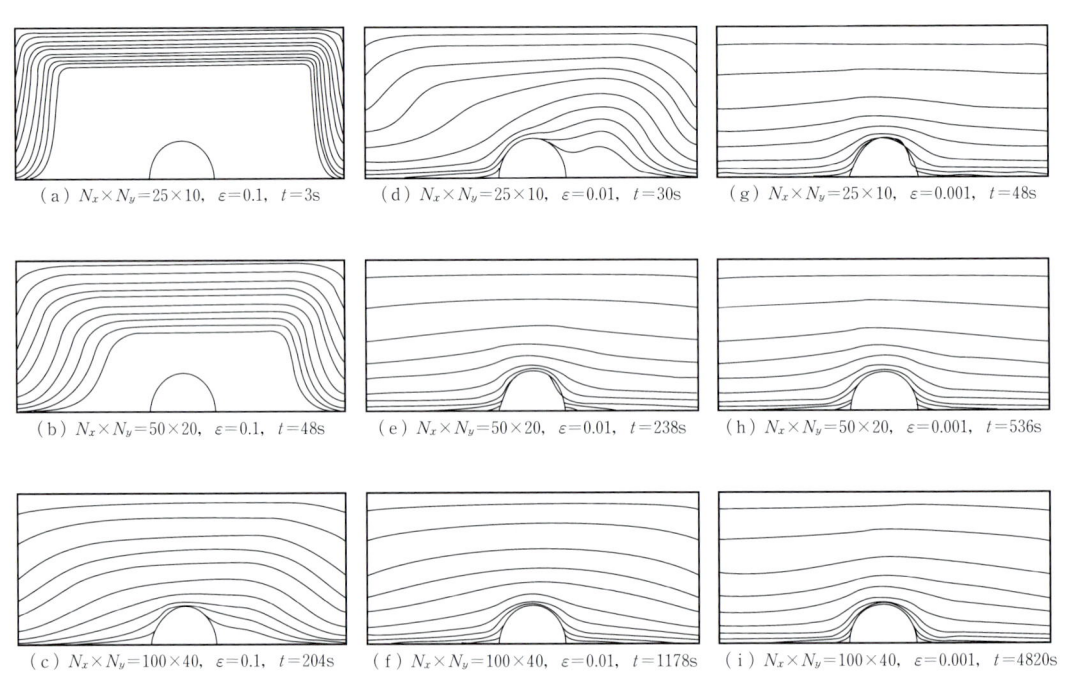

(a) $N_x \times N_y = 25 \times 10$, $\varepsilon = 0.1$, $t = 3$s

(d) $N_x \times N_y = 25 \times 10$, $\varepsilon = 0.01$, $t = 30$s

(g) $N_x \times N_y = 25 \times 10$, $\varepsilon = 0.001$, $t = 48$s

(b) $N_x \times N_y = 50 \times 20$, $\varepsilon = 0.1$, $t = 48$s

(e) $N_x \times N_y = 50 \times 20$, $\varepsilon = 0.01$, $t = 238$s

(h) $N_x \times N_y = 50 \times 20$, $\varepsilon = 0.001$, $t = 536$s

(c) $N_x \times N_y = 100 \times 40$, $\varepsilon = 0.1$, $t = 204$s

(f) $N_x \times N_y = 100 \times 40$, $\varepsilon = 0.01$, $t = 1178$s

(i) $N_x \times N_y = 100 \times 40$, $\varepsilon = 0.001$, $t = 4820$s

図8.31 解析結果（流線）

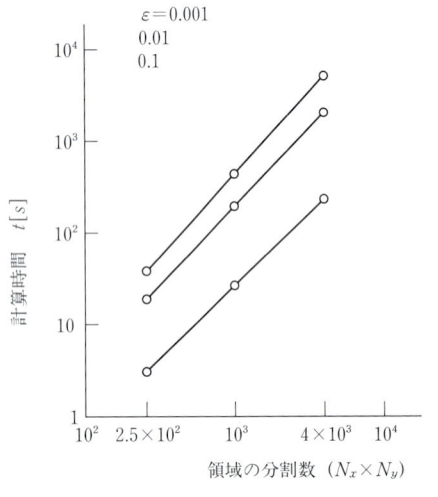

図8.32 メッシュの大きさと計算時間

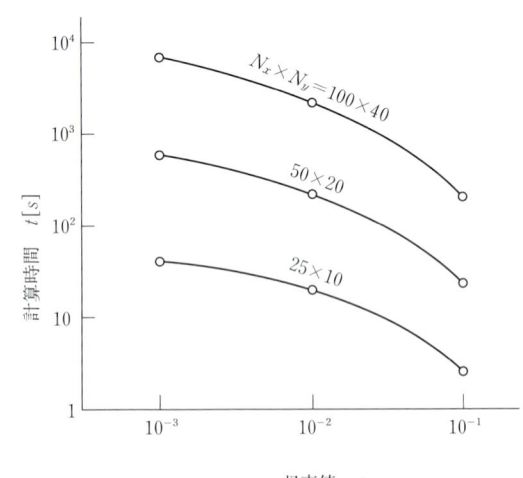

図8.33 収束判定値と計算時間

参考文献

2章

[1] 日本規格協会編，JIS ハンドブック 鉄鋼 (1988)，日本規格協会．
[2] 日本材料協会編，機械材料とその試験法 (1966)，日本材料協会．
[3] 日本機械学会編，機械工学便覧 (2003)，日本機械学会．
[4] 鵜戸口英善・川田雄一・倉西正嗣，材料力学，上巻 (1970)，裳華房．
[5] Dieter, Jr., G. E. Mechanical Metallurgy (1961), McGraw-Hill.
[6] 日本機械学会編，機械工学便覧，基礎編，A 4 編，材料力学 (1984)，日本機械学会．
[7] 吉沢武男編，硬さ試験法とその応用 (1977)，裳華房．
[8] 杉田 稔，機械材料の選び方・使い方 (1979)，日本工業新聞社．
[9] 佐藤知雄編，鉄鋼の顕微鏡写真と解説 (1979)，丸善．
[10] 黒木剛司郎，材料力学 (2000)，森北出版．
[11] 西田正孝，応用集中 (1973)，森北出版．
[12] 邉 吾一・藤井 透・川田宏之編，標準材料の力学 (2002)，日刊工業新聞社．

3章

[1] 流れの可視化学会編，流れの可視化ハンドブック (1986)，朝倉書店．
[2] Reynolds, O, Philosoplical Transactions of the Royal Society, 174 (1833), 935.
[3] 日本機械学会編，写真集 "流れ" (1984)，丸善．
[4] 富田幸雄・山崎慎三，水力学 (1987)，産業図書．
[5] 中山泰喜，流体の力学 (1998)，養賢堂．
[6] 牧野光雄，流体抵抗と流線形 (1991)，日本機械学会．
[7] 日本機械学会，流体計測法 (1991)，日本機械学会．
[8] 市川常雄，水力学・流体力学 (1990)，朝倉書店．
[9] 谷田好通，流体の力学 (1997)，朝倉書店．
[10] 横山重吉・六角康久，流体機械 (1990)，コロナ社．
[11] 辻 茂，流体機械 (2001)，実教出版．
[12] 日本機械学会編，新版機械工学便覧，A 5 編，流体工学 (1987)，日本機械学会．
[13] 河田三治監修，空気機械工学便覧 (1955)，コロナ社．

4章

[1] 八田桂三・浅沼強編，内燃機関ハンドブック (1967)，朝倉書店．
[2] 日本機械学会編，機械工学便覧，B 7 編，内燃機関 (1985)，日本機械学会．
[3] 木村逸郎・酒井忠美，内燃機関 (1987)，丸善．
[4] 日本機械学会編，内燃機関 (1985)，日本機械学会．
[5] 八田桂三・山之上寛二，蒸気原動機 (1985)，森北出版．
[6] 一色尚次・北山直方，新蒸気動力工学 (1985)，森北出版．
[7] 日本機械学会編，技術資料 燃焼に伴う環境汚染物質の生成機構と抑制法 (1980)，日本機械学会．
[8] 萩 三二・村上俊太郎，新版 熱伝達の基礎と演習 (1990)，東海大学出版会．
[9] 福田基一，騒音防止工学 (1976)，日刊工業新聞社．
[10] 白木万博，騒音防止設計とシュミレーション (1987)，応用技術出版．
[11] 日本音響学会編，音響用語辞典 (2003)，コロナ社．
[12] 林 義正，乗用車用ガソリンエンジン入門 (1995)，グランプリ出版．
[13] 林 義正 (他) 監修，大車林 自動車情報事典 (2003)，三栄書房．
[14] 国土交通省自動車交通局監修，自動車整備士養成課程教科書 一級自動車整備士 自動車新技術 (2002)，(社団法人) 日本自動車整備振興会連合会．
[15] 全国自動車整備専門学校協会編，自動車教科書 ガソリン・エンジン構造 (2000)，

山海堂.
[16] 村山 正・常本秀幸, 自動車エンジン工学 (1997), 山海堂.
[17] 長尾不二夫, 内燃機関講義 (上巻) (1965), 養賢堂.
[18] 自動車技術会, 自動車工学－基礎－ (2003), 自動車技術会.

5章

[1] 日本機械学会編, 機械工学便覧 基礎編 A 3編, 力学・機械力学 (1986), 日本機械学会.
[2] 佃 勉, 機構学 (1982), コロナ社.
[3] 森田 鈞, 機構学 (1984), サイエンス社.
[4] 伊藤 茂, メカニズムの事典 (1989), 理工学社.
[5] 萩原芳彦, よくわかる機構学 (1996), オーム社.
[6] 入江敏博, 詳解 工業力学 (1983), 理工学社.
[7] 遊佐周逸, 工業力学 (1985), コロナ社.
[8] P. G. Hewitt・J. Suchocki・L. A. Hewitt, 吉田義久訳, 物理科学のコンセプト1 力と運動 (1997), 共立出版.
[9] 宮台朝直, 力と運動 (1987), 培風館.
[10] 奥村敦史, メカニックス入門 (1984), 共立出版.
[11] 谷口 修, 振動工学 (1981), コロナ社.
[12] L. Meirovich, 砂川惠訳, 電子計算機活用のための振動解析の理論と応用(上) (1984), ブレイン図書出版.
[13] 斎藤秀雄, 工業基礎振動学 (1988), 養賢堂.
[14] 原 文雄, 機械力学 (1988), 裳華房.
[15] 長屋幸助, 機械力学入門 (1992), コロナ社.
[16] 安田仁彦, 振動工学 基礎編 (2000), コロナ社.
[17] 太田 博・加藤正義, わかりやすく例題で学ぶ機械力学 (2001), 共立出版.
[18] 背戸一登, 振動工学 解析から設計まで (2002), 森北出版.
[19] 井上順吉・松下修己, 機械力学Ⅰ 線形実践振動論 (2002), 理工学社.

6章

[1] 岡村廸夫, OPアンプ回路の設計 (1986), CQ出版.
[2] 高橋 勲, コンパクト電子回路ハンドブック (1989), 丸善.
[3] 則次俊郎・五百井 清・西本 澄・小西克信・谷口隆雄, ロボット工学 (2003), 朝倉書店.
[4] 小川鉱一・加藤了三, 初めて学ぶロボット工学 (1998), 東京電機大学出版局.
[5] システム制御情報学会編, PID制御 (1995), 朝倉書店.
[6] 小林信明, 基礎制御工学 (1994), 共立出版.
[7] 椹木義一・添田喬, わかる自動制御 (1989), 日新出版.
[8] 塩田泰仁, はじめてのメカトロニクス (1998), 工業調査会.
[9] 長屋幸助・長南征二・高木敏行・江鐘偉, メカトロニクスと運動制御入門 (1996), 養賢堂.
[10] 高木章二, メカトロニクスのための制御工学 (1993), コロナ社.
[11] 森 政弘・小川鑛一, 初めて学ぶ基礎制御工学 (1994), 東京電機大学出版局.
[12] (社) 実践教育訓練研究会編, 機械の制御理論と実際 (1999), 工業調査会.
[13] 兼田雅弘・山本幸一郎, ディジタル制御工学 (1989), 共立出版.
[14] 日本機械学会, 車両システムのダイナミックスと制御 (1999), 養賢堂.
[15] 下郷太郎・田島清行, 振動学 (2002), コロナ社.

7章

[1] 篠崎 襄・海野邦昭, 研削作業 (1982), 日刊工業新聞社.
[2] 労働省安全衛生部安全課編, グラインダ安全必携 (1985), 中央労働災害防止協会.
[3] データ活用研究会編, データ活用ハンドブック (1980), 技術評論社.
[4] 日本機械学会編, 機械工学便覧, B 2編, 加工学, 加工機械 (1987), 日本機械学会.
[5] 小林輝夫・水沢昭三, 旋盤作業の実技 (2002), 理工学社.

[6] 技能士の友編集部,技能ブックス(3),旋盤のテクニシャン (1996),大河出版.
[7] 日本規格協会編,JIS ハンドブック,工作機械 (2004),日本規格協会.
[8] 日本規格協会編,JIS ハンドブック,機械計測 (2004),日本規格協会.
[9] 荒田吉明,溶接工学 (1980),朝倉書店.
[10] 大柴文雄,溶接工学 (1974),森北出版.
[11] 大中逸雄・荒木孝雄,溶解加工学 (1987),コロナ社.
[12] 日本鋳物協会編,鋳物便覧 (1986),丸善.
[13] 武智 馨,鋳造工学概論 (1972),理工図書.
[14] 木下禾大,鋳造工学概論 (1980),日刊工業新聞社.
[15] 千々岩健児,新版機械製作法(1) (1978),コロナ社.
[16] 横山哲男,NC 加工 (1983),啓学出版.
[17] 千田豊満,CAD／CAM システム (1997),理工学社.
[18] FANUC Series 16-TB 取扱説明書 (1994),FANUC LTD.
[19] 工作機械研究会編,絵ときマシニングセンター (2001),日刊工業新聞.
[20] 日本規格協会編,JIS ハンドブック,製図 (2004),日本規格協会.
[21] 青木保雄,精密測定 2 (1982),コロナ社.

8 章

[1] 野波健蔵・西村秀和,MATLAB による制御理論の基礎 (1998),東京電機大学出版局.
[2] 野波健蔵・西村秀和・平田光男,MATLAB による制御系設計 (1998),東京電機大学出版局.
[3] 足立修一,MATLAB による制御工学 (1999),東京電機大学出版局.
[4] 足立修一,MATLAB による制御のためのシステム同定 (1996),東京電機大学出版局.
[5] 井上和夫・川田昌克・西岡勝博,MATLAB/Simulink によるわかりやすい制御工学 (2001),森北出版.
[6] 芦野隆一・Remi Vaillancourt,はやわかり MATLAB (1997),共立出版.
[7] 小林一行,MATLAB ハンドブック (1998),秀和システム.

事項索引

ア

アクチュエータ (actuator) 131
アクティブ制御（能動制御）(active control) 132
圧縮試験 (compression test) 7, 12
圧縮比 (compression ratio) 61-63
後燃え期間 (after combustion phase) 64
圧力抗力 (pressure drag) 47
圧力比 (pressure ratio) 70

イ

鋳型 (mold) 155, 157
鋳込み (casting) 155, 157
糸吊り法 (suspending method) 101
鋳物砂 (molding sand) 157
インジケータ線図 (indicator diagram) 63
インターフェース (interface) 131
インバータ (inverter) 119

ウ

ウィラン法 (Willan method) 63, 65
上向き削り (upward milling, up-cut) 146

エ

エメリ研磨紙 (emery paper) 20
円管内の流れ (flow in a pipe) 31
延性材料 (ductile material) 12, 15, 26
遠心ポンプ (centrifugal pump) 51
円柱まわりの流れ (flow about a circular cylinder) 34

オ

オーバーオール (over all) 72
オーバーシュート (overshoot) 124
オイラーの方程式 (Euler's equation) 177
応力関数 (stress function) 24
応力集中 (stress concentration) 24
応力集中係数 (stress concentration factor) 25
応力-ひずみ線図 (stress-strain diagram) 8, 14
送り分力 (feed force) 170
押し湯 (riser) 155
オペアンプ (operational amplifier) 117
オリフィス (orifice) 40

音圧レベル (sound pressure level) 71
音響特性 (acoustical characteristics) 73
音響パワーレベル (sound power level) 71
温度勾配 (temperature slope) 79

カ

解析領域 (analysis domain) 189
回転体 (rotor) 107
回転半径 (radius of gyration) 27
開ループ増幅度 (open loop gain) 118
拡散燃焼 (diffusion combustion) 64
加算回路 (summing amplifier) 118
ガス修正流量 (corrected gas flowrate) 70
ガス切断 (gas cutting) 152
ガスタービン (gas turbine) 66-70
ガス分析 (gas analysis) 85
ガソリンエンジン (gasoline engine) 57, 58, 60, 61, 75
硬さ試験 (hardness test) 7, 19
硬さ値 (hardness number) 20
カム機構 (cam mechanism) 89, 93
カム線図 (cam diagram) 93
環境汚染物質 (environmental pollutant) 85
缶形燃焼器 (can type combustor) 66
慣性モーメント (moment of inertia) 89, 99
カルマン渦 (karman vortex) 34
管摩擦係数 (friction coefficient of pipe, friction factor) 43

キ

機械的性質 (mechanical properties) 7
機械効率 (mechanical efficiency) 61-63, 65, 67
機械損失 (mechanical loss) 62, 65
危険速度 (critical speed) 89, 111
キャビティ（空洞部）(cavity) 157
吸収エネルギー (absorbed energy) 17
求心（向心）加速度 (normal acceleration) 91
境界条件 (boundary condtion) 187
共振曲線 (resonance curve) 104
強制振動 (forced vibration) 89, 103
強制対流 (forced convection) 79
強制変位 (forced displacement) 103

極配置法（pole assignment technique）　133
許容関数（admissible function）　176
金属顕微鏡（metallugical microscope）　20

ク

空気過剰率（excess air ratio）　61,84
空気流量計（air flow meter）　69
空燃比（fuel air ratio）　59,61

ケ

下死点（bottom dead center）　63
減衰定数（damping coefficient）　102
減衰比（damping ratio）　102
研削液（grinding fluid）　140
研削材（abrasive）　138
研削盤（grinding machine）　138
現代制御理論（modern control theory）　133
原動節（driver）　93

コ

構造実験（structural experiment）　7
降伏点（yield point）　8
効率（efficiency）　52,53
後流（カルマン渦）（wake）　34
抗力（drag）　47
抗力係数（drag coefficient）　47,54
固有角振動数（natural angular frequency）　102
固有値（eigenvalue）　132
コンプレッサ（compressor）　66
コンプレッサインペラ（compressor impeller）　66
コンプレッサ断熱効率（adiahatic efficiency of compressor）　67

サ

材料試験（material testing）　7
細長比（slenderness ratio）　27
座屈（buckling）　27
座屈強度（buckling strength）　7
差分法（finite difference method）　187
サンプリング（sampling）　134

シ

指圧線図（indicator diagram）　61,63-65
軸回転計（tachometer）　69
軸動力（shaft horse power）　52
軸仕事（brake work）　62

軸出力（brake power）　62,65,66
試験荷重（indentalion load）　19
自然対流（natural convection）　79
質量流量（mass flow rate）　41
自由振動（free vibration）　102
衝撃試験（impact test）　7
絞り（contraction percentage of area）　8
シャルピー振子式衝撃試験（charpy impact testing）　17
シャルピー衝撃値（charpy impact value）　17
出力係数（power coefficient）　54
出力運転試験（running test）　69
重心（center of gravity）　97
修正質量（balancing mass）　108
修正面（balancing plane）　108
収束値（convergence value）　187
主型用模型（cutting force）　156
充てん効率（charging efficiency）　59
従動節（follower）　93
10進数（decimal number）　119
16進数（hexadecimal number）　119
出力インピーダンス（output impedance）　118
消音器（muffler）　72
上死点（top dead center）　63
状態フィードバック制御（state feedback control）　132
正味仕事（brake work）　62
正味出力（brake power）　62
正味動力（brake output power）　59
正味平均有効圧力（brake mean effective pressure）　59,62,65
正味燃料消費率（brake specific fuel consumption）　59
正味熱効率（brake thermal efficiency）　59
初期燃焼期間（initial combustion phase）　64
助走区間（inlet region）　31
自立運転試験（self-support running test）　69
シンクロメッシュ（synchromesh）　75

ス

図示平均有効圧力（indicated mean effective pressure）　63,65
水動力（water horse power）　52
ストロハル数（strouhal number）　34
砂型鋳造法（sand mold casting）　155

セ

静圧 (static pressure) 36
制御燃焼期間 (controlled combustion phase) 64
整定時間 (settling time) 124
静定はり (statically determinate beam) 22
静ひずみ指示計 (static strain meter) 25
静不つりあい (static unbalance) 108
脆性材料 (brittle material) 12, 15, 26
性能試験 (performance test) 58
積分回路 (integrating circuit) 118
積分ゲイン (integral gain) 122
切削工具 (cutting tool) 142
切削速度 (cutting speed) 142, 147
切削抵抗 (cutting force) 170
接線加速度 (tangential) 91
絶対変位 (absolute dlisplacement) 104
背分力 (thrust force) 170
全圧 (total pressure) 36
センサ (sensor) 131
せん断弾性係数（横弾性係数）(modulus of shearing elasticity) 14
せん断応力 (shearing stress) 14, 23
せん断力図 (shearing force diagram) 22
旋盤 (lathe turning machine) 142

ソ

騒音 (noise) 71
相対変位 (relative displacement) 104
挿入損失 (insertion loss) 73
層流 (laminar flow) 31, 80
層流流量計 (laminar flow meter) 61
速度形内燃機関 (velocity-type engine) 66
塑性変形 (plastic deformation) 14
ソフトタイプ (soft type) 109
損失ヘッド (head loss) 43

タ

タービン (turbine) 66
タービンローター (turbine rotor) 66
タービン断熱効率 (adiahatic efficiency of turbine) 67
対数減衰率 (logarithmic decrement) 103
体積効率 (volumetric efficiency) 59
体積流量 (volumetric flow rate) 41
ダランベールの背理 (D'Alembert's puradox) 48

たわみ (deflection) 22
単振動カム (simple harmonic motion cam) 95
弾性限度 (elastic limit) 15
弾性変形 (elatic deformation) 14
断面係数 (modulus of section) 22
断面二次極モーメント (polar moment of inertia of area) 14
断面二次モーメント (moment of inertia of area) 22
断熱効率 (adlabatic efficiency) 67

チ

鋳造 (casting) 155
着火遅れ期間 (ignition delay period) 64
直接噴射式エンジン (direct injection engine) 61

ツ

つりあわせ (balancing) 107

テ

ディーゼルエンジン (Diesel engine) 61-64
低位発熱量 (low calorific heating value) 62, 67
ディジタル回路 (digital circuit) 119
ディジタルシグナルプロセッサ (digital signal processor) (DSP) 182
ディジタル制御 (digital control) 131
抵抗線ひずみゲージ (write strain gauge) 171
定常偏差 (steady-state error) 124

ト

砥石車 (grinding wheel) 138
透過損失 (transmission loss) 73
等加速度カム (uniform acceleration cam) 93
等速度カム (uniform velocity cam) 93
動不つりあい (dynamic unbalance) 107, 108
当量比 (equivalence ratio) 61-63, 65
動圧 (dynamic pressure) 36
トタンジスタ (transistor) 116
トランスミッション (transmission) 75
トルク (torque) 54, 56, 62, 65
トルク係数 (torque coefficient) 54, 55

ナ

流れ関数 (steam function) 187
流れの可視化 (flow visualization) 30

ニ

Nikuradseの式（Nikuradse's equation）　43
2進数（binary number）　119
入力インピーダンス（input impedance）　118

ヌ

ヌセルト数（nusselt number）　81

ネ

ねじり試験（torsion test）　7, 14
ねじりモーメント（twisting moment）　14
ねじり角（twisting angle）　14
熱効率（thermal efficiency）　66
熱線流速計（hot wire velocimeter）　36
熱伝達（heat transfer）　79
熱伝達率（heat transfer coefficient）　79, 81
熱伝導（heat conduction）　79
熱発生率（rate of heat release）　61, 63-65
熱ふく射（heat radiation）　79
熱間割れ（hot tear）　155
燃焼（combustion）　85
燃焼ガス（combustion gas）　85
燃焼器（combustor）　66
燃焼効率（efficiency of combustion）　67, 84
燃料消費率（specific fuel consumption）　64, 65, 67
燃料噴射量（fuel flow rate）　69

ノ

ノズル（nozzle）　40

ハ

ハードタイプ（hard type）　110
排気煙濃度（exhaust smoke density）　62-65
排気ガス損失（exhaust gass loss）　62, 65
排気量（swept volume）　62, 63
排出ガス（exhaust gas）　86
吐出し流量（discharge）　51
剥離（separation）　34
発振回路（osxillation circvit）　118
発熱量（calorific power）　84
パッシブ制御（受動制御）（passive control）　132
ばね定数（spring constant）　102
ハミルトンの原理（Hamiltons principle）　176
万能試験機（universal testing machine）　25
パワーユニット（power unit）　75

反転増幅回路（inverting amplifier）　118

ヒ

ピストン・クランク機構（piston crank mechanism）　89
ピストンプロフィール（piston profile）　75
ひずみゲージ（strain guage）　23, 25
引張試験（tension test）　7, 8
引張強さ（tensile strength）　8
ピトー管（Pitot tube）　36
ビッカース硬さ（Vicers hardness）　19
火花点火機関（spark ignition engine）　57
微分ゲイン（differential gain）　122
表面粗さ（surface roughness）　167
比例ゲイン（proportional gain）　122
比例制御（proportional control）　122

フ

フィードバックゲイン（feedback gain）　133
風車（wind mill）　54
フォトトランジスタ（phototransistor）　116
不静定（statically indeterminate）　22
不つりあい（unbalance）　107
不つりあい角位置（unbalance angular position）　110
不つりあい質量（unbalance mass）　110
不つりあいモーメント（unbalance moment）　108
不つりあい量（unbalance）　107
フライス盤（milling machine）　145
振子法（pendulum method）　100
ブレイトンサイクル（Brayton cycle）　66

ヘ

平均熱伝達率（average heat transfer coefficient）　81
平均ピストン速度（mean piston speed）　59
平均有効圧力（mean effective pressure）　61, 62
平均流速（mean velocity）　37, 81
偏重心（mass eccentricity）　107
ベンチュリ管（venturi tube）　40

ホ

ボイラ（boiler）　82
ボイラ効率（efficiency of boiler）　84
方形波・三角波発生回路（square and triangle wave generator）　118

膨張比 (expansion ratio)　70
ボッシュスモークナンバー (Bosh smoke number)
　　　63

マ

曲げ応力 (bending stress)　22
曲げ剛性 (flexural rigidity)　22
曲げモーメント図 (bending moment diagram)　23
摩擦抗力 (friction drag)　47
摩擦損失 (friction loss)　62,63
摩擦平均有効圧力 (friction mean effective pressure)
　　　63,65
マシニングセンタ (machining center)　172
マニプレータ (manipulator)　127

ミ

乱れ (turbulence)　37

メ

メカトロニクス (mechatronics)　131

ユ

湯口 (gate)　155

ヨ

容積形内燃機関 (positive displacement type internal
　　　combustion engine)　58
溶接 (welding)　150
溶接角度 (welding angle)　150
溶接棒 (welding rod)　150,151
揚程 (head)　51

ラ

ラプラスの方程式 (Laplace's equation)　187
乱流 (turbulent flow)　22

リ

流量係数 (coefficient of discharge)　41
量子化 (quantization)　134
量子化誤差 (quantization error)　134
臨界減衰定数 (critical damping coefficient)　102
臨界レイノルズ数 (critical Reynolds number)　31

レ

レイノルズ数 (Reynolds number)　31,80
冷却損失 (cooling loss)　62,65

ロ

ロックウェル硬さ (Rockwell hardness)　19
ロボット (robot)　127

A

A/D 変換器 (Analog-to-Digital converter)　134

B

Blasius の式 (Blasiu's equation)　43

C

C-MOSIC (コンプリメンタリ・モス) (complementary
　　　MOS)　119,120
CPU (Central Processing Unit)　133

D

D/A 変換器 (digital-to-analog converter)　134
DSP (digital signal processor)　133,182

F

FMC (Flexibe Manufacturing Cell)　172
FMS (Flexibe Manufacturing System)　172

J

JIS (Japanese Industrial Standard)　7

M

MATLAB　182
Moody 線図 (Moody diagram)　44

N

NO_x 濃度 (NO_x concentration)　63

P

P-V 線図 (P-V diagram)　63,65
PID (比例・積分・微分) 制御 (Proportional-Integral-
　　　Differential Control)　122

R

RAM (Random Access Memory)　133
ROM (Read Only Memory)　133

S

SIMULINK　182

T

TTL（トランジスタ・トランジスタ・ロジック）(transistor transistor logic)　120

ギリシア文字

A	α	アルファ	O	o	オミクロン
B	β	ベータ	Π	π	ピー パイ
Γ	γ	ガンマ	P	ρ	ロー
Δ	δ	デルタ	Σ	$\sigma\varsigma$	シグマ
E	$\varepsilon\epsilon$	エプシロン イプシロン	T	τ	タウ
Z	ζ	ゼータ	Υ	υ	ウプシロン
H	η	エータ イータ	Φ	$\phi\varphi$	ファイ フィー
Θ	$\theta\vartheta$	シータ テータ	X	χ	キー カイ
I	ι	イオタ	Ψ	$\phi\psi$	プシー プサイ
K	κ	カッパ	Ω	ω	オメガ
Λ	λ	ラムダ			
M	μ	ミュー			
N	ν	ニュー			
Ξ	ξ	クシー グザイ			

単位の換算表

量	国際単位	従来の単位		
長さ	m	mm	ft	in
	1	1,000	3.281	39.37
	10^{-3}	1	3.281×10^{-3}	3.937×10^{-2}
	0.3048	304.8	1	12
	0.0254	25.4	1/12	1
時間	s	min	h	d
	1	1/60	1/3600	1/86400
	60	1	1/60	1/1440
	3600	60	1	1/24
	86400	1440	24	1
速度	m/s	km/h	ft/s	mile/h
	1	3.6	3.281	2.237
	1/3.6	1	9.113×10^{-1}	6.214×10^{-1}
	3.048×10^{-1}	1.097	1	6.818×10^{-1}
	4.4704×10^{-1}	1.609	1.467	1
質量	kg	lbm		
	1	2.204		
	4.536×10^{-1}	1		
密度	kg/m³	lbm/ft³		
	1	6.243×10^{-2}		
	16.01846	1		
力	N	kgf	dyn	lbf
	1	1.020×10^{-1}	10^5	2.24×10^{-1}
	9.807	1	9.807×10^5	2.205
	10^{-5}	1.020×10^{-6}	1	2.248×10^{-6}
	4.448	4.536×10^{-1}	4.448×10^{-5}	1

量	国際単位	従 来 の 単 位		
圧 力	Pa	kgf/cm²	atm	mmHg
	1	1.020×10^{-5}	9.869×10^{-6}	7.501×10^{-3}
	9.807×10^{4}	1	9.678×10^{-1}	7.356×10^{2}
	1.013×10^{5}	1.033	1	760
	1.333×10^{2}	1.360×10^{-3}	1/760	1
粘性係数	Pa s	kgfs/m²	lbfs/ft²	lbm/fts
	1	1.020×10^{-1}	2.089×10^{-2}	6.720×10^{-1}
	9.807	1	2.048×10^{-1}	6.590
	4.788×10	4.882	1	3.217×10
	1.488	1.518×10^{-1}	3.1080×10^{-2}	1
動粘性係数 温度伝導率	m²/s	m²/h	ft²/s	ft²/h
	1	3600	1.076×10	3.875×10^{4}
	1/3600	1	2.990×10^{-3}	1.076×10
	9.290×10^{-2}	3.345×10^{2}	1	3600
	2.58×10^{-5}	9.290×10^{-2}	1/3600	1
熱 量 エネルギ	kJ	kWh	kcal	Btu
	1	1/3600	2.388×10^{-1}	9.478×10^{-1}
	3600	1	8.598×10^{2}	3.412×10^{3}
	4.187	1.163×10^{-3}	1	3.968
	1.055	2.931×10^{-4}	2.520×10^{-1}	1
熱流量 動 力	W	kgf m/s	PS	ft lbf/s
	1	1.020×10^{-1}	1.360×10^{-3}	7.376×10^{-1}
	9.807	1	1/75	7.233
	7.355×10^{2}	75	1	5.425×10^{2}
	1.356	1.383×10^{-3}	1.843×10^{-3}	1
熱流束	W/m²	kcal/m² h	Btu/ft² h	
	1	8.598×10^{-1}	3.170×10^{-1}	
	1.163	1	3.687×10^{-1}	
	3.155	2.712	1	

量	国際単位	従来の単位		
熱伝導率	W/m K	kcal/m h ℃	cal/cm s ℃	Btu/ft h ℉
	1	8.598×10^{-1}	2.388×10^{-3}	5.778×10^{-1}
	1.163	1	1/360	6.720×10^{-1}
	4.190×10^{2}	360	1	2.419×10^{2}
	1.731	1.488	4.134×10^{-3}	1
熱伝達率 熱通過率	W/m² K	kcal/m² h ℃	Btu/ft² h ℉	
	1	8.598×10^{-1}	1.761×10^{-1}	
	1.163	1	2.048×10^{-1}	
	5.678	4.882	1	
熱容量	kJ/K	kcal/K	Btu/℉R	
	1	2.389×10^{-1}	5.266×10^{-1}	
	4.187	1	2.205	
	1.899	4.536×10^{-1}	1	
比熱	kJ/kg K	kcal/kgf K	Btu/lbm ℉R	
	1	2.388×10^{-1}	2.388×10^{-1}	
	4.187	1	1	
熱力学温度	$T[°R] = 1/1.8 T[K]$ $t[℃] = T[K] - T_0[K]$, $T_0 = 273.15K$; $t[℃] = (t[℉]-32)/1.8$ 温度差 1℃=1K; 1℉=1°R=1/1.8K			
標準重力加速度	$g_n = 9.807 m/s^2$, $g_n = 32.17 ft/s^2$			

機械工学実験実習　テキスト

2004年3月30日　第1版第1刷発行
2024年2月20日　第1版第8刷発行

編　著　東海大学機械工学実験実習テキスト編集委員会	発行所　東海大学出版部
発行者　村田信一	〒259-1292　神奈川県平塚市北金目4－1－1
	電話 0463-58-7811(代)　振替 00100-0-46614
	印刷所　港北メディアサービス株式会社

乱丁・落丁はお取替えいたします。　　　　　　　　　　　　ISBN978-4-486-01646-5

・JCOPY〈出版者著作権管理機構 委託出版物〉

本書（誌）の無断複製は著作権法上での例外を除き禁じられています．複製される場合は，そのつど事前に，出版者著作権管理機構
（電話03-5244-5088, FAX 03-5244-5089, e-mail: info@jcopy.or.jp）の許諾を得てください．